AF906002

Vögel

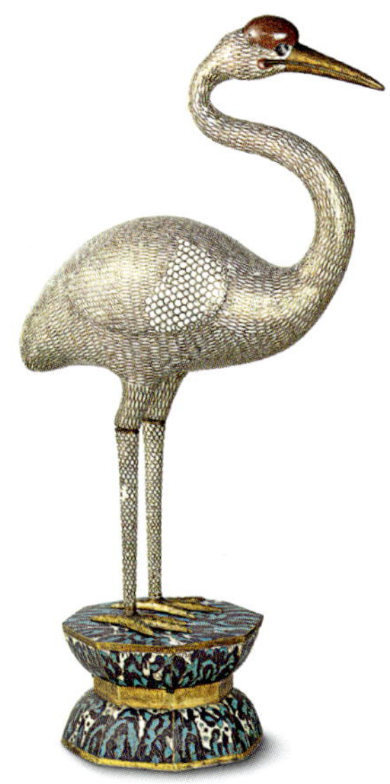

DK

Vögel

EINE NATUR- UND KULTURGESCHICHTE

DK London / Delhi

Lektorat
Liz Gough, Jonathan Metcalf, Liz Wheeler, Angeles Gavira Guerrero, Gill Pitts, Thomas Booth, Becky Gee, Miezan van Zyl, Annie Moss, Hannah Westlake, Michael Clark

Gestaltung und Bildredaktion
Phil Ormerod, Maxine Pedliham, Karen Self, Michael Duffy, Sharon Spencer, Amy Child, Phil Gamble, Harish Aggarwal, Noor Ali, Deepak Negi

Umschlaggestaltung
Priyanka Sharma Saddi, Surabhi Wadhwa-Gandhi, Sophia MTT

Herstellung
Andy Hilliard, Meskerem Berhane

Für die deutsche Ausgabe:
Projektbetreuung Manuela Stern
Herstellungskoordination Bianca Isack
Herstellung Stefanie Staat

Titel der englischen Originalausgabe:
The Bird Book

© Dorling Kindersley Limited, London, 2024
Ein Unternehmen der Penguin Random House Group,
Alle Rechte vorbehalten

© der deutschsprachigen Ausgabe: 2025
Dorling Kindersley Verlag GmbH, Arnulfstr. 124, 80636 München
Alle deutschsprachigen Rechte vorbehalten

Jegliche – auch auszugsweise – Verwertung, Wiedergabe, Vervielfältigung oder Speicherung, ob elektronisch, mechanisch, durch Fotokopie oder Aufzeichnung, bedarf der vorherigen schriftlichen Genehmigung durch den Verlag.

Die automatisierte Analyse des Werkes, um daraus Informationen, insbesondere über Muster, Trends und Korrelationen gemäß § 44b UrhG (Text und Data Mining) zu gewinnen, ist untersagt.

Übersetzung Andreas Held
Lektorat Dr. Ruthild Kropp

ISBN 978-3-8310-5087-1
5902-336922-23785-01

Druck und Bindung Leo Paper Products, China

MIX
Papier | Fördert gute Waldnutzung
FSC® C018179

www.dk-verlag.de

Hinweis
Die Informationen und Ratschläge in diesem Buch sind von den Autoren und vom Verlag sorgfältig erwogen und geprüft, dennoch kann eine Garantie nicht übernommen werden. Eine Haftung der Autoren bzw. des Verlags und seiner Beauftragten für Personen-, Sach- und Vermögensschäden ist ausgeschlossen.

Die Autoren

Rob Hume (Hauptautor) ist Autor und Herausgeber von Büchern, Künstler und Experte für die Bestimmung von Arten. Es gelingt ihm ebenso hervorragend, detaillierte Hinweise zur Arterkennung für erfahrene Beobachter auf der Suche nach seltenen Arten zu verfassen wie interessante Beschreibungen für Hobby-Ornithologen. Als sehr erfahrener Vogelbeobachter hat er über 30 Jahre für die Royal Society for the Protection of Birds (RPSB) gearbeitet und war Herausgeber von deren preisgekröntem Magazin *Birds*.

Dominic Couzens zählt zu den erfolgreichsten britischen Autoren auf dem Gebiet der Vogel- und Tierwelt und hat fast 50 Bücher und annähernd 1000 Artikel in zahlreichen Zeitschriften veröffentlicht. Mit großer Leidenschaft vermittelt er faszinierende und ungewöhnliche Fakten über bekannte Wildtiere. Im Jahr 2021 erhielt er vom British Trust for Ornithology die Dilys-Breese-Medaille für Wissenschafts-Publizistik.

Chris Harbard beobachtet Vögel schon sein ganzes Leben lang und hat dafür alle sieben Kontinente bereist. Er hat viele Jahre für die RSPB gearbeitet und schreibt heute für das Magazin *Birdwatch*, hält Vorträge auf Expeditions-Kreuzfahrtschiffen und leitet ornithologische Reisen. Er lebt in Arizona (USA) und organisiert zusammen mit seiner Frau das *Southwest Wings Birding and Nature Festival*.

James Lowens Begegnung mit einem Mäusebussard als Kleinkind war wegweisend für ihn. Seither begeistert er sich für alle Aspekte der Biologie und ist tief in dieses Gebiet eingetaucht. Heute ist er als Buchautor auf die Themen Tierwelt und Reisen spezialisiert. Zwei seiner 15 Bücher erhielten die Auszeichnung Travel Guidebook of the Year (»Reisehandbuch des Jahres«).

Josh Jones ist ein passionierter Vogelbeobachter und Autor aus Lincolnshire (Großbritannien). Er ist Herausgeber des Magazins *Birdwatch* und der Webseite *BirdGuides.com*. Sein besonderes Interesse gilt dem Vogelzug und nomadisch umherziehenden Vögeln.

Chris Sharpe arbeitet seit 1988 im Artenschutz für neotropische Vogelarten, größtenteils in Venezuela als wissenschaftlicher Mitarbeiter der Phelps Ornithological Collection. Er hat zahlreiche Beiträge für verschiedene Zeitschriften und *BirdsoftheWorld.org* verfasst. Als Ornithologe beurteilt er den Gefährdungsstatus von Arten für die Rote Liste, führt Bestandserhebungen und Workshops durch – insbesondere über Seevögel, von Alaska bis zur Antarktis.

Marianne Taylor hat sich ihr ganzes Leben lang für Vögel und Wildtiere begeistert und arbeitet seit 2007 freiberuflich als Autorin, Herausgeberin, Illustratorin und Fotografin. Die frühere Lektorin beim Verlag Bloomsbury hat mehr als 30 Bücher über die Biologie v. a. von Vögeln und Insekten geschrieben und arbeitet regelmäßig mit der RSPB zusammen.

Inhalt

KAPITEL 1

Einführung

KAPITEL 2

Nichtsperlingsvögel

KAPITEL 3

Sperlingsvögel

Ins Netz gegangen
Dieser Ausschnitt aus einer altägyptischen Vogelfang-Szene aus dem rund 3900 Jahre alten Grab von Chnumhotep II. in Beni Hasan, Ägypten, zeigt verschiedene in einem Netz gefangene Enten und Gänse. In zwei blühenden Akazienbäumen am Ufer des Nils sitzen noch weitere Vögel, darunter ein Wiedehopf und einige Würger.

KAPITEL 1

Einführung

Vögel sind gleichwarme Tiere, die Federn besitzen und zur Fortpflanzung Eier legen. In diesem Kapitel wird erläutert, wie sich die Vögel entwickelt haben, wie sie fliegen, ihre Umwelt wahrnehmen und nutzen. Darüber hinaus beleuchtet es ihre kulturgeschichtliche Bedeutung für den Menschen im Verlauf der Jahrhunderte auf den Gebieten Wissenschaft, Religion, Mythologie und Kunst.

Was ist ein Vogel?

Vögel legen wie Reptilien Eier mit einer schützenden Schale und sind wie Säugetiere Warmblüter. Als einzige heute lebende Tiere besitzen sie Federn.

Evolution der Vögel

Einige fleischfressende Dinosaurier wurden kleiner, liefen auf zwei Beinen und entwickelten Federn. Nur wenige konnten unbeholfen fliegen. Ihre Fossilien sind schwer von frühen Vögeln wie *Archaeopteryx* zu unterscheiden, der vor etwa 150 Mio. Jahren entstand. Moderne Vögel erschienen vor etwa 67 Mio. Jahren.

▲ Vogelähnliche Dinosaurier
Vor etwa 10 Mio. Jahren machte *Anchiornis huxleyi* Jagd auf *Archaeopteryx*. Er besaß wie Vögel Federn, aber auch noch Reptilienmerkmale wie einen knöchernen Schwanz und bezahnte Kiefer. Die großen Flügel und hochentwickelten Federformen lassen vermuten, dass er kurze Strecken gleiten konnte und nicht nur flatternd am Boden rennen.

EVOLUTION DER FEDERN

Die ersten Federn waren fadenförmig oder büschelig und hielten die Dinosaurier vermutlich warm. Später entwickelte sich bei manchen Federn ein steifer Schaft. Einige davon hatten schmale Seitenäste, die, verbunden durch zahlreiche winzige Hakenstrahlen, eine glatte Fläche, die Fahne, bildeten. Nur die Federn mit schmaler Außenfahne wiesen die richtige Aerodynamik zum Fliegen auf.

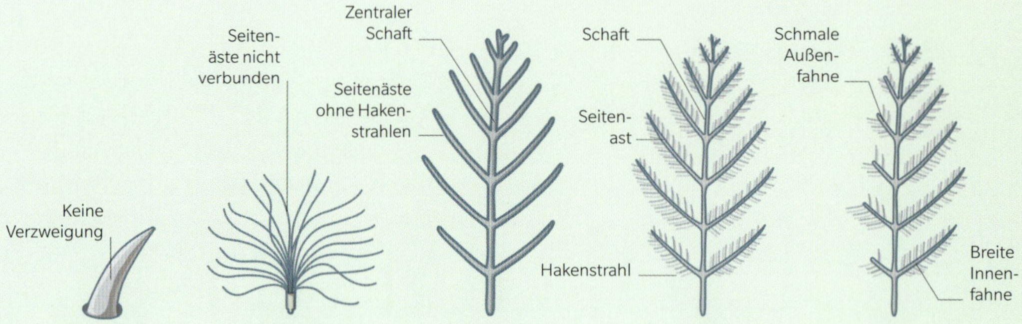

Das Skelett der meisten flugfähigen Vögel wiegt weniger als ihre Federn.

Skelett

Das Skelett eines Vogels besteht aus dünnwandigen, aber stabilen Knochen mit luftgefüllten Hohlräumen. Vögel besitzen weniger Knochen als Reptilien oder Säugetiere und viele davon sind kleiner oder sogar verschmolzen, z. B. am Handgelenk und an den Fingerknochen des Flügels. Am großen Brustbeinkamm setzen die kräftigen Muskeln zum Schlagen der Flügel an. Viele Vogelarten können Ober- und Unterkiefer bewegen.

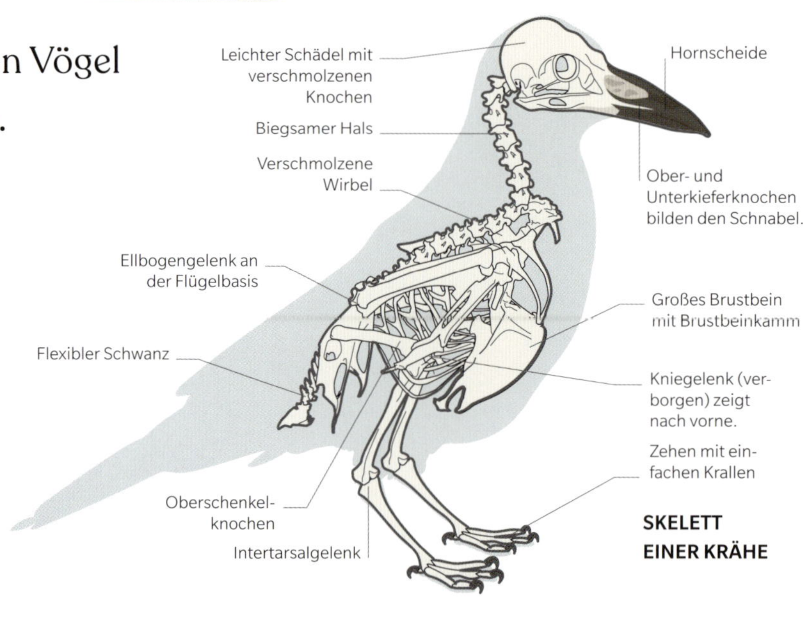

SKELETT EINER KRÄHE

➤ Kraft und Anmut
Der Weißkopfseeadler (*Haliaeetus leucocephalus*) hat eine Flügelspannweite von 2,3 m und 3–6 kg Muskelmasse. Er kann sich dennoch in die Höhe schwingen, gleiten und mit seinen Füßen sehr präzise Beute an der Wasseroberfläche packen.

OBERSEITE

UNTERSEITE

Äußere Anatomie

Die Federn wachsen in abgegrenzten Körperzonen. Konturfedern machen Kopf und Körper stromlinienförmig. In Reihen überlappend angeordnete kleine Deckfedern geben den Flügeln eine glatte, aerodynamische Oberfläche. Der körpernahe Teil des Flügels ist mit großen Armschwingen befiedert, der körperferne mit langen Handschwingen. Bei diesem Adler sind die Fahnen der äußersten Handschwingen abgestuft. Beim Spreizen verringern diese »Finger« Turbulenzen an den Flügelspitzen.

Atmung

Im Verhältnis zur Körpergröße sind die Lungen von Vögeln relativ klein. Kompensiert wird dies durch neun zusätzliche Luftsäcke an verschiedenen Stellen des Körpers. Insgesamt ist das Volumen des Atemtrakts damit drei- bis fünfmal größer als bei Säugern. Die Luftsäcke leiten kontinuierlich frische Luft direkt in die Lunge, was bedeutet, dass die Vögel beim Einatmen und beim Ausatmen Sauerstoff aufnehmen können.

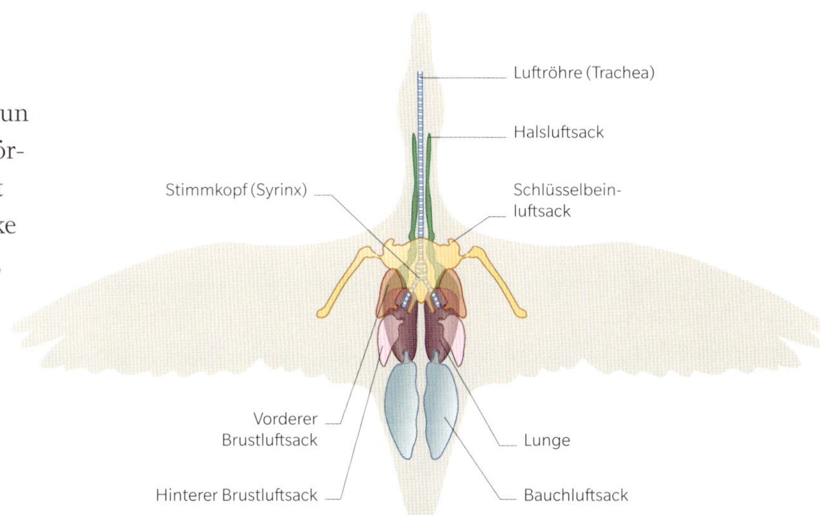

➤ Luftsäcke
Der Luftstrom aus den Luftsäcken erfolgt nur in eine Richtung, sodass nur frische Luft in die Lunge gelangt und somit mehr Sauerstoff in den Blutkreislauf diffundiert.

Kurze Geschichte der Vögel

Die Frühmenschen jagten Wildvögel wegen ihres Fleischs, ihrer Eier und Federn. Die wissenschaftliche Erforschung der Vögel begann erst vor 2300 Jahren im antiken Griechenland, domestiziert wurden die ersten jedoch schon rund 6000 Jahre zuvor. Im Laufe der Jahrtausende hat sich unser Wissen über ihre Evolution, ihre Anatomie und ihr Verhalten mit jeder neuen Entdeckung verändert.

um 350 v. Chr.
In seinem Werk *Historia Animalium* konstatierte der griechische Philosoph Aristoteles, dass alle Mitglieder der Gruppe »Vögel« zwei knöcherne Beine, Federn, Flügel und einen Schnabel besitzen.

ATHENISCHE MÜNZE

2. Jahrtausend v. Chr.
In den *Veden*, einer Sammlung religiöser Hindu-Texte wird der Asienkoel (ein Vertreter der Familie Kuckucke) als *Anya-Vapa* bezeichnet, was »von anderen aufgezogen« bedeutet. Dies ist der erste Verweis auf Brutparasitismus, bei dem Weibchen ihre Eier in die Nester anderer Arten legen.

BANKIVAHUHN

um 6000 v. Chr.
Das Haushuhn wurde erstmals um 6000 v. Chr. in Südostasien aus dem Bankivahuhn domestiziert und unabhängig davon um 2000 v. Chr. in Indien. Gänse wurden vermutlich um 5000 v. Chr. in China domestiziert.

BRANDGANS-MOSAIK, POMPEJI

um 120 v. Chr.
Die Stockente wurde um 5000 v. Chr. in China wegen ihres Fleischs, ihrer Eier und Federn domestiziert. Die alten Römer jagten hingegen noch Wildenten und zogen aus deren Eiern zahme Enten auf.

um 137 v. Chr.
Der Schwan oder Cygnus ist eines von 48 Sternbildern, die der alexandrinische Astronom und Astrologe Ptolemäus in seinem *Almagest* beschrieb. Neun miteinander verbundene Sterne zeigen einen Schwan im Flug.

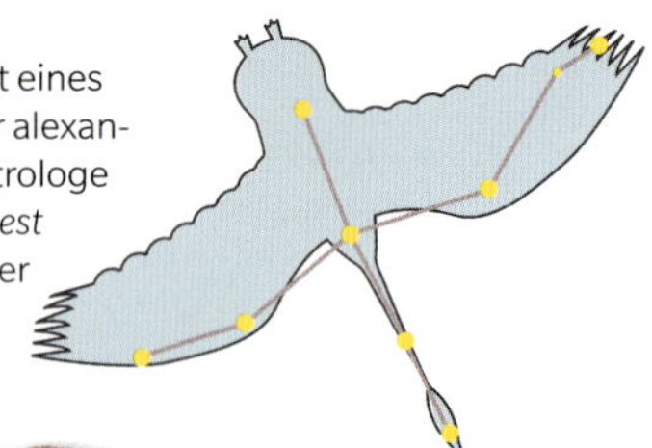

CYGNUS

1889
Die englische Philanthropin Emily Williamson gründete die britische Gesellschaft zum Schutz von Vögeln. Sie initiierte eine Kampagne gegen das Schmücken von Hüten mit Federn von Vögeln wie dem Seidenreiher, das ihn nahezu ausrottete.

EMILY WILLIAMSON

1861
In Solnhofen wurde im Plattenkalk aus dem Jura das Fossil eines *Archaeopteryx* gefunden. 1861 wurde die Entdeckung dieses fehlenden Bindeglieds in der Evolution der Dinosaurier zu Vögeln publiziert.

***ARCHAEOPTERYX*-FOSSIL**

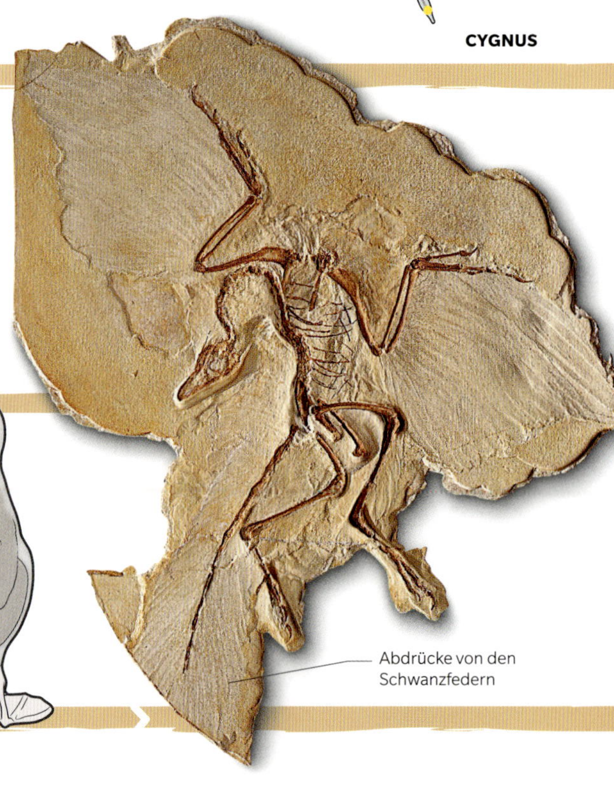

1989
Albatrosse waren die ersten Vögel, die via Satellit überwacht wurden. So gewannen Forschende neue Erkenntnisse über die weiten Reisen, die diese Vögel bei der Nahrungssuche über dem Meer zurücklegen, aber auch über die Wanderungen und Zuggewohnheiten anderer Arten.

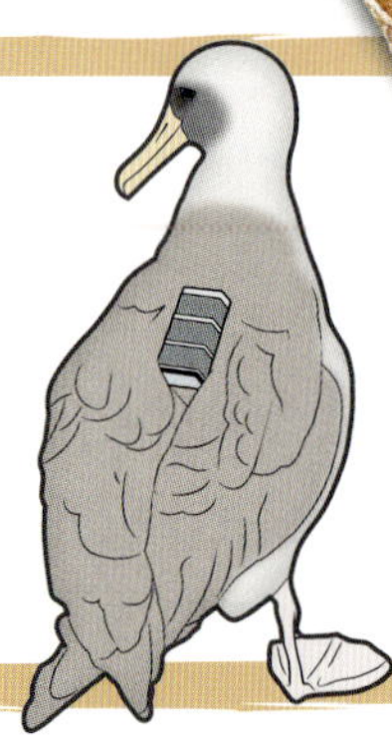

ALBATROS MIT PEILSENDER

ARCHAEOPTERYX

»Ausnahmslos alle Vögel legen Eier, die Brutzeit und die Zeit des Schlüpfens sind aber nicht bei allen gleich.«

ARISTOTELES, *Historia Animalium, Buch VI*, 4. Jh. v. Chr.

vor ca. 160–150 Mio. Jahren
Die Vögel entwickelten sich im späten Jura aus fleischfressenden Dinosauriern. Wie die heutigen Vögel besaß *Archaeopteryx* lange Flügel- und Schwanzfedern, allerdings auch Zähne. Er konnte nur unbeholfen fliegen.

vor ca. 127–121 Mio. Jahren
Liaoxiornis war ein ursprünglicher Vogel aus dem östlichen Asien und nur etwa so groß wie ein Kolibri. Er besaß kräftigere Flugmuskeln als frühere Vögel und konnte mit seinen Füßen Zweige umklammern.

LIAOXIORNIS

ERSTER SPERLINGSVOGEL

vor ca. 52 Mio. Jahren
Eofringillirostrum boudreauxi war der erste bekannte Sperlingsvogel mit Sitzfüßen und einem finkenähnlichen Schnabel.

vor ca. 66 Mio. Jahren
Infolge des Einschlags eines Asteroiden starben sämtliche Dinosaurier und Vogelgruppen aus – mit Ausnahme der zahnlosen Vögel mit Schnabel. Diese Vögel besaßen einen kräftigen Muskelmagen zum Zerkleinern von Samen.

vor ca. 66,7 Mio. Jahren
Asteriornis maastrichtensis, der erste bekannte moderne Vogel, lebte zur gleichen Zeit wie seine Dinosaurier-Verwandten. Den Spitznamen »Wunderhuhn« bekam er, weil er ein Gesicht wie ein heutiges Huhn und einen zahnlosen Schnabel hatte, die Rückseite des Schädels aber dem einer Ente glich.

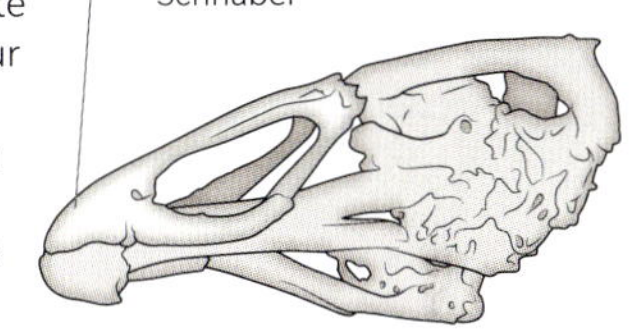

SCHÄDEL VON *ASTERIORNIS*

etwa 1485–1506
Der italienische Universalgelehrte Leonardo da Vinci fertigte detaillierte Studien und Skizzen des Vogelflugs und verschiedener Flugmaschinen an, darunter einige Entwürfe für einen mechanisch angetriebenen Ornithopter. 1505/06 erstellte er seinen Kodex über den Vogelflug.

ORNITHOPTER-SKIZZE

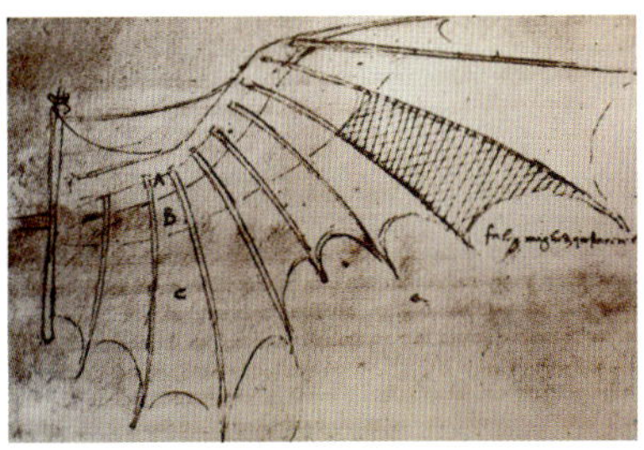

etwa 16. Jh.
Der flugunfähige Moa, die letzte Riesenvogelart, wurde von den Maori in Neuseeland durch Bejagung ausgerottet. Der stehend 3,6 m hohe *Dinornis* war der größte Vogel, der jemals gelebt hat.

DINORNIS

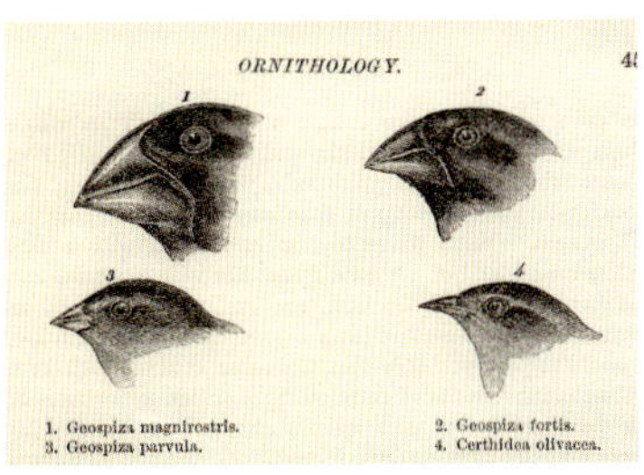

DARWINFINKEN

1835
Der britische Naturforscher Charles Darwin erreichte auf seiner Reise mit der HMS *Beagle* die Galapagosinseln und sammelte dort Finkenarten mit auffallend unterschiedlichen Schnabelformen.

1676
Die erste sinnvolle wissenschaftliche Klassifizierung von Vögeln stellten die englischen Naturforscher Francis Willughby und John Ray auf: *Ornithologiae libri tres* (in lateinischer Sprache). Eine umfangreichere und korrigierte englische Fassung kam im Jahr 1678 heraus.

GRAUPAPAGEI

2007
Der Graupapagei Alex, der ein Vokabular von mehr als 100 Wörtern beherrschte, starb. Die US-Tierpsychologin Irene Pepperberg und ihre Kollegen hatten ihn 30 Jahre darauf trainiert, verschiedene Objekte, Farben und Handlungen zu benennen.

2023
Wissenschaftler entdeckten einen riesigen Haufen Guano um ein Kondornest in einer Andenregion in Nordpatagonien (Argentinien). Generationen dieser Vögel hatten über 2200 Jahre dazu beigetragen.

ANDENKONDOR

Federn

Federn erfüllen für Vögel viele Funktionen: Sie isolieren, sind wasserabweisend und sorgen für Farbe und Struktur – und sie ermöglichen das Fliegen. Ihre individuellen Formen verbinden sich zu Flügeln für ganz unterschiedliche Formen des Fliegens.

Ein **Schwan** kann mehr als **25 000 Federn** besitzen, manche **Kolibris** hingegen weniger als **1000.**

Gefiederfarbe

Farben sind für viele Aspekte im Leben von Vögeln wichtig. Mit leuchtenden Farben können sie Rivalen oder potenzielle Partnerinnen beeindrucken, während unscheinbare Muster zur Tarnung dienen. Die meisten Federfarben sind Pigmentfarben und werden entweder mit der Nahrung aufgenommen oder im Körper gebildet. Andere entstehen durch mikroskopische Strukturen, die das einfallende Licht streuen, wobei manche Wellenlängen absorbiert und manche reflektiert werden. Irisierendes Schillern tritt auf, wenn zwei nahe beieinander liegende Oberflächen das Licht reflektieren – je nach Betrachtungswinkel werden unterschiedliche Farben sichtbar.

ROSAKAKADU *Eolophus roseicapilla*

ROTKARDINAL *Cardinalis cardinalis*

WANDERDROSSEL *Turdus migratorius*

SCHWARZNACKENPIROL *Oriolus chinensis*

Gefiederpflege

Federn müssen ständig gesäubert und gepflegt werden, damit sie in gutem Zustand bleiben. Dazu werden Öle aus der oberhalb des Schwanzes gelegenen Bürzeldrüse auf den Federn verteilt. Sie tragen dazu bei, die Federn wasserabweisend zu machen, ihre Struktur zu erhalten, wehren Parasiten ab und erzeugen je nach Art sogar einen Duft.

➤ **Gute Pflege – perfekter Zustand**
Dieser Weißkopfseeadler (*Haliaeetus leucocephalus*) zieht eine seiner Schwanzfedern durch den Schnabel und bringt sie damit wieder in ihre perfekte Form.

FEDERTYPEN

Die von einem steifen Schaft ausgehenden Seitenäste einer Feder können lose oder zu einer flachen Fläche, der Fahne, verhakt sein. Am einfachsten gebaut sind Fadenfedern (Filoplumae), die der Wahrnehmung dienen. Die komplexesten Federn haben einen starren Schaft mit hohler Basis und einer Fahne auf beiden Seiten, die je nach Lage eine bestimmte Form hat.

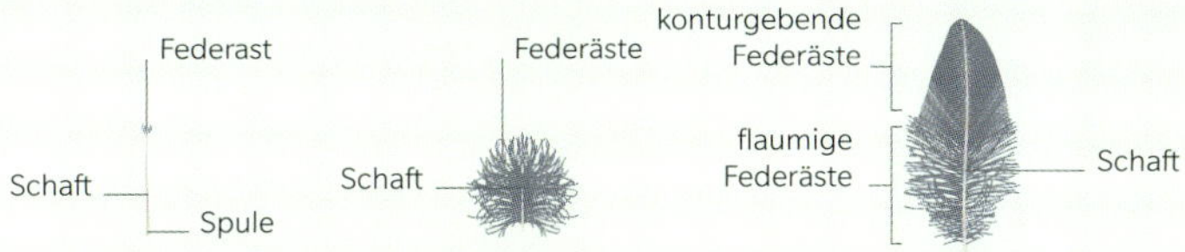

FADENFEDER **DAUNENFEDER** **KONTURFEDER**

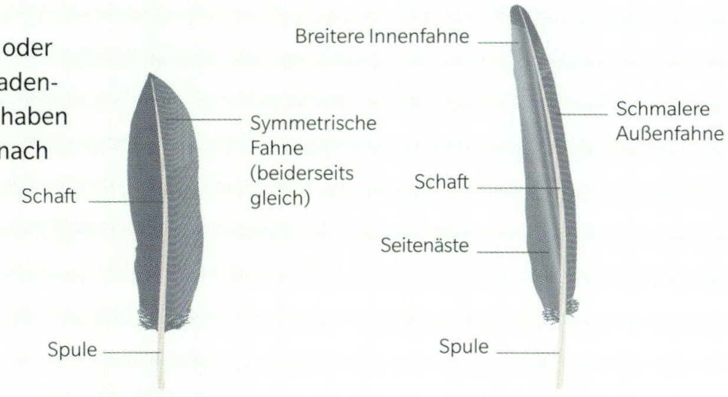

STEUERFEDER (SCHWANZFEDER) **SCHWUNGFEDER (FLÜGELFEDER)**

FRÜHLINGSPAPAGEICHEN
Loriculus vernalis

BLAUKOPFPITPIT
Dacnis cayana

BLAUHÄHER
Cyanocitta cristata

AMETHYSTGLANZSTAR
Cinnyricinclus leucogaster

▲ Bandbreite an Farben
In der Vogelwelt finden sich das komplette Spektrum an leuchtenden Farben und viele unterschiedliche Muster, großteils erzeugt durch die Federn.

Das lebhafte Türkis entsteht durch Reflexion bestimmter Wellenlängen an der Federstruktur.

Bau der Flugfedern

Die Schwungfedern der Flügel müssen beim Abwärtsschlagen stark gegen die Luft nach unten drücken und sich beim Aufwärtsschlag verdrehen, um die Luft durchzulassen. Dies wird durch eine schmale Außenfahne und eine breitere Innenfahne ermöglicht. Die parallelen Federäste der Fahne sind durch winzige Haken- und Bogenstrahlen miteinander verzahnt und bilden so eine glatte, aerodynamische Oberfläche. Die Schwanzfedern dienen zum Bremsen und Steuern.

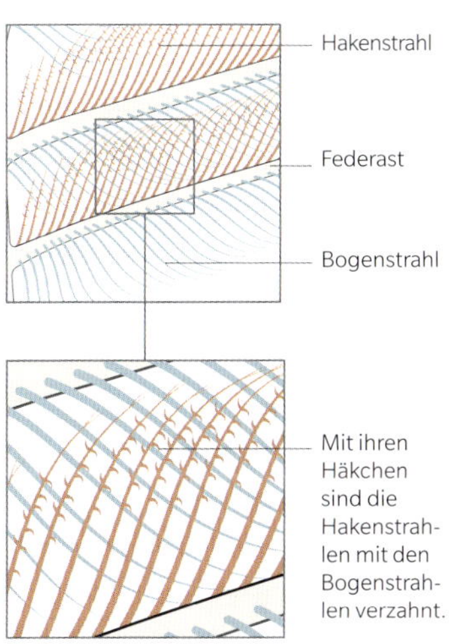

► Leben in Schwarz-weiß
Wenn alle Wellenlängen des Lichts durch die Struktur der Federn reflektiert werden, erscheint das Gefieder weiß. Schwarze Federn entstehen durch in den Hautzellen gebildete Melanin-Pigmentkörnchen.

Durch den weißen Bauch und den schwarzen Rücken ist der Pinguin im Meer sowohl von unten als auch von oben betrachtet gut getarnt.

ADELIEPINGUIN
Pygoscelis adeliae

Fliegen

Vögeln faszinieren uns Menschen besonders wegen ihrer Fähigkeit zu fliegen. Unsere Bewunderung wird noch verstärkt, wenn wir wissen, wie verschiedene Vögel solche erstaunlichen Leistungen in der Luft vollbringen.

Beim Schwirrflug kann das **Herz eines Kolibris** bis zu **1200-mal** pro Minute schlagen.

▼ Langsames Flattern
Viele Vögel, so auch Möwen, schlagen zwischen kurzen Gleitphasen im gerichteten Flug langsam mit den Flügeln.

Schlagflug

Beim Schlagflug erzeugen Vögel mit ihren kräftigen Brust- und Flügelmuskeln sich wiederholende Flügelbewegungen. Beim Auffliegen wird durch Abwärtsschlagen die Luft unter den Flügeln komprimiert und der Vogel gewinnt an Höhe. Mit zunehmender Schlaggeschwindigkeit erzeugt die über die Flügel strömende Luft Auftrieb, wodurch der Vogel die Höhe halten kann, wobei jeder Flügelschlag zudem Vortrieb erzeugt.

Segeln und Gleiten

Der Segelflug ist ein Vorwärtsflug mit ausgebreiteten Flügeln ohne Schläge. Die längere konvexe Oberseite drückt die Luft etwas schneller über den Flügel als über die flache Unterseite. Der dadurch entstehende Druckunterschied erzeugt Auftrieb.

Größere Vögel kreisen im Gleitflug in aufsteigenden, warmen Luftsäulen (Thermik), die sie nach oben tragen. Kleineren Vögeln fehlt die nötige Flügelfläche zum Segeln oder Gleiten. Sie können jedoch schnell fliegen, indem sie kurz und kraftvoll mit den Flügeln schlagen und diese dann eng anlegen.

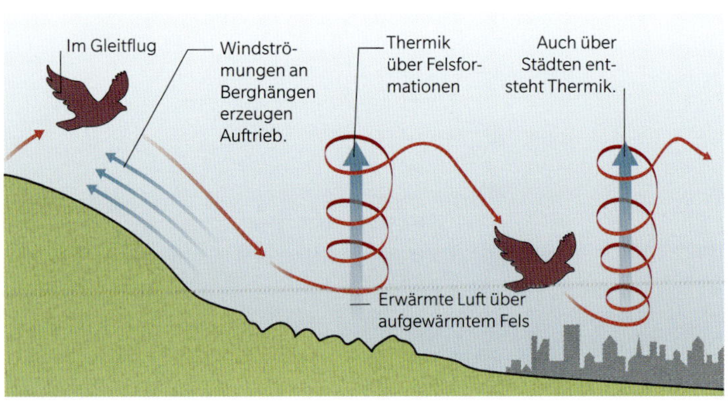

▲ Thermik und Aufwinde
Große Vögel wie Greife, Störche und Pelikane können mit der Thermik aufsteigen und ohne Energieaufwand gleiten. Auch durch abgelenkte Windströmungen verursachte Aufwinde können Auftrieb zum Gleiten bieten.

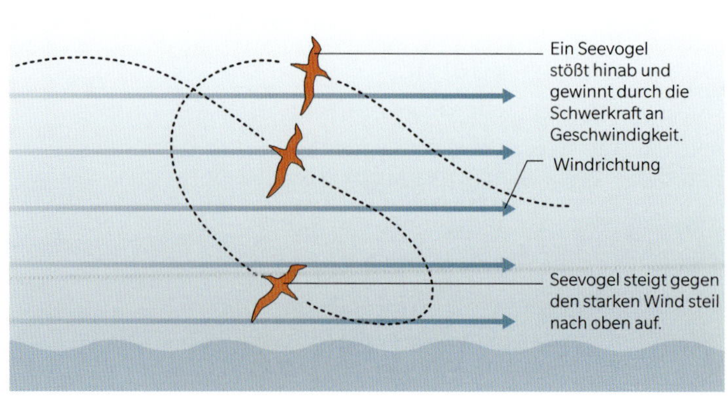

▲ Dynamisches Gleiten
Wegen des Luftwiderstands sind Meerwinde in Oberflächennähe am langsamsten, in der Höhe schneller. Seevögel lassen sich von den schnellen Winden tragen, beim Absinken drehen sie sich in den Wind und steigen auf.

Im Schnitt sind es 70 Flügelschläge pro Sekunde, aber der Rubinkehlkolibri (*Archilochus colubris*) erreicht bisweilen bis zu 200 Schläge in der Sekunde.

Das äußerst flexible Arm-Schulter-Gelenk dreht sich nahezu 180 Grad um seine Achse.

➤ Auf der Stelle
Mit raschen Flügelschlägen hält der Grünbrust-Mangokolibri (*Anthracothorax prevostii*) beim Trinken von Nektar an Blüten seine Position.

Schwirrflug und Rütteln

Beim Schwirrflug oder Rütteln wird eine stabile Lage relativ zum Boden gehalten. Vögel wie Seeschwalben, Eisvögel und einige Greifvögel passen beim Rütteln ihre Flügelschläge so an, dass die Fluggeschwindigkeit der Windgeschwindigkeit entspricht. Gegen den Wind gerichtet halten sie durch präzise Korrekturen ihre Position, der Schwanz sorgt dabei für Stabilität. Kolibris beherrschen den Schwirrflug in Perfektion. Besondere Anpassungen ermöglichen ihnen diese außergewöhnliche körperliche Leistung.

➤ Wie ein Kolibri schwirrt
Wegen eines speziellen Gelenks und eines einzigartigen Oberarmknochens können Kolibris extrem schnell mit den Flügeln schlagen. Besonders kräftige, am Brustbein ansetzende Muskeln und eine höhere Stoffwechselrate als bei jedem anderen Tier ermöglichen ihnen ein Fliegen auf unübertroffenem Niveau.

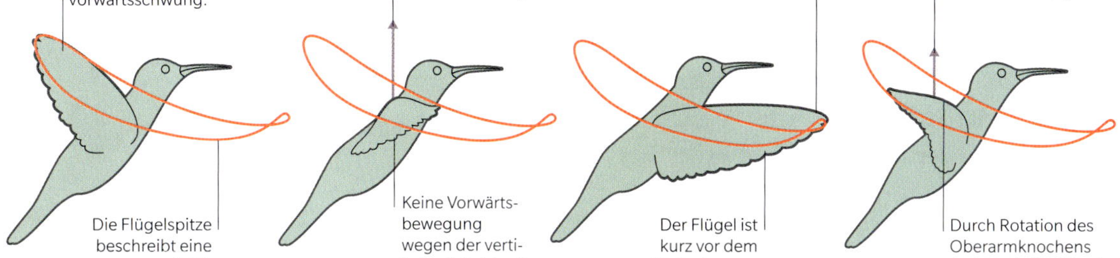

Unter Wasser fliegen

Alken und Pinguine können unter Wasser »fliegen«. Auch andere Arten wie Meerenten und Tölpel setzen dort ihre Flügel ein. Wie in der Luft durchschneidet beim Vorwärts- oder Aufwärtsschlag nur eine schmale Fläche das Wasser. Beim Rückschlag wird der Flügel dann gegen das Wasser gedreht, um maximale Leistung zu erzielen.

▼ Stromlinienförmiger Körper
Die torpedoartige Form und die steifen, flossenartigen Flügel des Königspinguins (*Aptenodytes patagonicus*) sind ideal für die Fortbewegung unter Wasser. Er kann bis 300 m tief tauchen.

AUFSCHLAG

Durch die Drehung durchschneidet der Flügel das Wasser mit minimalem Druck.

RÜCKSCHLAG

Für die Vorwärtsbewegung wird der Flügel kräftig nach unten und hinten geschlagen.

Der Eselspinguin kann unter Wasser fast so schnell schwimmen wie der 100 m-Weltrekordler Usain Bolt an Land sprintet.

Sinne

Die Sinne von Vögeln ähneln unseren, die Wahrnehmungsfähigkeit einiger übersteigt die des Menschen jedoch bei Weitem. Viele Arten haben ein exzellentes Farbensehen und können auch ultraviolettes Licht wahrnehmen, andere weisen einen bemerkenswerten Hör- oder Geruchssinn auf. Manche Vögel nutzen sogar das Magnetfeld der Erde zur Orientierung.

Sehvermögen

Die räuberisch lebenden Eulen haben nach vorn gerichtete Augen und damit ein großes binokulares Sichtfeld – sie können Entfernungen sehr genau abschätzen. Bei anderen Arten sitzen die Augen mehr seitlich am Kopf. Ihr monokulares Sehen ermöglicht ihnen, jedes Auge gleichzeitig auf verschiedene Objekte zu richten, um besser Feinden zu entgehen. Tagaktive Vögel nehmen ausgezeichnet Farben und auch UV-Licht wahr, eine Hilfe bei der Nahrungs- und Partnersuche.

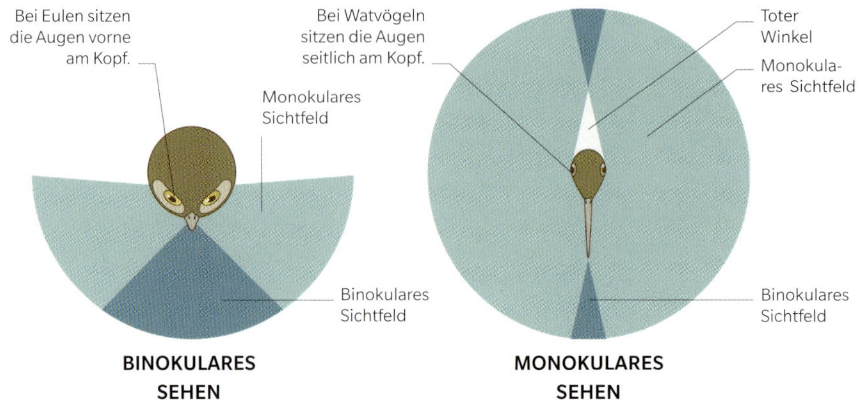

Gehör

Vögel haben keine äußeren Ohrmuscheln, ihre Ohröffnungen sind vom Gefieder verdeckt. Im Allgemeinen ist ihr Gehör nicht viel schärfer als unseres, Zugvögel können jedoch sehr schwache Geräusche hören, womöglich Wellen an fernen Küsten. Die bei Nacht jagenden Eulen nutzen ihr empfindliches Gehör zur Ortung ihrer Beute.

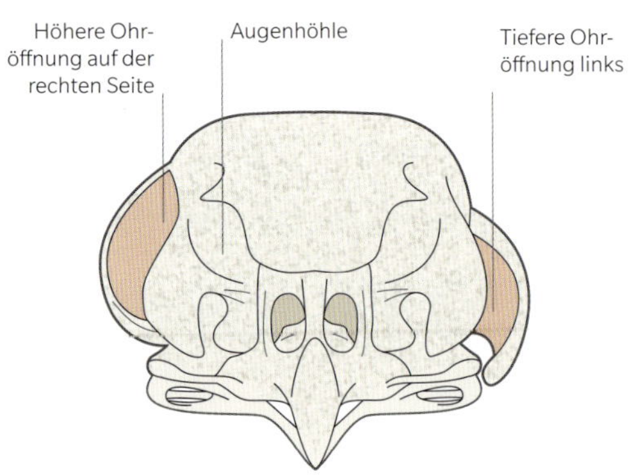

▲ Asymmetrische Ohren
Der Schädel eines Raufußkauzes (*Aegolius funereus*) zeigt ein typisches Eulen-Merkmal: Weil eine Ohröffnung höher liegt, können Geräuschquellen genau lokalisiert werden.

Vogelzug

Viele Arten ziehen als Familie oder in Schwärmen, andere hingegen allein, völlig ohne Erfahrung bezüglich Zeitpunkt, Zugrichtung oder -route. Bei geeigneten Bedingungen drängt sie ihre innere Uhr, zum richtigen Zeitpunkt aufzubrechen, oftmals nachts. Vögel nutzen eine Vielzahl von Sinneseindrücken, um den Weg zu ihrem Ziel zu finden, etwa einem Brutplatz oder Nahrungsgründen. Mittels eines lichtempfindlichen Proteins in ihren Augen können sie Position und Stärke des Erdmagnetfelds erkennen. Einige Arten können so navigierend Tausende von Kilometern zurücklegen.

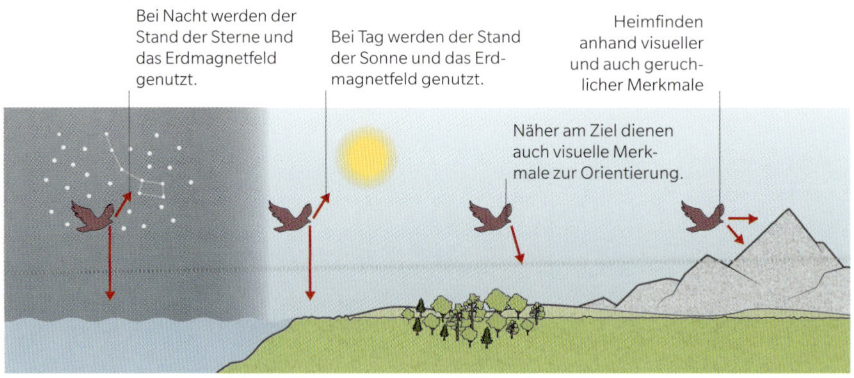

▲ Wie Vögel navigieren
Bei ihren ersten Zugflügen müssen sich die Vögel am Stand der Sterne und der Sonne sowie am Magnetfeld der Erde orientieren. Haben sie durch wiederholtes Ziehen Erfahrung gesammelt, nutzen sie Landmarken wie Küstenverläufe, Berge, Flüsse und näher an der Heimat auch kleinere Details.

Optische Zurschaustellung

Bei Balz und Revierverteidigung gilt es, optisch zu beeindrucken. Dabei hilfreich sind das sensible Sehvermögen und der Sinn vieler Arten für Farben und Muster. Mit auffälligem Schmuck und Färbungen beweisen Männchen ihre Fitness und beeindrucken mit ihrer Schönheit. Bei vielen Singvogelarten sehen die Geschlechter für den Menschen gleich aus, aber die meisten Männchen haben Gefiederbereiche, die UV-Licht reflektieren. Das Balzgefieder kann aus verlängerten oder auffällig geformten Federn bestehen, v. a. an Kopf und Schwanz – bekanntes Beispiel ist der Schwanz des Pfaus. Bisweilen beeinträchtigen extreme Merkmale die körperlichen Fähigkeiten des Männchens, etwa das Fliegen, sodass es ein schmaler Grat ist zwischen individuellem Überleben und erfolgreicher Fortpflanzung.

▲ **Sensationeller Glanz**
Bei der Balz schlagen Hähne des Blauen Pfaus (*Pavo cristatus*) ihr Rad und entfalten dabei einen riesigen Fächer aus beeindruckenden Farben und Mustern mit markanten Augenflecken.

Stimmliche Kommunikation

Wichtige Botschaften übermitteln Vögel stimmlich. Bei der Nahrungssuche sorgen einfache Kontaktrufe für Zusammenhalt von Schwärmen und Familien. Scharfe, aufgeregte Töne warnen Artgenossen und sogar andere Arten vor einem nahenden Beutegreifer. Watvögel äußern wiederholt laute Rufe, wenn sie auffliegen, und Singvögel halten im Flug mit Trillern und Zwitschern Kontakt untereinander. Der Gesang zum Abstecken des Reviers oder Anlocken einer Partnerin kann eine wiederholte Phrase oder improvisiert sein. Meist sind es die Männchen, die singen.

Durch den Mund ausgestoßene Luft bringt die flexiblen Membranen der Syrinx (auch Stimmkopf genannt), einer Struktur an der Basis der Luftröhre, zum Schwingen.

► **Reviergesang**
Bei Singvögeln wie dem Blaukehlchen (*Luscinia svecica*) ist der Gesang angeboren, sie entwickeln ihn durch Kopieren und Nachahmung.

Ernährung

Die Verbreitung von Vogelarten wird durch viele Aspekte ihres Lebensraums beeinflusst. Ihr Aufenthaltsort richtet sich danach, wo sie ihren Bedarf an geeigneter gehaltvoller Nahrung für ihre energieintensive Lebensweise konstant decken können.

Nach **Schätzung** von Wissenschaftlern fressen Vögel **jährlich** bis zu **500 Mio. Tonnen** Insekten.

▲ Samen
Ein Stieglitz (*Carduelis carduelis*) kann mit seinem schlanken, spitzen Schnabel problemlos die äußerst nahrhaften Samen zwischen den Stacheln des Fruchtstands einer Karde herauspicken.

▲ Nüsse
Spechte klemmen Nüsse in Spalten und hacken sie mit dem Schnabel auf. Eichelhäher (*Garrulus glandarius*) vergraben Hunderte von Eicheln und finden sie auch noch nach Wochen wieder, wenn andere Nahrung knapp ist.

▲ Früchte
Seidenschwänze (*Bombycilla garrulus*) fressen im Sommer Insekten, benötigen im Winter aber ein reichhaltiges Angebot an Beeren. In manchen Jahren ziehen sie Tausende Kilometer, um ausreichend Nahrung zu finden.

Pflanzennahrung

Manche Vögel fressen auch Blätter, aber die meisten Arten ernähren sich von Nektar, Sämereien und Früchten. Weidende Arten wie Gänse zupfen im Gehen Gräser und Wurzeln aus dem Boden, Schwäne tauchen nach Wasserpflanzen und Purpurhühner reißen große Stängel auf, um an das nahrhafte Innere zu gelangen. Deutlich mehr Vögel sind Samenfresser, weil Samen ganzjährig verfügbar sind. Beeren und Nüsse sind eine eher saisonale Nahrung.

► Nektar trinken
Der asiatische Strichelspinnenjäger (*Arachnothera magna*) trinkt aus einer Blüte Nektar – genau wie die neuweltlichen Kolibris oder die altweltlichen Nektarvögel und Honigfresser. Arten mit kürzerem Schnabel stechen die Blüten an der Basis an.

Verdauung

Da die Nahrung vor der Verdauung kurzzeitig in dem dehnbaren Kropf gespeichert wird, können Vögel große Mengen auf einmal aufnehmen. Geier können wegen ihrer starken Magensäuren verwestes Fleisch fressen und selbst Knochen innerhalb von 24 Stunden verdauen. Dagegen haben kleine nektarfressende Vögel eine sehr hohe Stoffwechselrate und verdauen ihre Nahrung meist innerhalb von einer Stunde.

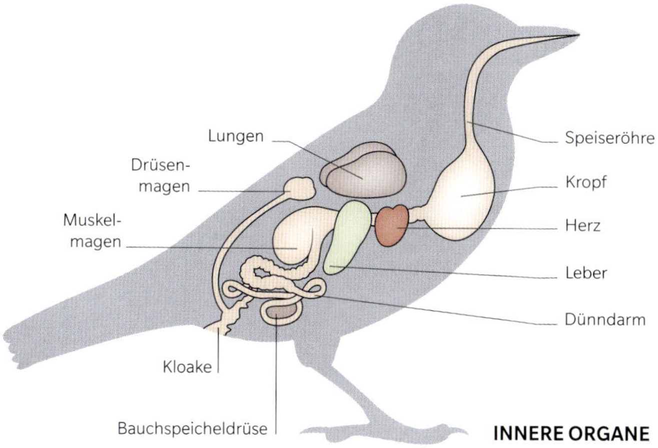

INNERE ORGANE

Ein Schnabel voller Insekten deutet auf hungrige Küken in der Nähe hin.

Erbeutete Fische werden gewöhnlich im Ganzen geschluckt.

Kleinere Beute wird ganz verschluckt, größere erst zerrissen.

▲ Insekten
Insekten sind für die gesamte Nahrungskette von Bedeutung. Auch Millionen von Vögeln sind auf sie angewiesen. Die Gebirgsstelze (*Motacilla cinerea*) jagt hauptsächlich entlang schneller, sauberer Fließgewässer.

▲ Fische
Viele Seevögel ernähren sich von Fischen. Manche Süßwasser-Arten fangen Fische unter Wasser, andere warten geduldig am Ufer, bereit zum Zustoßen. Der Kanadareiher (*Ardea herodias*) packt Fische mit dem Schnabel.

▲ Fleisch
Wie andere Schleiereulen ortet die Australschleiereule (*Tyto javanica*) ihre Beute ebenso oft nach Gehör wie mit den Augen. Unverdauliche Nahrungsbestandteile wie Fell und Knochen werden als Gewölle ausgewürgt.

Tierische Beute

Viele Vogelarten ernähren sich von lebenden Beutetieren, von Würmern und Larven bis hin zu Fischen, Nagetieren und anderen Vögeln. Watvögel suchen im Schlamm nach Meereswürmern und stemmen Muscheln von Felsen. Grasmücken sammeln akribisch Insekten vom Laub. Unter Greifvögeln gibt es Arten, die sich auf Vögel, Fische und große Insekten spezialisiert haben. Milane, Geier, Kondore und Krähen verzehren auch große Mengen an Aas.

► Werkzeuggebrauch
Nur wenige Vögel benutzen Werkzeuge. Geradschnabelkrähen (*Corvus moneduloides*) stochern mit Stöckchen Larven aus Löchern und Schmutzgeier (*Neophron percnopterus*) werfen Steine auf Straußeneier, um deren Schale zu zerbrechen.

Von Vögeln inspiriert

Seit Jahrtausenden sind Menschen von Vögeln fasziniert – sie spielen in der Mythologie und in den Religionen vieler Kulturen eine Rolle und wurden zu Symbolen für Macht und Anmut. Sie werden wegen ihres schönen Gefieders gehandelt, als Singvögel geschätzt und als Heimtiere geliebt. Überdies haben Vögel zahllose Künstler, Dichter, Autoren und sogar Filmregisseure inspiriert.

6. Jh.
Federkiele ersetzten im mittelalterlichen Europa Rohrfedern aus Schilfrohr als Schreibinstrument. Am geeignetsten waren die ersten fünf Handschwingen, meist von einer Gans.

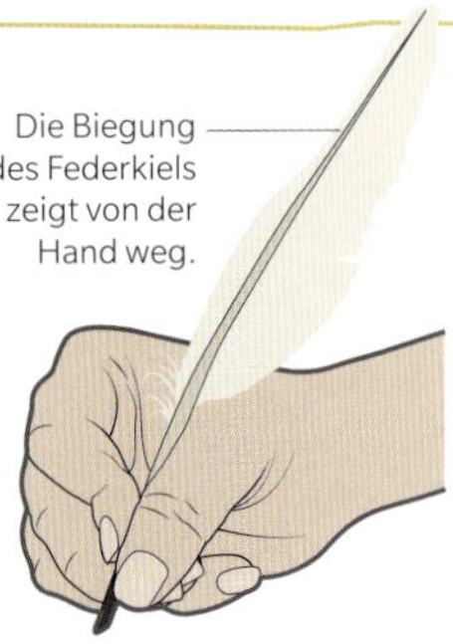

FEDERKIEL

500 v. Chr. – 500 n. Chr.
Das Volk der Nazca überzog eine Wüste nahe der peruanischen Küste mit Hunderten von Geoglyphen. Unter den Vogelumrissen erkennt man u. a. einen Pelikan und einen Greifvogel, der auch ein Kondor, aber wohl eher eine ausgestorbene Art sein könnte.

GEOGLYPHE EINES GEIERS

um 1177
Der persische Dichter Fariduddin Attar vollendete *Mantiq al-tayr* (»Konferenz der Vögel«), eine Allegorie der menschlichen Seele auf der Sinnsuche. In der Geschichte suchen 30 Vögel nach ihrem obersten Herrn Simurgh, dem legendären Vogel der iranischen Folklore.

ILLUSTRIERTES MANUSKRIPT

FRIEDRICH II.

um 1250
Friedrich II., Kaiser des Heiligen Römischen Reichs, schrieb *De Arte Venandi cum Avibus* (»Die Kunst, mit Vögel zu jagen«), eine Geschichte der Falknerei, der erste bebilderte ornithologische Text.

um 1947
Als nach dem Zweiten Weltkrieg der Luftverkehr zunahm, druckten einige Fluggesellschaften Plakate mit heimischen Vögeln wie diesem Birkhuhn, um abenteuerlustige Touristen zu einer Reise zu bewegen.

NORWEGISCHES REISEPLAKAT

1934
Die von der Walt Disney Company geschaffene jähzornige Zeichentrickfigur Donald Duck hatte in den USA ihren ersten Kinoauftritt.

1885
Der Juwelier Carl Fabergé schuf im russischen Sankt Petersburg das »Hennen-Ei«. Dies war das erste kaiserliche Osterei, Zar Alexander III. schenkte es seiner Frau Maria.

FABERGÉ-EI

1952
»Colonel« Harland Sanders eröffnete in der Nähe von Salt Lake City (Utah, USA) das erste Kentucky Fried Chicken (KFC). Heute gibt es weltweit mehr als 25 000 KFC-Franchises, die fast eine Milliarde Hähnchen pro Jahr verarbeiten.

»DIE VÖGEL«

1963
Der Film *Die Vögel* (*The Birds*) des britischen Regisseurs Alfred Hitchcock kam in die Kinos, in dem Menschen durch zahlreiche unerklärliche und bösartige Angriffe von Vögeln terrorisiert werden. Dies führte zu einem Anstieg der Ornithophobie (Angst vor Vögeln).

NEOLITHISCHE WANDMALEREI

» … da war die Taube mit ihren sanftmütigen Augen, der eifersüchtige Schwan, der noch in seinem Tode singt, die Eule auch, die ein Vorzeichen des Todes bringt … «

GEOFFREY CHAUCER, »Parlement of Foules«, um 1380

7500–6500 v. Chr.
In der Siedlung Çatalhöyük in der Türkei wurden die Toten unter den Fußböden der Häuser beerdigt. Wandmalereien zeigen Gänsegeier, die die kopflosen Leichen fressen.

7. Jh. v. Chr.
Eine junge Frau, die vermutlich bei der Geburt starb, wurde mit ihrem Sohn beerdigt, den man auf einen Schwanenflügel legte. Ihr Grab befindet sich in Ost-Dänemark.

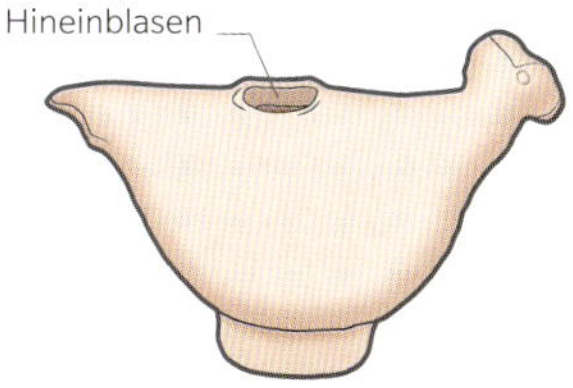

VOGELPFEIFE

3000 v. Chr.
Die Indus- und Helmand-Kulturen stellten einfache Pfeifen in Vogelform aus Ton und Terrakotta als Musikspielzeuge für Kinder her.

1600–1027 v. Chr.
Zur Zeit der Shang-Dynastie spielten Vögel eine wichtige Rolle in der chinesischen Mythologie. Viele Gefäße hatten die Form einer Eule, einem Symbol des Todes. Sie wurden womöglich in Ritualen für die Toten verwendet.

BRONZEGEFÄSS IN EULENFORM

2686–30 v. Chr.
Einige altägyptische Götter wurden als Vögel abgebildet. Horus wurde ursprünglich als Himmelsgott verehrt, wie seine Falkengestalt andeutet. Später verkörperte er göttliche Herrschaft und die Pharaonen regierten als seine lebenden Vertreter.

HORUS

13.–19. Jh.
Im Königreich von Benin galten Hähne als Symbol für starke Führung. Als Tribut wurden auf Palastaltären Bronze-Abgüsse aufgestellt.

HAHN AUS BRONZE

um 1380
Der englische Dichter Geoffrey Chaucer schrieb das Traum-Visions-Gedicht »Parlement of Foules« (Das Parlament der Vögel). Eine Gruppe von Vögeln versammelt sich im zeitigen Frühling zur Partnerwahl für das kommende Jahr.

17. Jh.
In Europa kamen dekorative Ölgemälde in Mode. Große Popularität erlangte ein skurriles Gemälde des flämischen Malers Frans Snyders von verschiedenen Vogelarten, die mit einer Partitur in einem Baum hocken.

KONZERT DER VÖGEL

1827–1838
Der französisch-amerikanische Maler und Naturforscher John James Audubon veröffentlichte *Birds of America*, eine Serie lebensgroßer Drucke von 435 Vogelarten in ihrem natürlichen Lebensraum.

KUBAFLAMINGO

um 1800
Aus den scharlachroten Federn des Kardinalhonigfressers (*Myzomela cardinalis*) fertigte man auf den Santa-Cruz-Inseln im Pazifischen Ozean Spiralen – »rotes Federgeld« (*tevau*). Größe und Qualität der Federn bestimmten ihren Wert.

Band aus Pflanzenfasern mit Federn

FEDERGELD

2016
Der Niederländer Arjan Dwarshuis stellte den Rekord von 6852 beobachteten Vogelarten in der Natur in einem Kalenderjahr auf. 2024 übertraf diesen Rekord der Amerikaner Peter Kaestner mit 10 000 in einem Jahr beobachteten Arten.

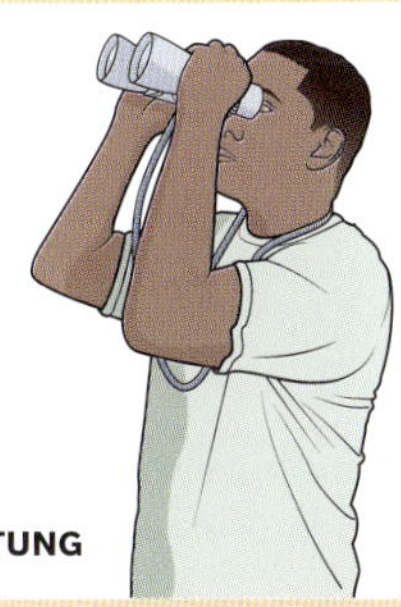

VOGELBEOBACHTUNG

2020
Am 15. November 2020 wurde bei einer Auktion in Belgien die zweijährige Sieger-Taube New Kim für 1,6 Mio. Euro versteigert. Ein neuer Weltrekord für den teuersten Vogel der Welt.

BRIEFTAUBE

Fortpflanzung

Die erste Priorität eines Vogels ist zu überleben. Sein nächstes Ziel ist die Fortpflanzung, um seine Gene weiterzugeben und die Erhaltung der Art zu sichern. Die Aufzucht des Nachwuchses kann für die Eltern sehr anstrengend sein.

Nester

Vogelnester dienen der Eiablage und häufig auch der Aufzucht der Küken, bis sie flügge sind. Wenngleich bisweilen außerhalb der Brutzeit als Schlafplatz genutzt, sind sie kein »Zuhause«. Die Nistplätze reichen vom kahlen Felsvorsprung bis zu stattlichen Gemeinschaftsnestern. Fast alle Vogelarten haben nur ein Nest. Bei manchen ist es nur eine gescharrte Kuhle am Boden, andere fertigen komplexe Nester aus Zweigen, Moos, Federn und sogar Spinnweben. Teils werden natürliche Höhlen genutzt, teil verlassene Spechthöhlen oder alte, von Krähen gebaute Zweignester übernommen. Je nach Bauform kann ein Nest Eier und Küken warm halten oder auch vor Feinden verbergen.

▲ Sammeln von Nistmaterial
Jede Vogelart hat bestimmte Anforderungen an Brutplätze und Nistmaterial. Die Blaumeise (*Cyanistes caeruleus*) nistet in Höhlen oder Ähnlichem und polstert diese mit Moos, Federn und Haaren aus.

▲ Napfnest
Napfförmige Nester werden im Allgemeinen gut versteckt. Aber die Bienenelfe (*Mellisuga helenae*), die mit einem Durchmesser von 2,5 cm das kleinste aller Nester baut, ahmt einfach eine Ausbuchtung auf einem freien Ast nach.

◄ Plattformnest
Viele Arten wie Reiher, Bussarde und Krähen bauen große Nester aus lose zusammengefügten Zweigen. Ein Weißstorch-Paar (*Ciconia ciconia*) nutzt sein auf Bäumen oder Gebäuden errichtetes, riesiges Nest oft mehrere Jahre lang.

Eier

Vogeleier haben harte, aber poröse Kalkschalen und können rund, oval oder an einem Ende zugespitzt sein. Ihre Farben und Muster entwickeln sich erst Stunden vor der Eiablage. Mit Ausnahme des Thermometerhuhns (*Leipoa ocellata*), das seine Eier in der Wärme eines Bruthaufens aus verrottenden Pflanzen ausbrütet lässt, bebrüten Vögel ihre Eier, indem sie bis zum Schlupf der Küken auf ihnen sitzen und sie wärmen. Manche Arten legen nur ein einziges Ei, andere mehr als 15.

➤ **Farben und Muster**
Eine Auswahl von Eiern aus Kuba zeigt die typische Farbenvielfalt. Weiße Eier findet man z. B. in dunklen Bruthöhlen, Eier in offenen Nestern haben häufig eine Tarnfärbung.

ARTENSCHUTZ

Bei passendem Lebensraum und Nahrungsangebot nisten die meisten Arten erfolgreich. Andere benötigen aktiven Schutz, z. B. Seeschwalben und Regenpfeifer, die an Sand- oder Kieselstränden nisten, oder in Kolonien auf Bäumen an Gewässern nistende Reiher. Manche Arten profitieren von aufgehängten Nistkästen, wie der Rotkehl-Hüttensänger (*Sialia sialis*) in den USA.

ROTKEHL-HÜTTEN-SÄNGER

Brutpflege

Die Küken schlüpfen nach einer Brutzeit von 12–14 Tagen (bei den kleinsten Arten) oder bis zu 80 Tagen (bei Albatrossen). Meist brütet nur ein Elternteil (i. d. R. das Weibchen, bei einigen Arten sind die Rollen vertauscht), manchmal beide. Die Küken werden im Nest gefüttert, bis sie flügge sind, oder in der Nähe versorgt, während sie lernen, selbst Nahrung zu finden. Kleine Singvögel werden meist 2–3 Wochen lang versorgt, bis sie fliegen, und danach noch ähnlich lang. Einige Arten haben »Helfer« (oft Jungvögel aus früheren Bruten), die gemeinsam mit den Eltern die Küken füttern. Brutparasiten wie der Kuckuck (*Cuculus canorus*) kümmern sich nicht selbst um ihre Küken, sondern legen ihre Eier in Nester anderer Arten und lassen die Jungen von Wirtseltern aufziehen.

▲ **Nesthocker**
Bei Arten mit geschlossenen Nestern oder Napfnestern, wie dem Rotkehlchen (*Erithacus rubecula*), schlüpfen die Küken meist blind und nackt und bleiben im Nest, während ihre ersten Federn wachsen.

▲ **»Semi«-Nesthocker**
Unter Extrembedingungen lebende Pinguinküken wie die von Kaiserpinguinen (*Aptenodytes forsteri*) schlüpfen mit einem warmen Daunenkleid, müssen aber dennoch von ihren Eltern gewärmt und gefüttert werden, bis ihr Gefieder vollständig ist und sie selbstständig werden.

▲ **Nestflüchter**
Bodenbrüter und Höhlenbrüter wie Kappensäger (*Lophodytes cucullatus*) schlüpfen mit warmen Daunen und offenen Augen. Noch während sich ihr Gefieder entwickelt, suchen sich schon selbst Nahrung.

Klassifizierung der Vögel

Die Taxonomie ist die Wissenschaft von der Identifizierung und Kategorisierung von Lebewesen anhand anatomischer und anderer erblicher Merkmale, einschließlich der DNA. Die Zugehörigkeit mancher Arten ist unter Ornithologen nach wie vor ziemlich umstritten.

Kategorien der Klassifizierung

Wissenschaftler gruppieren Lebewesen in hierarchische Kategorien. Die höchste und umfassendste davon sind die Reiche, wie das Tier- oder Pflanzenreich. Diese sind in Stämme und weiter in Klassen unterteilt. Jede Klasse ist wiederum untergliedert, um jede Art einzuordnen (siehe Tafel rechts). Eine Art ist definiert als Gruppe ähnlicher Individuen, die sich in der Natur untereinander fortpflanzen, sich aber nicht erfolgreich mit Vertretern anderer Arten kreuzen können. Von manchen Arten gibt es eigenständige, sich deutlich unterscheidende Populationen, die man als Unterarten bezeichnet.

Sperlingsvögel (Passeriformes)

Die Ordnung Passeriformes umfasst mehr als die Hälfte aller Vogelarten der Welt. Drei ihrer Zehen zeigen nach vorn und eine nach hinten. Es gibt zwei Unterordnungen: eine mit ursprünglicheren Arten und eine weitaus größere, die Singvögel. Sperlingsvögel kommen in fast allen terrestrischen Lebensräumen vom Gebirge bis zur Küste vor, aber nicht auf dem Meer. Die Ordnung umfasst eine riesige Vielfalt an Formen, Größen und Farben, darunter viele bekannte Vögel wie Spatzen und Schwalben, aber auch lokal begrenzte Familien wie die Paradiesvögel Neuguineas.

▼ Arretierbare Sehnen
Sperlingsvögel halten sich automatisch an Zweigen fest. Wenn sie ihr Gewicht darauf verlagern, werden die Sehnen gedehnt, wodurch sich die Zehen nach innen krümmen und in ihrer Position »einrasten«.

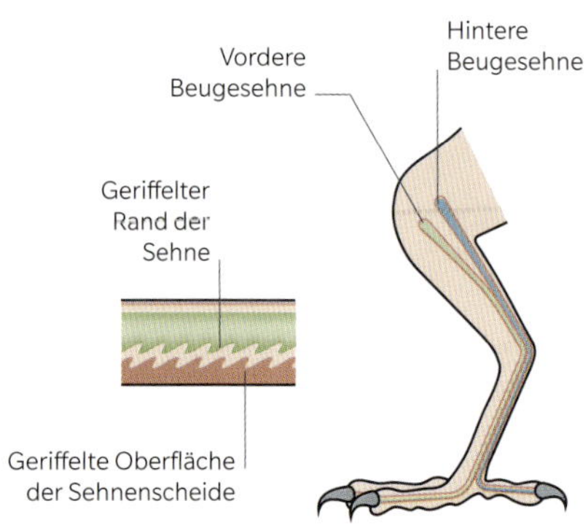

AUF FLACHEM BODEN SITZEND

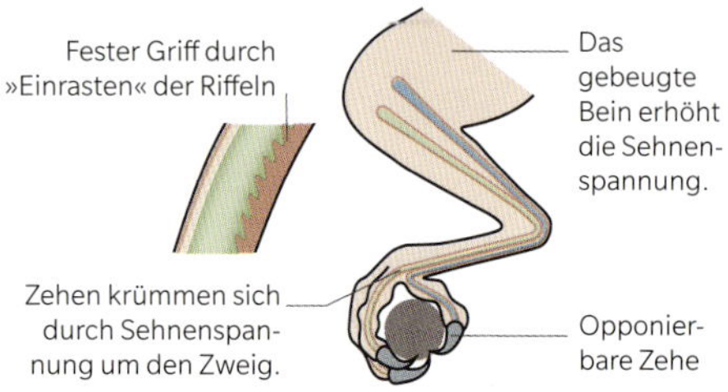

EINEN ZWEIG UMGREIFEND

WIE KLASSIFIZIERUNG FUNKTIONIERT
Am Beispiel des Staren sind hier die wichtigsten taxonomischen Kategorien aufgelistet. Varianten unterhalb der Artebene werden als Unterarten eingestuft.

▼ KLASSE Aves (Vögel)
Diese Klasse umfasst alle Vögel der Welt. Sie sind die einzigen heute lebenden Tiere mit Federn. Die meisten Vögel – aber nicht alle – können fliegen.

▼ ORDNUNG Passeriformes (Sperlingsvögel)
Dies ist mit über 6500 Arten die größte Ordnung der Vögel. Alle Vertreter haben Füße, mit denen sie Zweige umfassen können, viele komplexe Gesänge.

▼ FAMILIE Sturnidae (Stare)
Zu dieser Familie gehören alle Stare weltweit, mehr als 120 Arten. Es sind Allesfresser mit geradem Schnabel, die sich am Boden gehend fortbewegen.

▼ GATTUNG *Sturnus* (Star)
Diese Gattung enthält zwei Staren-Arten. Sie unterscheiden sich sowohl in ihrem Gefieder und ihrer geografischen Verbreitung als auch in ihrer DNA.

▼ ART *Sturnus vulgaris* (Gemeiner Star, Star)
Der (Gemeine) Star hat ein dunkles, schimmerndes Gefieder mit hellen Flecken, die während der Brutsaison verschwinden. Er schläft oft in Schwärmen.

▲ Veränderliche Klassifizierung
Im *Edinburgh Journal of Natural History* (1835–1840) sind mehrere Arten der Kolibri-Gattung *Trochilus* abgebildet, zu der heute nur noch zwei Kolibri-Arten zählen.

DIE ORDNUNGEN DER VÖGEL

Die 44 unten aufgeführten Ordnungen richten sich bezüglich Bezeichnung und Reihenfolge nach der 2023 vom Internationalen Ornithologischen Komitee (IOC) veröffentlichten World Bird List. In diesem Katalog sind mehr als 11 000 Vogelarten aus über 250 Familien gelistet und zu Ordnungen zusammengefasst. Neue Forschungen legen regelmäßig nahe, bestimmten Unterarten den Status einer Art zuzuerkennen oder die Familien neu zu ordnen. Aufgrund verschiedener Auslegungen gibt es unterschiedliche Listen.

➤ Flugunfähige Vögel

Verschiedene Vogelgruppen haben zu unterschiedlichen Zeitpunkten der Evolution ihre Flugfähigkeit verloren. Die bodenbewohnenden Kiwis z. B. haben heute winzige rudimentäre Flügel, während Pinguine paddelartige Flügel entwickelt haben, mit denen sie unter Wasser »fliegen«.

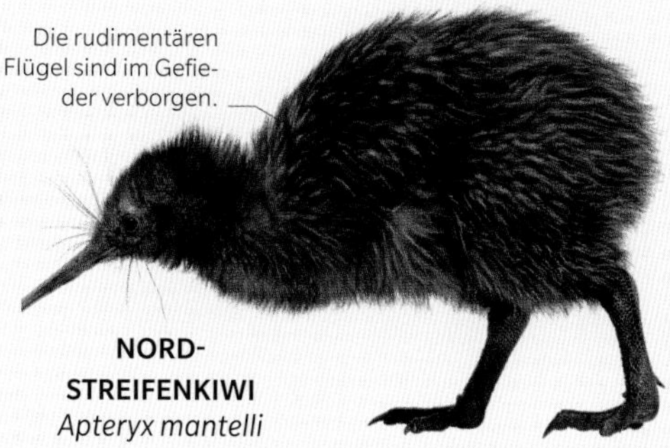

NORD-STREIFENKIWI
Apteryx mantelli

TRIVIALNAME	ORDNUNG	FAMILIEN	TRIVIALNAME	ORDNUNG	FAMILIEN
Straußenvögel	Struthioniformes	1	Regenpfeiferartige	Charadriiformes	19
Nanduvögel	Rheiformes	1	Kagu und Sonnenralle	Eurypygiformes	2
Kiwivögel	Apterygiformes	1	Tropikvögel	Phaethontiformes	1
Australien-Laufvögel	Casuariiformes	1	Seetaucher	Gaviiformes	1
Steißhühner	Tinamiformes	1	Pinguine	Sphenisciformes	1
Gänsevögel	Anseriformes	3	Röhrennasen	Procellariiformes	4
Hühnervögel	Galliformes	5	Storchenvögel	Ciconiiformes	1
Nachtschwalben	Caprimulgiformes	1	Ruderfüßer	Suliformes	4
Fettschwalme	Steatornithiformes	1	Schreit- und Pelikanvögel	Pelecaniformes	5
Tagschläfer	Nyctibiiformes	1	Hoatzins	Opisthocomiformes	1
Eulenschwalme	Podargiformes	1	Greifvögel	Accipitriformes	4
Höhlenschwalme	Aegotheliformes	1	Eulen	Strigiformes	2
Seglervögel	Apodiformes	3	Mausvögel	Coliiformes	1
Turakos	Musophagiformes	1	Kuckucksroller	Leptosomiformes	1
Trappen	Otidiformes	1	Trogons	Trogoniformes	1
Kuckucksvögel	Cuculiformes	1	Hornvogelartige	Bucerotiformes	4
Stelzenrallen	Mesitornithiformes	1	Rackenvögel	Coraciiformes	6
Flughühner	Pterocliformes	1	Spechtvögel	Piciformes	9
Taubenvögel	Columbiformes	1	Seriemas	Cariamiformes	1
Kranichvögel	Gruiformes	6	Falkenartige	Falconiformes	1
Lappentaucher	Podicipediformes	1	Papageien	Psittaciformes	4
Flamingos	Phoenicopteriformes	1	Sperlingsvögel	Passeriformes	145

KAPITEL 2

Nichtsperlingsvögel

Diese Gruppe umfasst alle Vögel, die nicht zur Ordnung der Sperlingsvögel gehören. Im Gegensatz zu den Sperlingsvögeln besitzen sie kein Alleinstellungsmerkmal. Die Vertreter der verschiedener Ordnungen können z.B. vier, drei oder nur zwei Zehen haben, bei manchen sind sie durch Schwimmhäute verbunden.

Ordnung Struthioniformes

Familien 1

Arten 2

Höhe
1,8–2,8 m

Verbreitung
Afrika südlich der Sahara

◄ Ausschau halten
Mit seinen 5 cm breiten Augen in 2 m Höhe hat der Afrikanische Strauß (*Struthio camelus*) – hier eine Gruppe Hennen – einen besseren Überblick über die offenen Ebenen als alle anderen Landtiere außer Giraffen.

Maat wird häufig mit einem Kopfschmuck aus Straußenfedern dargestellt.

Feder der Wahrheit
Die altägyptische Göttin Maat symbolisierte Wahrheit, Moral, Gerechtigkeit und Weltordnung. Dem Glauben nach konnte niemand ins Jenseits gelangen, dessen Herz nicht vor dem Totengericht gegen die Feder der Wahrheit von Maat abgewogen worden war.

Strauße

Struthionidae

Die großen und kräftigen Strauße sind in den weiten Ebenen Afrikas schon auf große Entfernung zu sehen. Der unverwechselbare, tief dröhnende Ruf eines dominanten Straußenhahns ist weithin hörbar.

Obwohl Strauße die größten lebenden Vögel sind, können sie Löwen oder Hyänen zum Opfer fallen. Auch der Mensch hat sie jahrtausendelang wegen ihres Fleischs und der Federn gejagt. Auf altägyptischen Kunstwerken ist der Pharao Tutanchamun bei der Straußenjagd mit Pfeil und Bogen abgebildet. Da Strauße nicht fliegen können, fliehen sie zu Fuß und erreichen dabei bis zu 70 km/h. Sie können sich aber auch mit gefährlichen Tritten verteidigen. Strauße fressen Wurzeln und Samen, gelegentlich auch große Insekten, Nagetiere und Reptilien, und schlucken kleine Steine, um zähe Nahrung zu zermahlen.

Einem verbreiteten Mythos nach steckt der Strauß den Kopf in den Sand – herrührend von Sichtungen von Straußen in der Ferne, die sich zum Wenden der Eier oder Füttern ihrer Küken herunter beugten. Frühe Christen dachten, der Strauß könne durch seine bewundernswerte Konzentration seine Eier ausbrüten, indem er sie einfach nur anstarrt.

Straußenhähne kämpfen mit Tritten um das Recht, die Hennen zu umwerben und sich mit ihnen zu paaren. Die Eier werden in ein flache, gescharrte Mulde gelegt. Zum besseren Schutz werden oftmals die Küken mehrerer Bruten gemeinsam von einem oder mehreren Erwachsenen bewacht.

Die Eier werden mit Holzkohle oder Asche verziert – u. a., um sie als Eigentum zu markieren.

▲ Wasserreserve
Seit Jahrtausenden vergraben Wüstenvölker im südlichen Afrika mit Wasser gefüllte Straußeneier, um während ihrer Jagdausflüge etwas zu Trinken zu haben.

Ordnung Apterygiformes

Familien 1

Arten 5

Länge
35–65 cm

Verbreitung Neuseeland

In dem wie eine grobe Behaarung wirkenden Gefieder verbergen sich zwei 3 cm lange Flügel.

Nur bei Kiwis befinden sich die beiden Nasenlöcher an der Spitze des Schnabels.

Kiwis

Apterygidae

Nur wenige Vögel stehen so sinnbildlich für ihr Land wie die Kiwis. Diese einzigartigen, flugunfähigen Vögel werden weltweit als nationales Wahrzeichen Neuseelands erkannt. Man nennt die Neuseeländer auch »Kiwis«.

▲ Stocherschnabel
Der Nordstreifenkiwi (*Apteryx mantelli*) hinterlässt auf der Suche nach Würmern mit seinem langen Schnabel charakteristische Löcher im Boden.

Von den in Neuseeland endemischen, hühnergroßen Kiwis gibt es fünf Arten. Der Okaritokiwi (*Apteryx rowi*) wurde erst 2003 beschrieben. Mit dem haarähnlichen Gefieder, weder sichtbaren Flügeln noch Schwanz und den winzigen Augen ähneln Kiwis Säugern. Die ungewöhnlichen Vögel sind ein Symbol für die Einzigartigkeit des Landes und seiner Tierwelt. Schon lange sind sie bei den Maori geschätzt, die aus ihren Federn Umhänge für hochrangige Personen fertigten.

Stochernd durch den Wald

Kiwis sind nachtaktiv, den Tag verschlafen sie in zwischen dichter Vegetation gegrabenen Bauen. Die Maori kennen den scheuen Vogel schon seit Langem als »versteckten Vogel von Tāne«, dem Gott des Waldes. Kiwis jagen am Waldboden: Mit ihrem schlanken Schnabel stochern sie in Laubstreu und Boden und finden so mit ihrem ausgezeichneten Geruchssinn Beute wie Regenwürmer, Käfer und Spinnen. Daneben fressen sie Früchte und Samen. Mittels langer Borsten an der Schnabelbasis können sie Beute auch durch Berührung aufspüren. Zur Kontaktaufnahme und Reviermarkierung stoßen Kiwis laute Pfiffe aus. Bei einigen Arten wird der Ruf bis zu zehnmal mit ansteigendem Ton wiederholt. Kiwis gehen eine lebenslange monogame Paarbindung ein. Das Weibchen legt ein stattliches Ei (selten zwei), das so groß ist, dass im Magen bis nach der Eiablage kein Platz mehr für Nahrung bleibt. Beim Zwergkiwi (*A. owenii*) und Nordstreifenkiwi (*A. mantelli*) bebrütet nur das Männchen das Ei für 70–80 Tage. Bei den anderen drei Arten teilen sich die Eltern das nächtliche Brutgeschäft. Die Jungen sind beim Schlupf voll befiedert, innerhalb von nur zwei Wochen selbstständig und müssen schon nicht mehr gefüttert werden.

RIESIGES EI

Kiwi-Eier sind ausgesprochen überdimensioniert im Verhältnis zur Größe des Weibchens. Das Ei kann 25 Prozent des Körpergewichts eines Weibchens ausmachen und ist sechsmal so groß wie ein Ei eines vergleichbar großen Vogels. Der große Dottersack des Eies ernährt den voll befiederten Jungvogel bis zwei Wochen nach dem Schlüpfen.

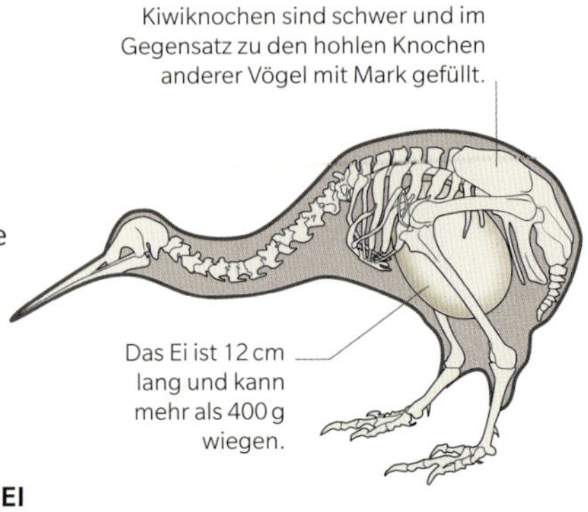

QUERSCHNITT DURCH EINEN KIWI MIT EI

Emu und Kasuare

Casuariidae

Ordnung	Casuariiformes
Familien	1
Arten	4
Höhe	100–190 cm
Verbreitung	Australien, Neuguinea

Emus and Kasuare sind stattliche, flugunfähige Vögel Australasiens. Mit ihrem schütteren Gefieder und der bunten, nackten Haut an Kopf und Hals sind die ungewöhnlichen Vögel faszinierend und furchterregend zugleich.

Der imposante Emu (*Dromaius novaehollandiae*) und Kasuare (*Casuarius* spp.) gehören zu den größten Vögeln der Welt. Es sind massige Tiere mit langem Hals und kräftigen Beinen zum Laufen und Treten sowie an jedem Fuß drei Zehen mit scharfen Krallen. Emus leben in offenem Gelände in Australien und ernähren sich von Samen, Früchten, Blüten und sonstigen nahrhaften Pflanzenteilen. Kasuare sind Waldbewohner aus Papua-Neuguinea und Australien, die v. a. Früchte fressen, darunter auch für andere Tiere giftige. Sie verschlucken sogar ganze Bananen.

Dröhnende Paarungsrufe

Zur Paarungszeit stoßen Emus und Kasuare tiefe, dröhnende Laute aus, die bis in eine Entfernung von 2 km und sogar durch dichte Wälder zu hören sind. Emus legen 4–15 Eier, Kasuare 3–5. Die Hähne bebrüten die Eier und ziehen auch die Küken auf. Die Eiablage der Emus wird seit Langem von den indigenen Völkern Australiens mithilfe eines Sternbilds (»Himmels-Emu«) überwacht, das einem laufenden Emu ähnelt. Sein Erscheinen am Aprilhimmel fällt mit der Brutzeit der Emus zusammen und signalisiert, dass die frisch gelegten, dunkelgrünen Eier als Nahrung gesammelt werden können. Wenn das Sternbild im Juni horizontal erscheint und einem auf dem Nest sitzenden Männchen ähnelt, wird das Eiersammeln beendet, da die Embryonen in den Eiern herangewachsen sind.

Der markante Helm verleiht dem Hahn Dominanz und hilft ihm wohl dabei, dichte Waldvegetation zu durchdringen.

➤ Schwammiger Helm
Der Helmkasuar (*C. casuarius*) besitzt einen markanten, großen Helm. Die darin enthaltenen Luftkammern machen ihn weich und stoßdämpfend.

Der fleischige Kehllappen kann die Farbe ändern und dient vermutlich der Kommunikation mit Artgenossen.

Mit den scharfen Krallen an den Zehen wird nach Fallobst gegraben.

◄ Getarnte Küken
Ein Emu-Hahn bewacht seine Jungen. Mit ihrem dunklen Streifenmuster sind die Küken im offenen Gelände wie auch im Schatten gut getarnt.

Dank ihrer kräftigen Beine können Kasuare aus dem Stand bis zu 2 m hoch springen.

◄ Orientalische Pracht
Viele Entenarten haben ein prächtiges Federkleid, aber mit der spektakulären Befiederung und Färbung des Erpels der Mandarinente (*Aix galericulata*) kann keine andere Art mithalten. Im Gegensatz zu seiner auffälligen Erscheinung ist der Vogel recht scheu.

Gänsezucht
Diese Version des *Tacuinum sanitatis*, eines Gesundheitsbuchs von Ibn Butlan aus dem 14. Jh., empfiehlt ein Leben in Harmonie mit der Natur.

Gänse werden schon seit Jahrtausenden wegen ihres Fleischs, ihrer Eier und Federn sowie als »Wachhunde« gehalten.

Entenvögel und Verwandte

Anatidae, Anseranatidae, Anhimidae

Ordnung	Anseriformes
Familien	3
Arten	Mehr als 170
Länge	30–180 cm
Verbreitung	Weltweit, außer in der Antarktis

Mit ihrer langen Geschichte der Domestizierung stehen die Entenvögel hinsichtlich ihrer praktischen, wirtschaftlichen und kulturellen Bedeutung für den Menschen an zweiter Stelle nach den Hühnervögeln.

Der Begriff »Wildgeflügel« wurde traditionell für Vögel verwendet, die zum Sport oder zur Ernährung gejagt wurden, und ist eng mit Enten und Gänsen assoziiert. Sie sind noch heute die am häufigsten gejagten Wildvögel, die nicht für diesen Zweck aufgezogen und freigelassen wurden. Die heute wegen ihres Fleischs, ihrer Eier und Daunen gezüchteten Hausenten stammen von der Stockente (*Anas platyrhynchos*) ab, die vor mehr als 2000 Jahren in China domestiziert wurde, oder von der südamerikanischen Moschusente (*Cairina moschata*), die indigene Völker seit einem ähnlich langen Zeitraum züchteten. Die zum gleichen Zweck gezüchtete Hausgänse lassen sich auf die europäische Graugans (*Anser anser*) oder die ostasiatische Schwanengans (*A. cygnoides*) zurückführen. Tatsächlich legen jüngste Forschungen nahe, dass Gänse möglicherweise die ersten gezüchteten Vögel waren und vor etwa 7000 Jahren in China domestiziert wurden.

Enten, Gänse und Schwäne unterscheiden sich stark in Form, Größe und Färbung. Trotz der großen Unterschiede gehören alle überraschenderweise zur selben

Klappbarer Schnabel zum Ausgießen

► Rituelles Gefäß
Diese chinesische Bronzegans aus der späten Zhou-Dynastie ist ein Gefäß für Wein, bekannt als Tsun. Solche Gefäße wurden für zeremonielle Opfergaben für die Toten verwendet.

Familie, den Entenvögeln (Anatidae), in der Ordnung Gänsevögel (Anseriformes). Von Letzterer gehören nur die drei Arten der südamerikanischen Wehrvögel sowie die Spaltfußgans aus Australien und Neuguinea eigenen Familien an (Anhimidae bzw. Anseranatidae).

Da Entenvögel eng ans Wasser gebunden sind, haben sie ein wasserabweisendes Gefieder, kurze Beine und fast alle Schwimmhäute an den Füßen. Für eine effiziente Bewegung im Wasser werden die Zehen beim Rückwärtsschlag weit gespreizt und bei der Vorwärtsbewegung geschlossen. Die meisten Arten haben einen recht breiten, aber kurzen Schnabel – bei manchen mit hakenförmiger Spitze zum Festhalten von Fischen, bei den Sägern zusätzlich mit gesägter Kante.

Merkmale und Tradition

Schwäne gehören zu den schwersten flugfähigen Vögeln: Ein ausgewachsener Höckerschwan (*Cygnus olor*) kann bis zu 15 kg wiegen. Die Geschlechter sind kaum zu unterscheiden, beim Höckerschwan ist der namengebende fleischige Höcker an der Schnabelbasis beim Männchen stärker ausgeprägt. Schwäne bilden starke, oft lebenslange Paarbindungen aus und verteidigen aggressiv ihr Revier. Mit ihrem langen, schlanken Hals suchen sie im Flachwasser nach Nahrung, durch vertikale Neigung des Körpers erreichen sie auch größere Tiefen.

Im Vereinigten Königreich gelten Schwäne seit Langem als »königliche« Vögel – sie zu fangen oder zu töten ist eine schwere Straftat. Seit dem 12. Jh. wird das jährliche zeremonielle »Schwanentreiben« durchgeführt. Dabei werden die auf der Themse lebenden Höckerschwäne an ihren Schnäbeln markiert und anschließend unversehrt freigelassen. Die Tradition geht auf die Zeit zurück, als Schwäne bei Festen gegessen wurden. Die gekennzeichneten Tiere »gehörten« den alten Handelsverbänden oder der Krone.

Gänse sind kleiner als Schwäne, mit kürzerem Hals. Tagsüber halten sie sich zum Fressen meist auf Grasland, Ackerland oder Salzwiesen auf, abends fliegen sie zum Schlafen in sichere Wasser- oder Sumpfgebiete. Wo viele Gänse vorkommen, werden ihre großen Schwärme Teil der dortigen Landschaft. Sie geben laute Kontaktrufe von sich und fliegen in ungeordneten großen Gruppen oder in langen Keil- und V-Formationen. Viele sind Langstreckenzieher, wie die Blessgans (*Anser albifrons*), und daher nur saisonale Gäste. Andere, wie die Streifengans (*A. indicus*), können in sehr großen Höhen fliegen.

▼ Huckepack
Gänsesäger (*Mergus merganser*) nehmen ihre Küken gleich nach dem Schlüpfen mit ins Wasser. Da sie noch nicht fliegen können, müssen sie aus ihrer Bruthöhle in einem Baum nach unten springen.

➤ Formationsflug
Durch den Flug in V-Formation können ziehende Graugänse Energie sparen und untereinander über Orientierungspunkte kommunizieren.

STOCKENTE
Anas platyrhynchos
In Süßwasser-Feuchtgebieten und Salzmarschen häufige Gründelente. Das Weibchen hat ebenfalls orange Beine, aber ein braunes Gefieder mit leuchtend blauem Flügelspiegel.

SPALTFUSSGANS
Anseranas semipalmata
Ungewöhnlich große, ursprüngliche Gans aus Feuchtgebieten in Australien und Neuguinea. Ihre langen Zehen sind eine Anpassung an das Sitzen auf Ästen.

HALSBAND-WEHRVOGEL
Chauna torquata
Eine der drei großen südamerikanischen Wehrvogelarten. Charakteristisch sind die Federhaube, der hakenförmige Schnabel und die zur Revierverteidigung eingesetzten Flügelsporne.

Die heiligen Gänse der Juno retteten 387 v. Chr. mit ihrem Geschnatter Rom vor den Galliern.

Streifengänse ziehen in mehr als **6000 m** Höhe über den **Himalaja.**

Vielfältige Enten

Enten werden i. d. R. eingeteilt in Halbgänse, Schwimm- oder Gründelenten und Tauchenten. Es gibt viele Überschneidungen, und viele Arten halten sich teils im Süß- und teils im Salzwasser auf. Die sog. Halbgänse ähneln in Statur und Nahrungssuche im Watt oder Grasland eher Gänsen, haben aber ein auffälliger gemustertes Gefieder. Tauchende Arten wie die Eisente (*Clangula hyemalis*), Trauerenten (*Melanitta* spp.) und Eiderenten (*Somateria* spp.) brüten auf Inseln oder an Seeufern, halten sich aber ansonsten auf dem Meer auf und tauchen nach Krebs- und Weichtieren. Tauchenten wie die Reiherente (*Aythya fuligula*) und die Riesentafelente (*A. valisineria*), suchen ihre Nahrung ebenfalls tauchend, aber meist im Süßwasser. Gründelenten wie die Löffelente (*Spatula clypeata*) und die Krickente (*Anas crecca*) seihen ihre Nahrung aus dem Wasser oder Schlick. Mittels der Lamellen an ihrem Schnabel filtern sie Feststoffe aus dem Wasser und bearbeiten sie dann mit der Zunge. Andere Gründelenten, wie die Pfeifente (*Mareca penelope*), grasen zudem auf Marschland und Wiesen.

Männliche Enten (Erpel) sind bunter und auffälliger gemustert als Weibchen und Jungvögel und tragen ihr schönstes Gefieder meist im Winter. In diesem Pracht- oder Brutkleid erfolgt die Balz, wobei die Erpel mit ritualisierten Bewegungen um die Weibchen schwimmen, um eine Partnerin zu finden. Außerdem führen sie Balzflüge durch. Nach der Paarung und dem Zug ins Brutgebiet (wofür sie oft weite Strecken zurücklegen) bebrüten die Weibchen die Eier und kümmern sich um die Jungen, während die Männchen sich in ein unauffälligeres Ruhe- oder Schlichtkleid mausern. Dabei verlieren sie die meisten ihrer Schwungfedern gleichzeitig und werden für kurze Zeit (wie auch manche Gänse) flugunfähig. Entennester werden mit Daunen aus dem Federkleid des Weibchens ausgekleidet. Sie können am Boden zwischen Gräsern errichtet werden, in Erdlöchern oder Kaninchenbauen (wie von den Halbgänsen) oder in Baumhöhlen. Die Küken sind mit Daunen bedeckt und schon bald nach dem Schlüpfen aktiv. Schon rasch beginnen sie zu schwimmen und für sich selbst zu sorgen.

> »Der Stern ist knisternd zerstoben, verklungen das Schwanenlied.«
>
> HEINRICH HEINE, *Buch der Lieder LIX*

➤ **Verborgene Federn**
Der langhalsige australische Schwarz- oder Trauerschwan (*C. atratus*) scheint ein gänzlich schwarzes Gefieder zu haben. Erst im Flug zeigen sich die auffällig weißen Flügelspitzen.

Die Augenfarbe wechselt in der Brutzeit von Weiß nach Rot.

Die abperlenden Wassertropfen bezeugen, wie wasserabweisend das Gefieder ist – verstärkt wird der Effekt noch durch Öle aus der Bürzeldrüse.

Der Seefahrer Antonie Caen sah **1636** in Westaustralien vermutlich als erster Europäer einen **schwarzen Schwan.**

▲ **Revierverteidigung**
Um 1650 malte der niederländische Maler Jan Asselijn das Bild *Der bedrohte Schwan*. Später wurde es als politische Allegorie interpretiert – es könnte den Politiker Johan de Witt darstellen, der sein Land in einer Reihe von Konflikten beschützt.

Manche indigenen Völker Nordamerikas, wie die Algonkin, erzählen Legenden über vertrauensselige Enten und Gänse, die sich leicht austricksen und fangen lassen, um verspeist zu werden. In der griechischen Mythologie ist die Ente dagegen ein Symbol der Treue und Fürsorge für die Familie. Die durch ihre Treue zu ihrem Mann Odysseus bekannte griechische Göttin Penelope soll nach dem griechischen Wort für »Ente« benannt worden sein, weil sie von einer Entenfamilie aus dem Meer gerettet wurde, nachdem ihr Vater sie verstoßen hatte, weil sie kein Junge war.

ARKTISCHE ROBEN

Zwei Tlingit-Frauen aus dem Süden Alaskas posieren in traditionellen Gewändern aus Murmeltierfellen und Eiderenten-Daunen. Wie andere Enten polstern Eiderenten ihre Nester zur Isolierung mit ihren Daunenfedern aus. Sie zupfen die leichten, fiedrigen Daunen unter ihren festen äußeren Federn heraus. Eiderdaunen werden seit Jahrhunderten als warme Füllung für Steppdecken und Kopfkissen geerntet, aber erst entnommen, nachdem die Entenküken das Nest verlassen haben, sodass die Vögel keinen Schaden nehmen.

STUDIO-PORTRÄT, UM 1900

Immer Richtung Norden

Kurzschnabelgänse (*Anser brachyrhynchus*) verbringen den Winter in Nordwesteuropa und ziehen im Frühling in ihre arktischen Brutgebiete. Meist folgen sie dabei alljährlich den gleichen Zugrouten. Zu Tausenden unterbrechen sie ihre lange Reise in Zentralnorwegen, um auf Grünland zu rasten und Nahrung zu suchen. Dieser Schwarm traf auf den Feldern noch winterliche Bedingungen an.

Ehren-abzeichen
Während der gesamten Qing-Dynastie in China wurden gestickte Rangabzeichen verliehen. Der Diamantfasan steht für einen Zivilbeamten zweiten Rangs.

Fasanenartige

Phasianidae

Diese große Familie hochbeiniger, bodenbewohnender Wildvögel ist in weiten Teilen der Welt von immenser, unvergleichlicher wirtschaftlicher und kultureller Bedeutung.

Hinsichtlich der wirtschaftlichen Bedeutung kann es keine Vogelfamilie mit den Fasanenartigen aufnehmen. Ein Vertreter, das Bankivahuhn (*Gallus gallus*), ist der Vorfahre des Haushuhns. Heute werden jährlich mindestens 33 Mrd. Hühner für Fleisch und Eier gezüchtet, was sie zu den bei Weitem individuenreichsten Vögeln der Welt macht. Zu den Fasanenartigen in der Ordnung Hühnervögel (Galliformes) gehören auch einige der beliebtesten Vögel für die Jagd – ob als Sport oder für den Verzehr. Der Fasan (*Phasianus colchicus*) wird, genau wie Wachteln (*Coturnix* spp.), schon seit Jahrhunderten in vielen Ländern gejagt und verspeist. Einige Vertreter der Familie stehen lokal als »Bushmeat« auf dem Speiseplan, z. B. in Afrika viele Frankolin-Arten. In Tansania entdeckten Ornithologen erst kürzlich die Udzungwawachtel (*Xenoperdix udzungwensis*) – ihre charakteristischen Füße waren ihnen in einem Kochtopf eines Expeditionslagers in den Udzungwa-Bergen aufgefallen. Das Truthuhn (*Meleagris gallopavo*) wurde vermutlich vor etwa 2000 Jahren von den Maya domestiziert. Heute ist der Verzehr von Truthahnbraten zu Weihnachten und Erntedank v. a. in den USA eine feste Tradition. In anderen Teilen der Welt hingegen werden bestimmte Fasanenarten verehrt oder angebetet. Der Blaue Pfau (*Pavo cristatus*), oft ein-

Ordnung Galliformes

Familien 1

Arten Mehr als 180

Länge
12–240 cm

Verbreitung
Weltweit, außer in Südamerika und der Antarktis

fach nur Pfau genannt, ist in der hinduistischen Tradition tief verankert. Hindu-Gottheiten werden häufig auf Pfauen reitend dargestellt und der Gott Krishna oft mit einer Pfauenfeder im Haar. Diese symbolisiert u.a. Demut, Reinheit und Hingabe. In weiten Teilen Indiens sind Pfauen in Dörfern und auf Bauernhöfen ein alltäglicher Anblick. An Sehenswürdigkeiten hört man oft ihre lauten Schreie und ihre Federn werden als Souvenirs an Touristen verkauft. Der in der Himalaja-Region beheimatete Weißflügel-Ohrfasan (*Crossoptilon crossoptilon*) ist den Buddhisten in der chinesischen Provinz Sichuan heilig. Dort gibt es auch Schutzgebiete für ihn.

Fasanenartige sind in weiten Teilen der Welt zu Hause. In der Größe variieren sie beträchtlich, sind aber alle untersetzte Vögel mit kleinem Kopf, kräftigen Beinen und Füßen und abgerundeten Flügeln. Meist leben sie am Boden, aber viele Arten, darunter Fasane, Truthühner und Pfauen, übernachten falls möglich auf Bäumen. Das Alpenschneehuhn (*Lagopus muta*) schmiegt sich nachts in den Schnee und gräbt gelegentlich eine Höhle. Raufußhühner sind insofern ungewöhnlich, als sie sich manchmal monatelang auf Bäumen ernähren. Die meisten Arten der Familie besitzen drei lange, nach vorn gerichtete Zehen mit scharfen Krallen und eine

▲ **Qual der Wahl**
Unter den prächtig gefärbten Hähnen der in China beheimateten Goldfasane (*Chrysolophus pictus*) ist die Konkurrenz um die Weibchen in der Brutzeit so groß, dass viele unverpaart bleiben.

kleine Hinterzehe. Oberhalb dieser haben Hähne oft mindestens einen Sporn, der im Kampf eingesetzt wird. Seine Größe ist für die Hennen ein Hinweis auf die genetische Fitness des Hahns. Die Füße sind gut ans Gehen und Laufen angepasst, der bevorzugten Fluchtmethode der meisten Arten, aber auch zum Scharren nach Nahrung geeignet. Diese umfasst neben Körnern, Samen, Früchten und Blättern auch Insekten sowie kleine Säuger und Reptilien. Der Blaue Pfau ist dafür bekannt, dass er Schlangen bis etwa 20 cm Länge frisst.

Fortbewegung

Zwar können alle Vertreter der Fasanenartigen fliegen, viele tun dies aber ungern – oft nur als letzten Ausweg, um Feinden zu entkommen. Mit ihren starken Flugmuskeln können sie trotz ihres schweren Körpers rasch beschleunigen und mit hoher Geschwindigkeit fliehen. Diese gut entwickelten Flugmuskeln und der allgemein stämmige Körperbau sind Gründe dafür, warum das Fleisch dieser Vögel so beliebt ist. Beim Fliegen wechseln sie zwischen Schlag- und Gleitflug, ermüden jedoch schnell und landen bald wieder. Vereinzelte Arten ziehen über große Entfernungen, z. B. die Wachtel (*C. coturnix*) und die Harlekinwachtel (*C. delegorguei*). Erstere zieht mitunter zweimal im Jahr und gilt bisweilen als die Nahrung, die Gott laut der Bibel in die Wüste schickte. Vermutlich ziehen die Vögel aus Nordafrika nach Europa, brüten dort, ziehen weiter (mit dem Nachwuchs) und brüten nochmals weiter nördlich. Dagegen »zieht« das Küstengebirgshuhn (*Dendragapus fuliginosus*) für den Winter lediglich 400 m bergab.

Die Fasanenartigen zeigen ein breites Spektrum an Brutverhalten, von völlig monogam, wie beim Rebhuhn (*Perdix perdix*), bis hin zur wilden Vielweiberei (Polygynie), wie bei manchen Raufußhühnern und Fasanen. Die Hähne versam-

◄ Nicht zufrieden
Dieses Aquarell von Gustave Moreau aus dem Jahr 1881 zeigt einen schönen Pfau, der sich bei der römischen Göttin Juno beschwert, dass er nicht so eine schöne Stimme wie die Nachtigall hat. Sie schimpft mit ihm und meint, er sei doch eindeutig schon genug begünstigt.

Herumstolzieren
Männliche Beifußhühner (*Centrocercus urophasianus*) spreizen bei ihrer spektakulären Balz ihr Gefieder und blähen ihre bauchigen Kehlsäcke vor der Brust auf.

meln sich in hoher Dichte in Balzarenen (sog. Leks) – oder zumindest in Hörweite –, sodass die Hennen nur kurz anwesend sein müssen, um ihren bevorzugten Partner auszuwählen und sich mit ihm zu paaren. Besonders ausgeprägt sind solche gemeinsamen Balzrituale bei Raufußhühnern. Die Hähne konkurrieren vehement um Aufmerksamkeit und Dominanz – oft mit Kämpfen und wildem Imponiergehabe. Manche Tänze und Zeremonien indigener Völker in Nordamerika sind diesen Balzritualen nachempfunden.

Die wohl bekannteste Balzzeremonie ist die des Pfaus, der seine prachtvollen oberen Schwanzdecken zu einem großen, spektakulären »Rad« auffächert. Auch der Argusfasan (*Argusianus argus*) schlägt ein kreisförmiges Rad, das aber überwiegend braun mit weißen »Augenflecken« ist. Viele Arten balzen mit lauten Rufen und geben teilweise außergewöhnliche Laute von sich, wie etwa das »Knappen« des Auerhahns (*Tetrao urogallus*). Mehrere Fasanen-Arten haben erstaunlich lange Schwanzfedern, am längsten sind sie mit mehr als 2,4 m beim Königsfasan (*Syrmaticus reevesii*).

Alle Fasanenartigen nisten am Boden. Oft besteht das Nest lediglich aus einer gescharrten Mulde an einer geschützten Stelle unter einer Hecke oder im hohen Gras. Einige Arten produzieren sehr große Gelege, darunter das Rebhuhn mit 15–17 Eiern. Rothühner (*Alectoris rufa*) legen bisweilen zwei Gelege, wovon jeder Partner des Brutpaares eines ausbrütet.

Die markante Federkrone des Hahns schillert metallisch grün.

➤ **Schillernder Glanz**
Der Hahn des Rostschwanz-Glanzfasans (*Lophophorus impejanus*) hat ein beeindruckend schillerndes Gefieder. Die Art lebt in bis zu 4500 m Höhe im Himalaja.

»Da fuhr aus der Wind von dem Herrn und ließ Wachteln kommen vom Meer ...«

Die Bibel, 4. BUCH MOSE 11: 31

ALPENSCHNEEHUHN
Lagopus muta
Diese Art gehört zu den robustesten Vögeln weltweit und kommt bis zum 83. nördlichen Breitengrad in Kanada vor. Die gefiederten Füße sorgen beim Laufen im Schnee für zusätzliche Isolierung.

FASAN
Phasianus colchicus
Der ursprünglich aus Asien stammende Fasan wurde in Europa und Nordamerika als Jagdvogel eingeführt und wird dort schon seit Jahrhunderten bejagt.

TRUTHUHN
Meleagris gallopavo
Das Truthuhn ist die einzige domestizierte Vogelart Nordamerikas. Die einst stark dezimierten Populationen haben sich in einem Großteil des ursprünglichen Verbreitungsgebiets wieder erholt.

Perlhühner und Zahnwachteln

Numididae, Odontophoridae

Ordnung Galliformes

Familien 2

Arten Mehr als 40

Länge 17–72 cm

Verbreitung Nord- und Südamerika, Afrika

Perlhühner sind unverkennbare, untersetzte Vögel, die teils in großen Gruppen leben. Die kleineren, scheuen Zahnwachteln leben eher versteckt.

Die afrikanischen Perlhühner sind im Gesicht und am Hals unbefiedert und tragen einen Kopfschmuck in Form von Kämmen und Helmen. Sie suchen am Boden nach Sämereien und Pflanzen, fressen aber auch Insekten und kleine Säugetiere. Das Helmperlhuhn (*Numida meleagris*) wird weltweit als Nutztier gezüchtet und war schon den alten Griechen und Ägyptern bekannt. Im Mythos von Meleagros steht sein weiß geflecktes Gefieder für die Tränen seiner trauernden Schwestern. Die lärmenden Vögel sind oft an der Seite von Großwild zu sehen oder mit Affenhorden vergesellschaftet und warnen vor Gefahren.

Gezähnte Schnabelkante

Zahnwachteln unterscheiden sich von ähnlichem kleinem Wildgeflügel durch die gezähnten Kanten am Unterschnabel, mit denen sie Blätter zerreißen. Viele scharren mit ihren kräftigen Beinen in der Bodenstreu und graben. Manche leben in Wäldern, andere haben sich an trockene Lebensräume angepasst. Zahnwachteln sind zwar bodenlebend, sitzen aber auch oft hoch in Bäumen oder auf Kakteen.

▼ Kahl ist cool
Das Geierperlhuhn (*Acryllium vulturinum*) lebt in trockenen Gebieten Ostafrikas und erhielt seinen Namen wegen seines kahlen, geierartigen Kopfs.

Die nackte Haut an Kopf und Hals trägt zur Kühlung bei.

Ein bläuliches Gefieder mit weißen Flecken oder Federn ist für die meisten Perlhühner typisch.

◄ Hübscher Kopfschmuck
Diese Radierung einer Schopfwachtel (*Callipepla californica*) aus dem Jahr 1849 veranschaulicht den nach vorn gebogenen Federschopf.

Hokko-hühner

Cracidae

Ordnung Galliformes

Familien 1

Arten Mehr als 50

Länge
42–95 cm

Verbreitung
Südliches Texas (USA), Mittel- und Südamerika

Diese unverwechselbaren Hühnervögel kommen von Südtexas bis Nordargentinien vor. Ungewöhnlicherweise handelt es sich um Baumbewohner, die auch in Bäumen nisten. Sie kommunizieren über laute Rufe.

Die Familie der Hokkohühner umfasst Hokkos und Guans. Diese verbringen mehr Zeit in Bäumen als andere Hühnervögel. Ihre lange, kräftig ausgebildete Hinterzehe verleiht ihnen beim Sitzen auf Ästen Stabilität und ermöglicht ein wendiges Laufen auf den Ästen. Weitere typische Merkmale sind ein langer Schwanz und ein sehr kleiner Kopf, häufig mit einer Verzierung wie einer Federhaube oder einem Kehllappen. Viele der im tropischen und subtropischen Mittel- und Südamerika verbreiteten Arten leben in dichten Wäldern, wo Früchte einen bedeutenden Anteil ihrer Ernährung bilden. Die Vögel der Familie sind für ihre lauten Rufe bekannt. Der Name »Chachalaka« beschreibt lautmalerisch ihr Gequäke. Die vergrößerte Luftröhre einiger Guans verläuft um die Brustmuskeln, was ihr Krächzen und Schreien noch verstärkt. Ihre speziellen Flügelfedern erzeugen beim Flattern eine Art Rasseln. Alle Arten der Familie haben abgerundete Flügel, aber die großen Hokkos sind schlechte Flieger und halten sich die meiste Zeit am Boden auf.

➤ Tarnfärbung
Das typische Tarngefieder dieses weiblichen Kronenhokkos (*Crax rubra*) schützt vor Feinden, denn es lässt ihn mit dem Hintergrund verschmelzen, solange er sich nicht bewegt.

Viele Hokko-Arten haben einen Kopfschmuck wie diese eindrucksvolle Federhaube.

Der lange Schwanz ist hilfreich zum Ausbalancieren.

Mit den langen kräftigen Beinen können sie gut laufen und im Boden scharren.

BRAUNFLÜGELGUAN
Ortalis vetula
Diese laut lärmende Art lebt in den buschigen, dornigen Wäldern Mittelamerikas und kommt als einzige Guan-Art auch im Süden von Texas vor.

BRONZEGUAN
Penelope obscura
Dieser gesellige Waldbewohner sucht sowohl auf Bäumen als auch am Boden nach Nahrung und frisst vorwiegend Früchte. Sein napfförmiges Nest aus Zweigen baut er in dichter Deckung.

▲ Ägyptisches Wassergefäß
Dieser tönerne Wasserkrug (um 3850–2960 v. Chr.) aus einer Kultur vor der 1. Dynastie in Ägypten ist mit einem Wellenmuster und Flamingos verziert. Vermutlich kam diesen Vögeln eine gewisse kulturelle Bedeutung zu.

»… ein Gericht aus Flamingo-Zungen, zubereitet für die fürstliche Tafel.«

WILLIAM DAMPIER, *A New Voyage Around the World*, 1697

Flamingos

Phoenicopteridae

Ordnung
Phoenicopteriformes

Familien 1

Arten 6

Länge
80–145 cm

Verbreitung
Nord- und Südamerika, Südeuropa, Naher Osten, Afrika, Südasien

Mit ihrem langen, gebogenen Hals, den stelzenartigen Beinen und dem auffallend rosafarbenen Federkleid beflügeln Flamingos schon seit Jahrtausenden die Fantasie. Sogar mit dem Phönix der westlichen Mythologie werden sie in Verbindung gebracht.

Die Pigmente, die allen Flamingos ihre rötliche Farbe verleihen, stammen von Karotinoiden aus ihrer Nahrung. Auf deren Qualität beruht die Intensität der Rotfärbung. Flamingos ernähren sich als Filtrierer: Mit ihrem spezialisierten Schnabel können sie vielerlei Nahrungspartikel aus dem Wasser sieben, von mikroskopisch kleinen Kiesel- und Mikroalgen bis zu Kleinkrebsen und anderen Kleintieren, aber auch Pflanzliches wie Samen. Flamingos sind Koloniebrüter. Als Nest dient ein Schlammkegel, in den ein einzelnes Ei gelegt wird. Die Kolonien bestehen selten aus weniger als 50 Paaren, die größten können über 1 Mio. Nester umfassen, wie beim Zwergflamingo (*Phoeniconaias minor*). Dessen größte Population an den Salzseen im ostafrikanischen Grabenbruch besteht aus 1,5–2,5 Mio. Vögeln.

Der Mythos des Phönix

Der Name Flamingo stammt aus dem Portugiesischen oder Spanischen und ist gleichen Ursprungs wie das Wort »Flamme«. Der Wortstamm der Gattungsnamen *Phoenicopterus*, *Phoeniconaias* und *Phoenicoparrus* bedeutet »flammenfarben« und ist derselbe wie beim mythischen Vogel Phönix. Abgesehen von der rötlichen Farbe sind die Gründe für diese Assoziation unklar, aber schon seit der Zeit des antiken griechischen Historikers Herodot vor etwa 2500 Jahren sind die Figuren des Flamingos und des Phönix miteinander verknüpft. Eine Theorie besagt, dass ein auf seinem Schlammnest in der flirrenden afrikanischen Hitze sitzender Vogel den Anschein erwecken könnte, als entsteige er gerade noch warmer Asche.

FILTRIERER

Flamingos sind Filtrierer und die einzigen Vögel, die beim Fressen den Schnabel »verkehrt herum« halten. Mit ihrer kräftigen Zunge pumpen sie schnell Wasser in ihren gebogenen Schnabel und wieder hinaus und sieben dabei die Nahrung heraus.

SCHNABEL IM QUERSCHNITT

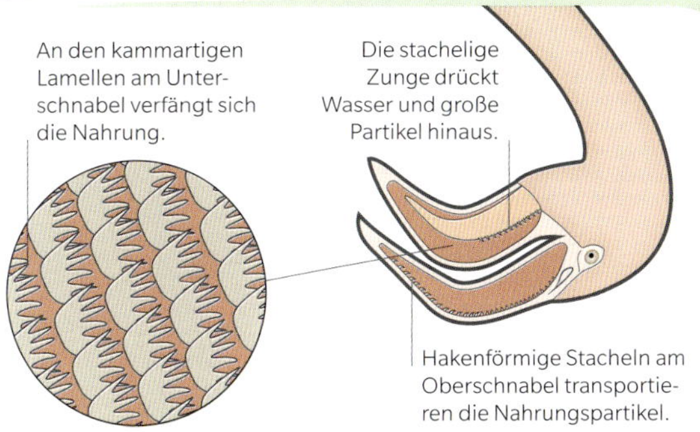

▼ Leuchtend rosarot
Der Kubaflamingo (*Phoenicopterus ruber*) ist die am intensivsten gefärbte Flamingo-Art. Küken und Jungvögel sind grau. Erst als Erwachsene bekommen sie das kräftig rosarote Gefieder.

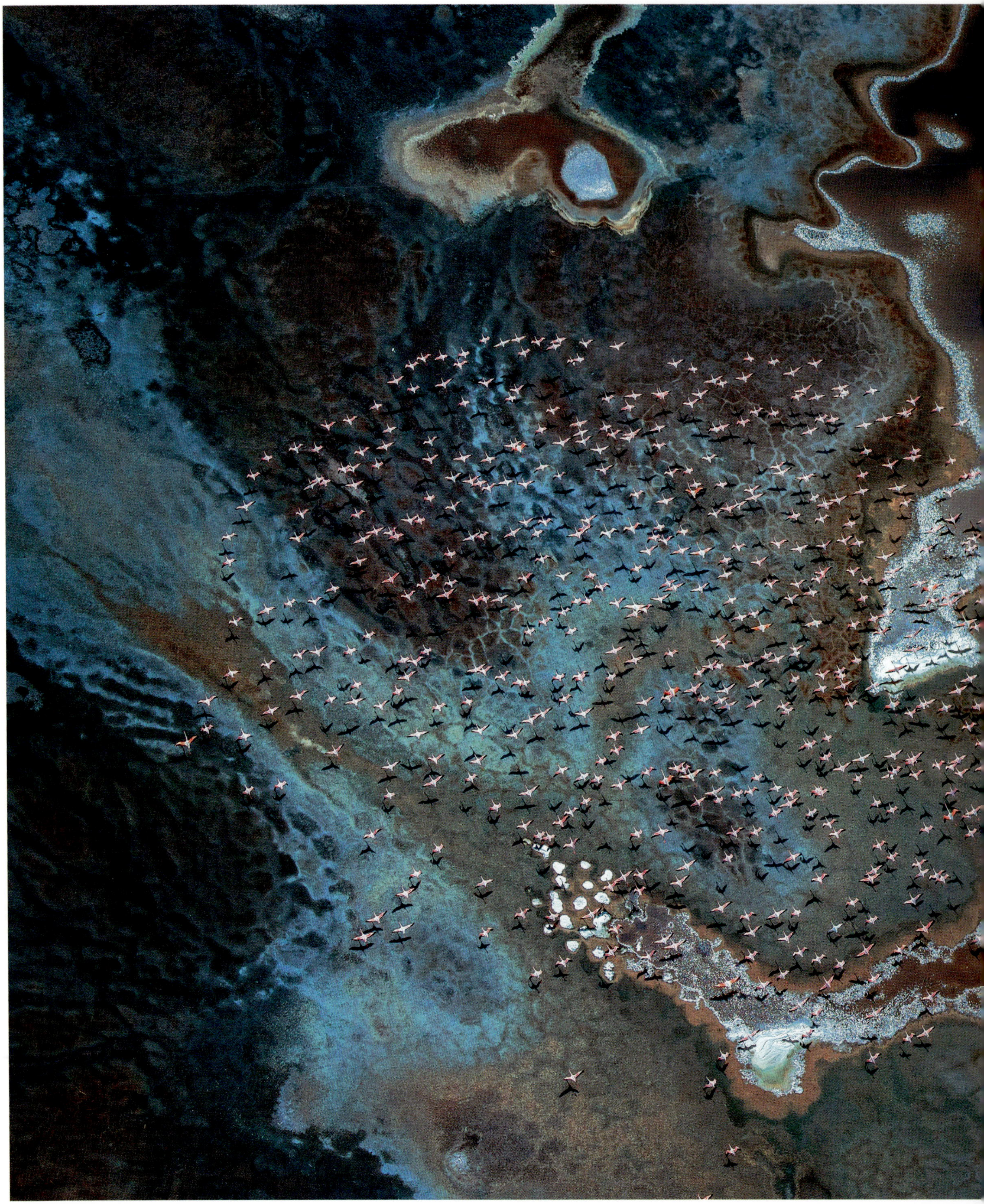

Salzsee-Spezialisten
An den Sodaseen im ostafrikanischen Grabenbruch versammeln sich unzählige Zwergflamingos und ernähren sich hauptsächlich von den Zyanobakterien, die in dem alkalischen Wasser gedeihen. Die Pigmente aufgenommener Krebstierchen sorgen für die rosa Gefiederfärbung. Beim Fliegen sind die langen Beine und der Hals ausgestreckt und werfen bei grellem Sonnenlicht charakteristische Schatten.

Durch die langen Federfahnen in der Mitte des kurzen Schwanzes wirken fliegende Tropikvögel sehr anmutig.

Die schwarzen Flügelbinden sind für alle drei Tropikvogel-Arten typisch.

Ordnung
Phaethontiformes

Familien 1

Arten 3

Länge
76–102 cm

Verbreitung
Nord- und Südamerika, Afrika, Asien, Australasien

Tropikvögel

Phaethontidae

▲ »Bootsmann-Vogel«
Der Weißschwanz-Tropikvogel (*Phaethon lepturus*) und seine Verwandten wurden von Seefahrern »Bootsmann-Vögel« genannt: wegen ihres Schwanzes, der an einen Marlspieker erinnert, und wegen ihrer Bootsmannpfeifen ähnelnden Rufe.

Wie ihr Name schon sagt, segeln Tropikvögel die meiste Zeit ihres Leben über den tropischen Gewässern des Atlantiks, Pazifiks und Indischen Ozeans.

Mit ihrer gedrungenen, doch eleganten Gestalt, dem mit langen inneren Federn geschmückten, kurzen Schwanz und dem kräftigen Schnabel gleiten die weißen Tropikvögel übers blaue Meer. Sie bilden Brutkolonien auf Felsinseln und nisten dort im Schutz von Baumwurzeln oder Felshöhlen. In Gruppen vollführen sie spektakuläre Balzflüge, bei denen die Partner synchron übereinander gleiten. Den Rest des Jahres leben sie als Einzelgänger. Oft fangen sie Fliegende Fische, die sie knapp über den Wellen abschöpfen, tauchen aber auch im Sturzflug nach anderen Fischen und Kalmaren. Luftsäcke unter der Haut schützen den Kopf beim Aufprall und verleihen den Tropikvögeln ihr dickhalsiges Aussehen.

Die Fischer der pazifischen Inseln schätzen Tropikvogelfedern seit Langem als Köder, glauben aber, dass nur von einem lebenden Vogel gerupfte Federn glänzend bleiben. Als Anfang des 20. Jh. aufwendige Federhüte in Mode kamen, wurden dafür auch Tropikvögel gejagt und gehandelt.

◄ Schwanzfedern als »Hingucker«
Der lebhafte Rotschwanz-Tropikvogel (*Phaethon rubricauda*) wurde Ende des 18. Jh. von einem als Port Jackson Painter bekannten Künstler porträtiert, der vermutlich mit der Ersten Flotte in Australien anlandete.

ROTSCHNABEL-TROPIKVOGEL
Phaethon aethereus
Die in der Karibik häufige Art ähnelt den anderen Tropikvögeln, ist aber an ihrem leicht gebogenen roten Schnabel und den weißen Schwanzfedern zu erkennen.

Kagus

Rhynochetidae

Der scheue Kagu war bis zur Ankunft der Europäer im 18. Jh. in ganz Neukaledonien verbreitet. Heute kommt er nur noch in den Wäldern im Süden der Insel vor.

Ordnung	Eurypygiformes
Familien	1
Arten	1
Länge	55 cm
Verbreitung	Neukaledonien

Der unscheinbare hellgraue Kagu (*Rhynochetos jubatus*) macht in der Morgendämmerung durch laut bellende Rufe auf sich aufmerksam. Darum nennen ihn die Einheimischen »Waldgeist«. Auffällig ist er ansonsten nur, wenn er seine Federhaube aufstellt, bei der Balz die Flügel spreizt und die dunklen Flügelbinden zeigt oder durch unwegsames Gelände klettert. Wenn er im Boden nach Nahrung wie Würmern stochert, verhindern fleischige Lappen das Eindringen von Erde in die Nasenlöcher.

Kampf ums Überleben

Lebensraumverlust und von Europäern eingeführte Hunde, Katzen und Ratten haben dazu geführt, dass der flugunfähige Vogel stark gefährdet ist. Heute gibt es nur noch 2000 Kagus, die meisten davon in zwei Waldparks, nur wenige Paare leben verstreut außerhalb davon. Die meisten sind noch nicht geschlechtsreif und fast 60 Prozent männlich, was die Erhaltung einer überlebensfähigen Population ungewöhnlich schwierig gestaltet.

Silberschopf
Hauptmerkmal eines geschlechtsreifen Kagus ist sein hoher, fächerförmiger Schopf, den er bei der Balz aufstellt. Ansonsten stechen die tiefroten Augen und der leuchtend orange Schnabel des blassen Vogels hervor.

Der Name Kagu stammt vom Volk der Kanak und ist vermutlich lautmalerisch für seinen ungewöhnlichen Ruf.

Während der Balz spreizt er die Flügel wie ein Cape.

▲ **Sonderausgabe**
Neukaledonische Briefmarke zu Ehren der Balz des Kagus, bei der er seine Flügel ausbreitet und die auffälligen dunklen Binden zeigt.

▼ Gekrönte Pracht

In einer Familie ansonsten eher schmuckloser Vertreter bilden die vier großen Kronentauben-Arten, darunter die Fächertaube oder Victoria-Krontaube (*Goura victoria*), eine Ausnahme. Die bodenbewohnenden Vögel mit der eleganten Federkrone leben in den Wäldern von Neuguinea.

Ordnung Columbiformes

Familien 1

Arten Mehr als 340

Länge
22–70 cm

Verbreitung Weltweit

Schon seit Tausenden von Jahren gilt die Taube weltweit als Friedenssymbol.

Göttlicher Bote
Die biblische Beschreibung des Heiligen Geistes, der wie eine Taube herabkommt, findet sich oft in der christlichen Kunst. Giovanni Francesco da Rimini stellte im Jahr 1460 Gott mit vier Engeln dar, die eine weiße Taube freilassen. Die Taube symbolisiert den Heiligen Geist, der Gottes Wort verbreitet.

Tauben

Columbidae

Tauben sind weltweit ein vertrauter Anblick. Typisch sind ihr weiches Gefieder, ein kleiner Kopf und ein schlanker Schnabel mit kahlem, fleischigem Fleck an der Basis. Wegen ihrer kurzen Beine haben Tauben einen watschelnden Gang.

Tauben leben meist in mehr oder weniger lichten Wäldern, auf Ackerland und in Gärten und ernähren sich von Früchten, Samen, Getreide und anderen Pflanzenteilen. Wilde Felsentauben (*Columba livia*) wurden vor mindestens 5000 Jahren als Nahrungslieferanten domestiziert, v. a. wegen der fetten Nestlinge, die ersten Taubenhäuser wurden von rund 4000 Jahren im Nahen Osten gebaut. Später wurden aus Nachfahren sämtliche Wettflug- und Brieftauben gezüchtet. Von entkommenen Individuen stammen die verwilderten Tauben ab, die heute weltweit Städte bevölkern. Das bemerkenswerte Heimfindevermögen dieser Vögel selbst über große Entfernungen wird seit gut 3000 Jahren genutzt. Die Römer vermeldeten mit Brieftauben die Ergebnisse von Wagenrennen. In Asien wurde eine »Taubenpost« eingerichtet, wobei eine Taube zum Absender der Nachricht transportiert wurde und dann zurück nach Hause flog. Auf dieser Fähigkeit beruhen auch der Taubensport und die Verwendung von Tauben als Überbringer wichtiger Nachrichten

Haustauben **finden** aus einer Entfernung von bis zu **2000 km** zurück **nach Hause.**

Die irisierenden Federn am Hals glänzen grün und violett.

Die Schwanzfedern werden zum Manövrieren breit aufgefächert.

Reinrassige Felsentauben sind überwiegend hellgrau mit weißer Flügelunterseite.

▲ Kraftvoller Abflug
Die stämmige, tiefbrüstige Körperform der wilden Felsentaube bezeugt die starken Muskeln für kraftvolles, schnelles Auffliegen und ausdauernde Langstreckenflüge.

während der beiden Weltkriege. Die meisten Vögel können bis zu einem gewissen Grad navigieren. Langstreckenzieher nutzen Schwerefelder der Erde und die Position von Sonne und Mond, um ihren Weg über Ozeane und Kontinente zu finden. Brieftauben werden in Flügen um ihren Heimatschlag trainiert und lernen dabei, sich an örtlichen Landmarken zu orientieren. Aus weiten Entfernungen navigieren sie mithilfe von Magnetfeldern, die sie mit ihrem Schnabel wahrnehmen. Ihren Schlag erkennen Sie dann optisch und am Geruch.

Flügelklatschen

Ungewöhnlicherweise haben die meisten Tauben keine Flug- oder Kontaktrufe. Stattdessen kommunizieren viele mit dem Geräusch ihrer Flügel, die beim Auffliegen zusammenklatschen. Einige, wie die Ringeltaube (*Columba palumbus*), vollführen hoch aufsteigende Balzflüge. Ihr Gesang besteht aus sich wiederholenden Mustern aus gurrenden und schnurrenden Tönen. Einige der Rufe sind sehr charakteristisch für bestimmte Gebiete, etwa die kurzen, absteigenden Sequenzen der Afrikanischen Buschtauben (*Turtur* spp.), die häufig in den afrikanischen Savannen zu hören sind.

BIS ZUR AUSROTTUNG GEJAGT

Wenn Mitte des 19. Jh. in Nordamerika Schwärme von Wandertauben (*Ectopistes migratorius*) aus Hunderten Millionen Individuen vorbeizogen, dauerte das Stunden. Das machte sie zu einfachen Zielen für Jäger. Diese Strategie, mit gigantischen Schwärmen ihre natürlichen Feinde auszutricksen, lieferte die Tauben den Menschen aus, die sie verbrannten, vergifteten und erschossen. Um 1890 waren die Schwärme auf nur noch Dutzende von Vögeln dezimiert und im Jahr 1914 starb der letzte Vogel in Gefangenschaft.

LOUISIANA, USA, UM 1870

LUZON-DOLCHSTICHTAUBE
Gallicolumba luzonica

Diese Art kommt ausschließlich auf der philippinischen Insel Luzon vor und ist eine von fünf Arten der Dolchstichtauben. Typisch für diese ist der leuchtend rote Brustfleck.

RINGELTAUBE
Columba palumbus

Die Art ist in den meisten Teilen Europas auf Ackerland und in Wäldern weitverbreitet. Die meisten Populationen sind Standvögel, doch die im Norden und Osten ziehen im Winter nach Süden bzw. Westen.

KAPTÄUBCHEN
Oena capensis

Halbtrockene Regionen Afrikas und des Nahen Ostens sind die Heimat dieser Art, einer der kleinsten Tauben. Auffallend ist ihr langer Schwanz.

Flughühner

Pteroclidae

Flughühner sind robuste Bodenbewohner trockener Gebiete mit perfekter Tarnfärbung. Am besten zu beobachten sind die schnell fliegenden Vögel beim Trinken an Wasserstellen.

Ordnung Pterocliformes
Familien 1
Arten 16
Länge 22–41 cm
Verbreitung Südeuropa, Afrika, Asien

Der untersetzte Körper der Flughühner erinnert an Hühnervögel, die schmalen Flügel eher an Watvögel. Sie leben in trockenem Buschland, Grasland und Wüsten und ernähren sich fast ausschließlich von Sämereien. Da sie offene Lebensräume mit wenig Deckung bewohnen, haben sie ein ausgezeichnetes Tarngefieder, oft mit Flecken und Linien, die ihre Form optisch auflösen. Ihre kurzen Beine sind befiedert und eine Daunenschicht sorgt für Isolierung bei extremen Temperaturen. Flughühner sind besonders dafür bekannt, dass sie in riesigen Ansammlungen von teilweise Tausenden von Individuen Wasserstellen aufsuchen, um dort gemeinsam zu trinken. Diese tägliche Massenansammlung findet i.d.R. in der Dämmerung statt, bei einigen Arten, wie dem Wellenflughuhn (*Pterocles lichtensteinii*), auch nachts. Auf der Suche nach Wasser legen sie große Entfernungen zurück.

➤ Wasserspeicherndes Gefieder
Männliche Flughühner besitzen spezielle Brustfedern, die wie ein Schwamm funktionieren: In Wasser getaucht saugen sie sich voll. Dann fliegen die Väter bis 50 km zu ihren Jungen, die direkt aus den Federn trinken.

▼ Partner fürs Leben
Steppenflughühner (*Syrrhaptes paradoxus*) brüten in den weiten Steppen Zentralasiens und bilden lebenslange artnerschaften. Das Männchen ähnelt dem Weibchen, hat aber ein auffallend orangefarbenes Gesicht.

Ordnung Otidiformes

Familien 1

Arten Mehr als 20

Länge
40–150 cm

Verbreitung Europa, Asien, Afrika, Australien

Trappen

Otididae

Die langbeinigen, bodenbewohnenden Trappen leben in offenen Halbwüsten, Gras- oder Ackerland und reagieren sehr empfindlich auf Störungen.

Weil mehrere Arten recht groß und auffällig und zudem gute Nahrungslieferanten sind, war die Beziehung zwischen Trappen und Menschen schon immer schwierig. Im Iran und in Pakistan werden sie z. B. immer noch gejagt und mit Fallen gefangen, aber in den meisten Gebieten ist es der Verlust des Lebensraums, der die Populationen unter Druck setzt. Kleinere Trappen-Arten leben noch zahlreich in afrikanischen Savannen, aber auch diese einst unberührten Gebiete schrumpfen. In Deutschland kommt die Großtrappe (*Otis tarda*) heute nur noch in wenigen Gebieten in Brandenburg und Sachsen-Anhalt vor.

Trappen-Männchen versammeln sich an Gemeinschafts-Balzplätzen und locken mit auffälligen Balzritualen – stolzierend und sich verrenkend – aus großer Entfernung Weibchen an. Gelegentlich kommt es auch zu Kämpfen. Nach der Paarung balzen die Männchen weiter um die nächste Partnerin. Es entsteht keine Paarbindung, die Weibchen bebrüten die Eier alleine.

◄ Aufgeplusterter Federball
Die Balz männlicher Großtrappen ist äußerst eindrucksvoll: Mit großteils quasi nach außen gestülptem Gefieder präsentieren sie stolzierend ihre weißen Federbüschel und den aufgeblähten, blaugrauen Kehlsack.

▲ Memoiren von Babur
Dieses illustrierte Tagebuch des ersten indischen Moguls aus dem späten 16. Jh. zeigt oben eine Kappen- oder Hindutrappe (*Ardeotis nigriceps*), unten eine Barttrappe (*Houbaropsis bengalensis*) – inzwischen eine vom Aussterben bedrohte Art.

RIESENTRAPPE
Ardeotis kori
Mit einem Gewicht von bis zu 19 kg und einer Flügelspannweite von bis zu 275 cm gehört diese afrikanische Art zu den größten und schwersten flugfähigen Vögeln der Welt.

WAMMENTRAPPE
Ardeotis australis
Diese Trappe lebt im Norden und im Landesinneren Australiens, aber eingeführte Raubtiere wie Füchse stellen eine Bedrohung dar. Bei Störungen stakst sie langsam davon.

ZWERGTRAPPE
Tetrax tetrax
Die Zwergtrappe ist ein geselliger Vogel. Bei der Balz bläht das Männchen seinen Hals auf, wirft den Kopf zurück und erzeugt mit dem Schnabel ein kurzes, trockenes Klappern.

➤ Wendezehe

Der in Angola beheimatete Rotschopf- oder Rothaubenturako (*Tauraco erythrolophus*) lebt in Baumkronen. Dank des ungewöhnlichen Baus ihrer Füße mit einer sog. Wendezehe, die nach vorn und hinten gedreht werden kann, sind Turakos beim Klettern im Geäst ausgesprochen wendig.

RIESENTURAKO
Corythaeola cristata
Diese größte und am weitesten verbreitete Turako-Art lebt in den Wäldern von West- bis Zentralafrika. Manchmal nisten mehrere Paare dieser geselligen Vögel im gleichen Baum.

GRAULÄRMVOGEL
Crinifer concolor
Dies ist eine von drei Arten in offeneren Lebensräumen. Den Namen erhielten sie wegen des blökenden Rufs, von dem manche Jäger behaupten, er solle Wildtiere vor ihrer Anwesenheit warnen.

Beide Geschlechter sehen gleich aus und haben den namensgebenden Schopf.

Die bronze-grüne Färbung stammt von dem Pigment Turacoverdin, das nur Turakos besitzen.

Die vierte Zehe kann gegenüber der benachbarten um fast 70° verdreht werden, sodass der Vogel seinen Griff anpassen kann.

Die blaue Färbung ergibt sich durch die Mikrostruktur der Federn und entsteht durch selektive Lichtstreuung.

Die Verbreitung der Turakos entspricht der eines der reichhaltigsten Kupfergürtel der Welt.

➤ Geschnitzte Holzmaske
Diese männliche Ahnengeistmaske (»*Chihongo*«) des Chokwe-Volks aus Angola stammt aus der Zeit von 1850–1900. Sie wurde bei Initiationsriten verwendet und sollte mutmaßlich Achtung, Mut und Weisheit verleihen.

Farbenprächtige Turakofedern sind ein häufiger Bestandteil zeremonieller Kostüme der Waldvölker Zentralafrikas.

Abgefeilte Zähne sind für *Chihongo*-Masken ebenso charakteristisch wie Narbenmuster und stilisierte Merkmale.

Ordnung Musophagiformes

Familien 1

Arten Mehr als 20

Länge 40–75 cm

Verbreitung Afrika

Turakos

Musophagidae

Turakos sind in Afrika südlich der Sahara ein vertrauter Anblick, kommen aber nirgendwo sonst auf der Welt vor. Sie haben ein einzigartiges Gefieder und keine nahen Verwandten. Die meisten Arten leben in großen Familiengruppen und produzieren sehr laute Rufe.

Turakos sind mittelgroße Wald -und Buschlandbewohner. Wissenschaftler sind besonders von ihren auffälligen Farben fasziniert, denn ihr Gefieder enthält zwei Pigmente auf Kupferbasis, was einzigartig ist. Der tiefrote Farbstoff Turacin kommt in den Flügeln mehrerer Arten vor, Turacoverdin ist das Grün, das im Großteil des Gefieders der im Wald lebenden Arten vorherrscht. Beide Pigmente stammen aus der Fruchtnahrung der Vögel. Nach Schätzungen von Ornithologen muss ein ausgewachsener Turako 20 kg Früchte verzehren, um ausreichend Kupfer für den Erhalt der Farben aufzunehmen. Bemerkenswert für eine so seltene Spezialisierung ist, dass nicht alle Vertreter der Familie beide Pigmente aufweisen, die Lärmvögel (*Crinifer* spp.) sogar gar keines davon.

In manchen Teilen Afrikas sind leuchtend bunte Turakofedern ein Statussymbol. In Kamerun z. B. ist eine rote Schwungfeder des Bannermanturakos (*Tauraco bannermani*) am handgewebten Hut eines Mannes Zeichen für dessen Position als Ratsmitglied. Der Zulu-König Cetshwayo, der von 1872–1879 regierte, schätzte angeblich Federn des Glanzhaubenturakos (*Gallirex porphyreolophus*) und erlaubte niemandem sonst, sie zu tragen.

◄ Auffällige Haube
Dieser handkolorierte Stahlstich von 1837 zeigt einen Guineaturako (*Tauraco persa*) mit halbkreisförmig aufgestellter, leuchtend grüner Haube.

◄ Unwiderstehliches Betteln
Ein Teichrohrsänger (*Acrocephalus scirpaceus*) füttert ein Kuckucksküken auch dann noch, wenn es mehr als dreimal so groß ist wie er selbst. Der ständige Bettelruf des Kuckucksküken verführt die Wirtseltern dazu, dieses mehr zu füttern als ihre eigenen Nachkommen.

Ordnung Cuculiformes

Familien 1

Arten 150

Länge
15–80 cm

Verbreitung Nord- und Südamerika, Afrika, Europa, Asien, Australasien

Kuckucke

Cuculidae

Kuckucke leben versteckt und man bekommt sie kaum zu Gesicht. Dennoch ist den meisten Menschen bekannt, dass sie ihre Eier in die Nester anderer Vögel legen.

Mit Kuckucken wird allgemein in Verbindung gebracht, dass sie ihre Küken von Wirtseltern aufziehen lassen. Doch zwei Drittel aller Kuckucksarten bauen eigene Nester und ziehen ihre Jungen selbst auf. Die Eier von Arten, die Brutparasiten anderer Vögel sind, ähneln farblich oft denen ihres Wirts. Der bekannte Kuckuck (*Cuculus canorus*) legt nachweislich mitunter auch ein braunes Ei in ein Gelege aus weißen Eiern.

Die meisten Kuckucke sind öfter zu hören als zu sehen. Berühmt ist der namengebende »Kuckuck«-Ruf, aber allein der heimische, den europäischen Frühling ankündigende Kuckuck ruft tatsächlich »Gu-kuh«. Die Rufe anderer Arten sind pfeifend, flötend oder sprudelnd. In Japan wird der Kuckuck mit dem Sommeranfang assoziiert und seine Rufe sollen die Toten verkörpern, die verzweifelt auf ein Wiedersehen mit ihren Lieben hoffen. In der griechischen Mythologie gilt der Kuckuck als heiliger Vogel der Hera, der Göttin der Ehe, und Götterkönig Zeus verwandelte sich in einen Kuckuck, um sie zu umwerben. In indischen Mythen kündigt der Jakobinerkuckuck (*Clamator jacobinus*) die Monsunzeit an, während der Asienkoel (*Eudynamys scolopaceus*) and der Kurzflügelkuckuck (*Cuculus micropterus*) oft den willkommenen Beginn eines neuen Jahres, Fruchtbarkeit und Hoffnung symbolisieren.

▲ Fast Food
Der bis zu 60 cm große amerikanische Wege- oder Erdkuckuck (*Geococcyx californianus*) kann 30 km/h schnell laufen, bei Gefahr oder beim Verfolgen von Reptilienbeute vermutlich sogar noch schneller.

◄ KuckuckundAzaleen Der berühmte japanische Maler Katsushika Hokusai hat in diesem Ukiyo-e-Druck von 1834 einen Gackelkuckuck (*Cuculus poliocephalus*) porträtiert. Er ist zwar mit offenem Schnabel dargestellt, lässt sein »Huh-huuh« aber stets von einem Ansitz aus erklingen.

PRACHTKUCKUCK
Chrysococcyx maculatus

Mit einer Länge von 18 cm ist dies eine von mehreren kleinen, waldbewohnenden, tropischen Arten mit lebhafter Färbung. Der Oberkopf ist schillernd grün (Weibchen sind am Kopf brauner), die Unterseite breit gestreift.

FASANKUCKUCK
Centropus phasianinus

Die meist am Boden Nahrung suchende Art kommt in Australien, Neuguinea und Osttimor vor. Ihr langer Schwanz und die braunen, cremefarbenen, rötlichen und schwarzen Querstreifen erinnern an einen Fasan.

Nachtschwalben, Eulenschwalme, Tagschläfer

Caprimulgidae, Podargidae, Nyctibiidae

Diese drei bemerkenswerten Familien umfassen nachtaktive, insektenfressende Arten sowie größere, die auch kleine Frösche und Nagetiere erbeuten. Alle Vertreter haben die Tarnung perfektioniert.

Ordnungen
Caprimulgiformes, Podargiformes, Nyctibiiformes

Familien 3

Arten 120

Länge
19–58 cm

Verbreitung
Nord- und Südamerika, Europa, Asien, Afrika, Australasien

Nachtschwalben heißen auch »Ziegenmelker«, weil sie angeblich Milch von Ziegen saugen. Der römische Naturforscher Plinius der Ältere, schrieb im 1. Jh., Ziegen seien nach dem Säugen erblindet. Diese Vorstellung verbreitete sich sogar bis nach Nordamerika. Einige europäische Kulturen nannten die Nachtschwalbe (*Caprimulgus europaeus*) »Farn-Eule«. Sie brachten ihr Erscheinen mit dem Tod ungetaufter Kinder in Verbindung, dazu verdammt, in Gestalt von Nachtschwalben umherzuirren. Tatsächlich gibt die Art ein weithin hörbares Schnurren von sich und ist tagsüber kaum sichtbar, sodass ihr Erscheinen in der Dämmerung etwas »Geheimnisvolles« umgab. In der englischen Dichtung wurde sie »Mist-Falke« (analog zu Mistkäfer) oder »Taufalke« genannt. In akrobatischem Drehflug fängt sie mit ihrem weiten Maul große Nachtfalter aus der Luft. Ihre winzigen Beine sind zum Laufen ungeeignet.

Laute und Schmuckfedern

Alle Nachtschwalben sind einander sehr ähnlich und äußern in der Dämmerung trillernde, schnurrende Laute oder sich wiederholende Strophen. In Afrika wird der Gesang der Pfeifnachtschwalbe (*C. pectoralis*) als »Good Lord deliver us« interpretiert. Bei der Fahnennachtschwalbe (*C. longipennis*) sind die Schäfte von Armschwingen mit fahnenartiger Spitze extrem verlängert, bei der Flaggennachtschwalbe (*C. vexillarius*) sind zwei Federn der Handschwingen bandartig verlängert. Die südamerikanische Leierschwanz-Nachtschwalbe (*Uropsalis lyra*) hat einen enorm langen, scherenförmigen Schwanz. Die nordamerikanische Falkennachtschwalbe (*Chordeiles minor*) jagt in der Dämmerung über Wohngebieten Nachtfalter. Die Winternachtschwalbe (*Phalaenoptilus nuttalli*) hält als einziger Vogel Winterschlaf und fällt in eine monatelange Starre. Das Volk der Hopi nennt sie daher *holchoko* (»die Schlafende«).

Typisch für die flachköpfigen Nachtschwalben und die Eulenschwalme aus Südost- und Australasien mit eher großen, runden Köpfen sind die Borsten um den Schnabel. Den großen südamerikanischen Tagschläfern fehlen solche Borsten.

> »Er fliegt zur Geiß und saugt an ihrem Euter, daher hat er seinen Namen.«
>
> ARISTOTELES, *Historia Animalium*, um 350 v. Chr.

▲ Milchdieb
In *Der Naturen Bloeme* beschreibt Jacob van Maerlant (um 1280) einen Vogel, der Milch von einer Ziege stiehlt – vermutlich ein Ziegenmelker.

▼ Gut getarnt
Sein gesprenkeltes Federkleid tarnt den Riesentagschläfer (*Nyctibius grandis*) in Bäumen bestens.

Die starre Haltung ist Teil der Tarnung.

◄ Eulenschwalm-Familie
Die nach vorn gerichteten Augen des Eulenschwalms (*Podargus strigoides*) erinnern an Eulen, wesentliche Unterschiede sind der dreieckige Schnabel und der große Schlund.

Ordnung Apodiformes

Familien 2

Arten Mehr als 110

Länge
9–31 cm

Verbreitung
Weltweit, außer in der Antarktis

Segler und Baumsegler

Apodidae, Hemiprocnidae

Es macht Freude, Segler beim Gleiten durch die Lüfte zu beobachten. Mit ihren langen Flügeln und dem schlanken Körper sind die eleganten Vögel ausnahmslos an ein Leben im Flug angepasst.

Segler kann man häufig hoch am Himmel fliegen sehen – es sei denn, sie nisten gerade. Während bei Baumseglern eine Zehe wie bei Singvögeln nach hinten gerichtet ist, fehlt diese den Seglern. Daher sind diese Meister der Lüfte nicht in der Lage, sich auf einen Draht oder Zweig zu setzen. Stattdessen sind je zwei Zehen der winzigen Füße seitwärts gerichtet und mit den scharfen, gebogenen Krallen gut geeignet zum Festhalten an Felswänden, Mauern oder Steilufern. Vom Boden hat ein Segler wegen seiner kurzen Beine und langen Flügel Mühe, wieder aufzufliegen.

In der Luft zu Hause

Mit ihren langen, spitz zulaufenden Flügeln, die länger sind als der Körper, sind Segler bestens an ein Leben in der Luft angepasst. Sie vermögen stundenlang zu gleiten, ohne kostbare Energie zu verschwenden, und können dabei fressen, sich paaren, Nistmaterial sammeln und sogar schlafen. Auf Nahrungssuche fliegen sie eher langsam, können aber rasch beschleunigen, insbesondere

▼ Ein schneller Schluck
Wie alle Segler trinkt auch der Mauersegler (*Apus apus*) im Flug an der Wasseroberfläche von stehenden oder Fließgewässern.

◄ Akrobaten der Lüfte
Der südostasiatische Kronenbaumsegler errichtet sein napfartiges Nest auf einem frei liegenden Ast. Der in Afrika und Indien heimische Haussegler hat einen quadratischen Schwanz und breite Flügel. Der afrikanische Palmensegler ernährt sich wie die meisten Segler von Insekten und Spinnen an Fäden in der Luft, baut sein Nest aber zwischen Palmwedeln.

Der Mauersegler verbringt **zwei Jahre** im Flug, bevor er nistet.

»Oh, wie beneiden wir dich um deine eleganten Schwünge! Wie begehren wir die Anmut deiner schlanken Schwingen, …«

WILFRED OWEN, »The Swift«, 1917

bei gemeinschaftlichen Balzflügen. Mit Geschwindigkeiten von 170 km/h im Horizontalflug sind die Asiatischen Großsegler (*Hirundapus* spp.) die schnellsten Vögel. Die in Höhlen nistenden Salanganen liefern die Hauptzutat für Schwalbennestersuppe, ein in China schon seit Jahrhunderten verzehrtes, sehr geschätztes Gericht. Heute werden aus Sand und Lehm Nisthilfen gebaut, die den Bruthöhlen nachempfunden sind. Wilde Salanganen nisten in diesen Gebilden und die Nester werden dann von Arbeitern geerntet und für viel Geld verkauft.

► An die Wand geklebt
Die Braunkehlsalanganen (*Collocalia linchi*) aus Indonesien kleben ihre napfförmigen, essbaren Nester aus Pflanzenmaterial mit Speichel an Felswände. Tief im Dunkel von Höhlen orientieren sich die Salanganen mittels Echoortung.

Ordnung Apodiformes

Familien 1

Arten Mehr als 350

Länge
5,7–12 cm

Verbreitung
Nord- und Südamerika

◄ Der Zauber von Kolibris
Das skurrile Gemälde des Biologen Ernst Haeckel von 1899 erinnert an die Vitrinensammlungen der damaligen Zeit. In diesen Vitrinen waren viele verschiedene Kolibris und andere Arten, die in der Natur gar nicht im gleichen Gebiet vorkommen, gemeinsam ausgestellt.

Mit dem dünnen Schnabel und der langen Zunge trinkt er Nektar aus Röhrenblüten.

Die Schwanzfedern sind beim Männchen violett, Weibchen haben ein schwarzes Band und weiße Spitzen

◄ Schimmerndes Gefieder
Der Grünbrust-Mangokolibri (*Anthracothorax prevostii*)) aus Mittelamerika schillert grün, blau und violett – nur seine Flügel sind unscheinbar matt.

Kolibris

Trochilidae

Kolibris sind klein, aber äußerst bemerkenswert. Sie beeindrucken durch ihre schillernden Farben und akrobatischen Flugkünste – sie können sogar rückwärts fliegen.

Obwohl Kolibris nur auf dem amerikanischen Kontinent vorkommen, gehören sie zu den beliebtesten Vögeln weltweit. Es sind kleine, energiegeladene Vögel, deren schnellen Flügelschlag das menschliche Auge nicht zu erfassen vermag. Durch besonders angepasste Schultergelenke können sie die Flügel verdrehen, so beim Vorwärts- und Rückwärtsschlag Auftrieb erzeugen – und dadurch selbst rückwärts fliegen.

Als Brennstoff für ihren schnellen Stoffwechsel benötigen sie Nektar. Langschnäbelige Arten wie der Schwertschnabelkolibri (*Ensifera ensifera*) trinken ihn aus Röhrenblüten, während kurzschnäbelige wie der Feuerkehlkolibri (*Panterpe insignis*) dazu die Blüten an der Basis anstechen. Manche Arten, z. B. der Zahnschnabelkolibri (*Androdon aequatorialis*), sägen Blüten auf, um an den Nektar zu gelangen. Viele Arten fressen zudem kleine Insekten.

Kolibris haben einen unscheinbaren Gesang, erzeugen aber durch ihre raschen Flügelschläge

Nur erwachsene Männchen haben den atemberaubenden blauvioletten »Kopfputz« mit Maske .

► Hervorstechend
Die Veilchenkopfelfe (*Calypte costae*) brütet im Südwesten der USA und in Mexiko und sorgt für kleine Farbtupfer in der Trockenstrauchvegetation.

BIENENELFE
Mellisuga helenae
Dieser kleinste Vogel der Welt wird nur 5,7 cm lang und kommt nur in den Wäldern Kubas vor. Er trinkt mehr als 2 g Nektar täglich – und damit mehr als sein eigenes Körpergewicht.

FEUERKEHLKOLIBRI
Panterpe insignis
Diese auf Costa Rica und den Westen Panamas beschränkte Art bewohnt hoch gelegene Nebel- und Niederwälder in bis zu 3200 m Höhe sowie lichtere Wälder in niedrigeren Höhenlagen.

ZIER- ODER ROTSCHOPFELFE
Lophornis delattrei
Diese Art mit dem markanten Schopf lebt nahe der Pazifikküste Südamerikas auf Lichtungen und an Waldrändern. Ihr pendelnder Flug ähnelt dem von Bienen.

Ein Kolibri kann **Nektar** mit bis zu **14 Zungenschlägen pro Sekunde** auflecken.

Vier Zentimeter große Fossilien zeigen, dass Kolibris vor 30–34 Millionen Jahren in Frauenweiler bei Wiesloch lebten.

Geräusche. Einige vollführen eine eindrucksvolle Balz. Ihre Farben sind ungewöhnlich, viele davon entstehen durch Irisieren. Erzeugt wird dieser Effekt durch zwei dünne Schichten auf der Oberfläche der Federn, die das Licht in leicht unterschiedlichen Wellenlängen reflektieren. Das Schillern hängt vom Blickwinkel ab und kann in der dunklen Vegetation gezielt auf Rivalen oder potenzielle Partner gerichtet werden.

Sagenhafter Vogel

Kolibris kommen in unzähligen Mythen und Legenden der indigenen Völker Nord- und Südamerikas vor. Sie werden mit Regen assoziiert und viele Erzählungen handeln von einem Verlust, der später durch den Glanz ihres Gefieders entschädigt wurde. Die Pueblo-Völker erzählten, wie ein Dämon eine Wette mit der Sonne verlor und beschloss, die Erde mit Feuern in Brand zu setzen. Ein Kolibri sammelte Wolken, die das Feuer mit Regen löschten. Dabei flog er durch Regenbögen und nahm deren lebhafte Farben an.

Das Volk der Hitchiti erzählte von einem Streit um Nahrung zwischen einem Reiher und einem Kolibri. Die Vögel flogen um die Wette zu einer Baumkrone, um ihren Streit zu schlichten,

➤ Seltene Schönheit
Die Violettscheitel-Flaggensylphe (*Loddigesia mirabilis*) beeindruckt mit ihrem extravaganten Schwanz. Sie kommt nur in einem begrenzten Gebiet in Peru vor, u. a. im Huembo-Naturreservat. Dort konkurriert sie mit großen Insekten wie Bienen um den Nektar blühender Sträucher.

Die Federkrone schimmert nur im Sonnenlicht violett und ist ansonsten schwarz.

Beim Schwirrflug schlagen die Flügel etwa 70-mal pro Sekunde.

Die winzigen Beine und Füße dienen nur zum Sitzen auf Zweigen.

aber der Kolibri verlor, weil er unterwegs an Blüten trank. Der Erzählung nach fressen seitdem die Reiher Fische, während die Kolibris Nektar trinken müssen. Die Kolibris versetzten die frühen Europäer in Amerika in Erstaunen. Manche glaubten, diese winzigen Kreaturen müssten eine Kreuzung zwischen einem Vogel und einem Insekt sein. Tausende Exemplare wurden für Ausstellungen nach Europa gebracht, und vereinzelt sogar als Schmuck getragen. Von allen Vögeln legen Kolibris die kleinsten Eier. Ihre Nester bestehen oft aus Spinnweben und weichem, leichtem Moos und bilden eine winzige Mulde auf einem Ast oder hängen an der Spitze eines herabhängenden Blattes.

Trotz ihrer geringen Größe ziehen viele Kolibris weite Strecken. Manche, wie die Rotrücken-Zimtelfe (*Selasphorus rufus*), ziehen zwischen Nord- und Mittelamerika, während andere, wie der Riesenkolibri (*Patagona gigas*), im Wechsel der Jahreszeiten an den Hängen der Anden in verschiedene Höhenstufen wandern.

Diese riesige Geopglyphe, 98 m lang und 66 m breit, ist eine von zwei Kolibri-Darstellungen in der Nazca-Wüste.

Antike Linien
Die Geoglyphen in der Nazca-Wüste im Süden Perus erkennt man am besten aus der Luft. Vor 2500–1500 Jahren ritzte das Volk der Nazca diese schmalen, nur wenige Zentimeter tiefen Rillen in die Erde. Hier ist vermutlich ein Kolibri dargestellt.

Mit Bedacht
Auf diesem Bild des japanischen Malers Ohara Koson bahnt sich ein etwas stilisiertes Teichhuhn bedächtig seinen Weg durch einen Sumpf.

▲ Unerschrockene Schönheit
Das Purpurhuhn (*Porphyrio porphyrio*) ist in Südeuropa und im Nordwesten Afrikas beheimatet. Sein Revier verteidigt es mit aggressiven Drohgebärden und Kämpfen.

Rallen

Rallidae

Vertreter dieser Familie sind weltweit in verschiedenen Lebensräumen zu finden. Die meisten lassen sich aber Gruppen zuordnen, wie den schilfliebenden Sumpfhühnern, den im Uferbereich lebenden Rallen oder den mehr ans Wasser gebundenen Blesshühnern.

Die Rallen sind eine vielfältige Familie gewöhnlich in Wassernähe lebender Vögel. Gemeinsame Merkmale sind kurze Flügel, lange Zehen und spitze Schnäbel, es gibt aber Unterschiede in Größe, Färbung und Verhalten. Zwar kommen Rallen nicht in Geschichten oder Legenden vor, gaben aber Anlass zu einigen populären englischen Sprichwörtern. »Kahl wie ein Blesshuhn« bezieht sich auf das große, kahle, meist weiße Stirnschild des Blesshuhns (oder das rote des Teichhuhns). »Verrückt wie ein Blesshuhn« spielt auf die plötzliche »Flucht« des Vogels an, wenn er an Land gestört wird. Dann rennt er instinktiv wild mit den Flügeln schlagend und laute, unmelodische Rufe ausstoßend zum Wasser.

Die meisten Arten sind keine reinen Wasservögel, sondern leben eher am Ufer. Blesshühner (*Fulica* spp.) verbringen jedoch viel Zeit auf offe-

Ordnung Gruiformes

Familien 1

Arten Mehr als 150

Länge
12–63 cm

Verbreitung Weltweit, außer in der Antarktis

▲ Kickboxen
Beim Revierkampf dieser beiden Blesshühner (*Fulica atra*) sind deutlich die gelappten Zehen zu erkennen, die sie von anderen Rallen unterscheiden. Diese sind hilfreich beim Schwimmen und Tauchen im offenen Wasser, wo das Verhalten der Blesshühner eher dem von Lappentauchern und Tauchenten gleicht.

nem Wasser, häufig in großen Schwärmen. Dort tauchen sie nach Nahrung und bringen sie an die Oberfläche. Oft sind sie in Gesellschaft anderer Arten, z. B. von Schwimmenten wie Schnatterenten, die versuchen, verschmähte Wasserpflanzen und jede kleine Beute zu stehlen, die sich ihnen bietet.

Rallen und Sumpfhühner sind gewöhnlich viel scheuer. Sie leben versteckt in Schilfflächen oder Moorvegetation und sind oft nur bei der Nahrungssuche auf Schlickflächen zu sehen. Meist hört man sie eher. Das gilt besonders für Arten wie die nordamerikanische Klapperralle (*Rallus crepitans*), deren klappernde Duette und Chöre durch den Sumpf schallen, oder die eurasische Wasserralle (*Rallus aquaticus*) mit ihrem schweineartigen Quieken. Bei Nacht kann man die Rufe des Teichhuhns (*Gallinula chloropus*) vernehmen, wenn es über sein Revier fliegt.

Das Verbreitungsgebiet mancher Arten ist sehr begrenzt. Die Trommelralle (*Habroptila wallacii*) ist z. B. auf der indonesischen Insel Halmahera endemisch, die Atlantisralle (*Laterallus rogersi*) kommt nur auf einer abgelegenen Insel im Südatlantik vor. Sie ist nicht größer als ein frisch geschlüpftes Haushuhnküken und damit der kleinste flugunfähige Vogel der Welt. Von ihr gibt es nur noch weniger als 12 000 Individuen. Mindestens 26 Rallen-Arten sind in historischer Zeit ausgestorben – v. a., weil sie ein begrenztes Verbreitungsgebiet hatten, die Populationen klein waren und eingeschleppten Räubern wie Katzen oder Ratten zum Opfer fielen. Die auf sieben der Galapagosinseln lebende Galapagosralle (*L. spilonota*) ist wegen der Überweidung durch Rinder und Ziegen, der Prädation durch Ratten und Katzen sowie der Auswirkungen des Klimawandels bedroht.

Vor dem Aussterben bewahrt

Die Zahl der flugunfähigen Takahe (*Porphyrio hochstetteri*) in Neuseeland sank in den 1980er-Jahren auf unter 200 Vögel. Beim Stamm der Ngai Tahu ist diese Ralle sehr angesehen und durch die Zusammenarbeit mit Naturschutzorganisationen konnte sich der Bestand wieder erholen. Als Bewohner von trockenem Grasland ist die Takahe durch eingeschleppte Arten wie Her-

➤ Neuseeländischer Riese
Die Takahe ist mit einer Körperlänge von bis zu 63 cm die größte heute lebende Ralle der Welt. Diese aus dem 19. Jh. stammende Illustration eines Brutpaars von Elizabeth und John Gould sowie Henry Richter wurde mutmaßlich anhand eines Museumsexponats angefertigt.

WACHTELKÖNIG
Crex crex
Dieser Vogel lebt in trockenen Gebieten und wandert zwischen Eurasien und Afrika. Er benötigt Grasland mit dichterer Deckung und ernährt sich von Insekten, Spinnen, Schnecken, Würmern und Sämereien.

CAROLINA-SUMPFHUHN
Porzana carolina
Die nur in der Neuen Welt vorkommende Art unterscheidet sich von verwandten Arten durch den kurzen gelben Schnabel, das schwarze Gesicht und die schwarze Kehle. Sie zieht zwischen Nord- und Südamerika.

OKINAWARALLE
Hypotaenidia okinawae
Diese Ralle mit leuchtend rotem Schnabel und Beinen ist auf der japanischen Insel Okinawa endemisch. Sie ist nahezu flugunfähig, hat aber gelernt, auf Bäumen zu schlafen, um nicht Schlangen zum Opfer zu fallen.

meline und Hirsche bedroht. 1985 startete ein Zuchtprogramm in Gefangenschaft und durch Auswilderung von Vögeln auf räuberfreie Inseln ist die Zahl auf etwa 500 Vögel angestiegen.

Im Frühsommer ist in weiten Teilen Eurasiens der raue, zweitönige Ruf des Wachtelkönigs (*Crex crex*) auf Feldern und Wiesen zu hören. Trotz seiner kurzen Flügel und des schwerfälligen Flugs schafft dieser Vogel eine jährliche Zugstrecke von Europa und Westasien bis in den Süden Afrikas. In Russland und Kasachstan sind seine Bestände noch groß, aber in Europa sind sie im 20. Jh. drastisch zurückgegangen, denn Praktiken wie frühere Heuernte und Einführung der maschinellen Heumahd haben den Paaren die Aufzucht der Küken erschwert. In Deutschland ist die Art als vom Aussterben bedroht eingestuft.

➤ Scheuer Sumpfbewohner
Die Wasserralle hat einen langen Schnabel und ist an Rücken und Flanken gestreift – wie mehr als ein Dutzend weitere Rallen-Arten weltweit.

Die langen Beine und der schlanker Körperbau erleichtern es, durch dichte Schilfbestände zu schlüpfen.

Ordnung Gruiformes

Familien 1

Arten 15

Höhe
75–90 cm

Verbreitung
Nordamerika, Europa, Asien, Afrika, Australasien

Die Flügelspannweite des Grauen Kranichs beträgt 2,4 m.

▲ Gestreckte Beine
Kraniche strecken ihre Beine im Flug stets nach hinten aus – sie sind einfach zu lang, um sie unter den Körper ins Gefieder anzuziehen. Hier beispielhaft zu sehen am Grauen oder Eurasischen Kranich (*Grus grus*), meist einfach nur als Kranich bezeichnet.

Die Schwungfedern bestehen aus 16–18 Armschwingen und 10 langen Handschwingen.

Kraniche

Gruidae

Die eleganten, hochgewachsenen und lautstarken Kraniche sind für ihre aufwendigen Balzrituale bekannt. Hat sich ein Brutpaar gefunden, bleibt es gewöhnlich ein Leben lang beisammen.

Der Ruf des Grauen Kranichs ist mehr als **5 km weit** zu hören.

Kraniche sind groß, langbeinig und langhalsig – ihre Schnäbel sind aber kürzer als die von Reihern oder Störchen. Der Saruskranich (*Antigone antigone*) ist der größte flugfähige Vogel der Welt. Auf Nahrungssuche schreiten Kraniche weit ausholend über offenes Gelände und Sumpfland und ernähren sich vielfältig von kleinen Nagetieren und Fischen bis zu Beeren und Getreide. Dabei suchen sie auch trockenere Flächen auf, kehren bei Nacht aber stets in die sicheren Feuchtgebiete zurück. Als gesellige Vögel bilden sie außerhalb der Brutzeit große Schwärme. Besonders spannend sind ihre gemeinsamen Balztänze mit eleganten Sprüngen. Anders als Störche und Reiher bilden sie keine Brutkolonien und nisten auch nicht in Bäumen. Stattdessen bauen sie große Nester auf feuch-

»Die Stimme eines einzelnen Kranichs ist besser als das Zirpen von tausend Spatzen.«

JAPANISCHES SPRICHWORT

Kraniche fliegen wie Störche mit lang ausgestrecktem Hals – im Gegensatz zu Reihern, die ihn s-förmig zurückbiegen.

Die schmalen Flügelspitzen sind aufgefingert und biegen sich durch den Luftdruck nach oben – das verringert Verwirbelungen.

tem Boden oder in seichtem Wasser. Ihre Rufe sind individuell erkennbar, auch wenn sich die Stimme mit dem Alter verändern kann. Wissenschaftler können Paare über Jahre an ihren Stimmen identifizieren. Familien bleiben über Winter zusammen und die meisten Kranich-Arten ziehen in Schwärmen über weite Strecken in die Überwinterungsgebiete.

Weil die meisten Brutpaare ein Leben lang beisammen bleiben, sind Kraniche zu Symbolen der Liebe und Treue geworden. Nach gescheiterten Brutversuchen junger Paare kann es allerdings zu Trennungen kommen. Der römische Naturforscher Plinius der Ältere schrieb im 1. Jh. n.Chr., dass Kraniche einen Wachposten aufstellten, während die anderen schliefen. Dieser hielt mit erhobenem Fuß einen Stein. Falls er einschlief, würde der Stein herunterfallen und ihn wecken. In vielen Kulturen, insbesondere in Asien, gelten Kraniche als Symbole für Glück und ein langes Leben oder ewige Jugend.

Für mehrere Arten wurden inzwischen Schutzmaßnahmen ergriffen. Vom Schreikranich (*Grus americana*) gab es 1941 nur noch 23 Exemplare (zwei in Gefangenschaft). Durch Schutz entlang seiner Zugrouten von Kanada bis zum Golf von Mexiko erholte sich der Bestand, zudem wurden Brutpaare ausgewildert. Vom Schneekranich (*Leucogeranus leucogeranus*) gibt es noch etwa 3500 Vögel. Dagegen überwintert der nordamerikanische Kanadakranich (*Antigone canadensis*) in Schwärmen aus bisweilen 10 000 Vögeln. Mancherorts sind bis zu einer halben Million dieser Kraniche auf dem Durchzug zu beobachten.

Göttliche Vögel

Dieses Rollbild des chinesischen Malers Chen Quan aus dem 18. Jh. zeigt Mandschurenkraniche (*Grus japonensis*). Obwohl sie zu den seltensten Kranichen gehören, gelten sie in taoistischen Legenden als unsterblich. In Japan werden sie manchmal »die Götter der Sümpfe« genannt.

➤ Schlafplatz im Watt
Die meisten Vertreter dieser Familie sind gesellig und gehen oft gemeinsam auf Nahrungssuche. Hier hat sich in Lianyungang (China) ein großer Schwarm Säbelschnäbler (*Recurvirostra avosetta*) zum Schlafen versammelt.

Säbelschnäbler

Recurvirostridae

Ordn. Charadriiformes

Familien 1

Arten 10

Größe
35–51 cm

Verbreitung
Weltweit, außer in der Antarktis

Die Stelzenläufer und Säbelschnäbler dieser Familie sind für ihre ausgesprochen langen Beine bekannt. Damit können sie bei der Nahrungssuche in Gewässern waten, die für die meisten anderen Watvögel zu tief sind.

Die langen Beine der Stelzenläufer sind rosa, die der Säbelschnäbler blaugrau. Beide Gruppen sind langhalsig mit langem, sehr schmalem Schnabel. Bei Stelzenläufern ist er gerade, bei Säbelschnäblern aufwärts gekrümmt. Mit Ausnahme des Rußstelzenläufers (*Himantopus novaezelandiae*) haben alle ein auffällig schwarz-weißes Gefieder, teils mit braunen, orangen oder rosa Flecken.

Mit ihren langen Beinen können diese Vögel in tiefes Wasser waten und sich von Beute ernähren, die für andere Watvögel unerreichbar ist. Sie können auch schwimmen, Säbelschnäbler aber effizienter, weil ihre Zehen teilweise durch Schwimmhäute verbunden sind. Säbelschnäbler erbeuten v.a. große Mengen an Krebstieren, Stelzenläufer ernähren sich vielfältiger von Insekten, Kaulquappen, Würmern, Fischen und Krebstieren. Säbelschnäbler bewegen ihren Schnabel bei der Nahrungssuche wie beim Mähen mit einer Sense hin und her und ertasten so die Beute. Stelzenläufer stoßen meist direkt zu und schnappen sich die im Wasser erspähte Beute. Bei Säbelschnäblern und beim australischen Schlammstelzer (*Cladorhynchus leucocephalus*) ist der Unterschnabel mit Reihen haarähnlicher Lamellen besetzt, die ineinandergreifen und ungenießbare oder zu große Teile herausfiltern.

Die Arten sind sehr lautstark, v.a. in Nestnähe. Brutkolonien umfassen meist nur 10–70 Paare, beim Schlammstelzer wurden jedoch schon 179 000 Paare gezählt. Wenn Regen die riesigen Salzseen im Landesinneren füllt, lassen sich Schlammstelzer dort nieder und ernähren sich von den reichlich vorhandenen Salinenkrebsen.

▲ RSPB-Logo
Das Logo der britischen Vogelschutzorganisation Royal Society for the Protection of Birds ziert ein Säbelschnäbler – als Symbol für erfolgreiche Arterhaltung.

Schlammstelzer nisten in hoher Dichte von bis zu **18 Nestern** pro Quadratmeter.

Nach erfolgter Paarung schlägt das Männchen manchmal kurz mit den Flügeln, um das Gleichgewicht zu halten.

Abgesehen vom gänzlich weißen Kopf gleicht das Gefieder des Weibchens dem des Männchens.

Der Stelzenläufer hat im Verhältnis zur Körpergröße die längsten Beine aller Vögel.

RUSSSTELZENLÄUFER
Himantopus novaezelandiae

Der neuseeländische Rußstelzenläufer ist vom Aussterben bedroht. 1981 gab es in der Natur nur noch 23 Exemplare, durch erfolgreiche Schutzmaßnahmen hat sich ihre Zahl wieder auf 100 erhöht.

BRAUNHALSSÄBELSCHNÄBLER
Recurvirostra americana

Diese Art brütet in sog. ephemeren (nur kurzzeitig bestehenden) Feuchtgebieten im Mittleren Westen der USA. Wie andere Vertreter der Familie verteidigen die Vögel ihre Kolonien sehr aggressiv und lautstark gegen Feinde.

▲ Paarungsritual
Nach der Paarung legt das Männchen des Stelzenläufers (*Himantopus himantopus*) oft einen Flügel über das Weibchen, während sich ihre Schnäbel überkreuzen.

Regenpfeifer

Charadriidae

▲ **Vierer-Bande**
Die meisten Regenpfeifer legen drei oder vier Eier. Diese Illustration von John Gould aus dem Jahr 1873 zeigt ein Paar Kiebitze (*Vanellus vanellus*) mit vier geschlüpften Küken.

Die kleinen bis mittelgroßen Watvögel dieser Familie sind daran angepasst, ihre Beute auf Sicht auf offenen Flächen zu fangen. Die anmutigen Vögel sind bekannt für ihre lauten Rufe und auffälligen Balzflüge und auf der ganzen Welt zu Hause.

Ordn. Charadriiformes

Familien 19

Arten Mehr als 60

Länge
14–38 cm

Verbreitung
Weltweit, außer in der Antarktis

Auf den ersten Blick ähneln die Regenpfeifer anderen Watvögeln wie Strandläufern, mit denen sie sich ihre Lebensräume an Flussmündungen, an der Küste und in der Tundra teilen. Doch sie unterscheiden sich von diesen durch den kurzen Schnabel, den großen Kopf, die großen Augen und die typische Art der Nahrungsaufnahme.

Die großen Augen sind ein Hinweis, wie sie ihre Nahrung aufspüren: Im Gegensatz zu den meisten Strandläufern finden Regenpfeifer ihre Beute auf Sicht und nur selten per Ertasten durch Stochern mit dem Schnabel im Schlamm oder Boden. Sie haben ein ausgezeichnetes Sehvermögen und wegen der hohen Dichte an Stäb-

◄ Gut versteckte Schätze
Drei Küken des Kiebitzregenpfeifers (*Pluvialis squatarola*) kuscheln sich in ihr Nest. Die Nester bestehen oft nur aus einer gescharrten Kuhle am Boden.

Der weiße Nackenfleck der Küken löst von oben betrachtet erstaunlich gut deren Form auf.

ROTLAPPENKIEBITZ
Vanellus indicus
Dieser Kiebitz ist in Indien und Südostasien weitverbreitet und ein vertrauter Anblick. Der lautstarke Vogel hat viele lokale volkstümliche Namen, die seinen Ruf imitieren, z. B. »Hatatut«.

SEEREGENPFEIFER
Charadrius alexandrinus
Sie leben an Sandstränden an der Küste, aber auch auf salzigen oder brackigen Feuchtflächen weit im Landesinneren. Sie bedecken ihre Eier an heißen Tagen manchmal mit Sand.

chenzellen (Lichtsinneszellen in der Netzhaut) vermögen sie auch bei schlechten Lichtverhältnissen effektiv zu jagen. Ihr Nahrungserwerb folgt einem bestimmten Muster: Sie stehen still und begutachten ihre unmittelbare Umgebung. Ist keine Beute in Sicht, laufen sie kurz in eine beliebige Richtung und bleiben wieder stehen. Sobald sie etwas Fressbares entdecken, laufen sie darauf zu und picken es auf. Auf diese Weise können Regenpfeifer vielerlei Wirbellose fangen, von großen Würmern auf Schwemmflächen bis zu Mücken in der arktischen Tundra. Mitunter verzehren sie auch Beeren.

Die Familie umfasst zwei Gruppen: die eigentlichen Regenpfeifer und die Kiebitze. Erstere sind meist klein mit spitzen Flügeln und häufig braunen oder schwarzen Brustbändern – unvollständig bei Arten in farblich monotonem Umfeld wie Sandstränden und vollständig bei solchen in Lebensräumen mit variablem Hintergrund wie Kiesstränden. Kiebitze (*Vanellus* spp.) sind größer und hochgewachsen, kräftiger gefärbt, oft mit Kopfschmuck wie Federhauben oder Kehllappen und teils abgerundeten Flügeln.

Überflieger

Einige Regenpfeifer legen große Zugstrecken zurück. Der Prärie-Goldregenpfeifer oder Wanderregenpfeifer (*Pluvialis dominica*) fliegt bis zu 20 000 km vom Norden Alaskas und Kanadas nach Argentinien, darunter eine Etappe von fast 4000 km über den Atlantik. Das ist eine der längsten Wanderungen von Landvögeln. Der Tundra-Goldregenpfeifer (*P. fulva*) erreicht beim Zug über den Pazifik Höhen von mehr als 4000 m.

Viele Arten vollführen auffällige Balzflüge, oft begleitet von lauten Rufen. Um Feinde von ihren Küken abzulenken, nutzen sie verschiedene Ablenkungsmanöver (»Verleiten«), täuschen z. B. einen gebrochenen Flügel vor. Manche zeigen sich gegenüber potenziellen Bedrohungen für ihr Nest extrem aggressiv und stürzen sich sogar auf Menschen. In Südamerika haben Viehzüchter das aggressive Verhalten des Bronzekiebitzes (*V. chilensis*) schätzen gelernt, weil er ihr Vieh vor möglichen Gefahren warnt. Manche banden die Vögel sogar an oder stutzten ihnen die Flügel, um sie als »Wachhund« zu nutzen.

Die meisten Regenpfeifer haben lange, spitz zulaufende Flügel, mit denen sie schnell und weit fliegen können.

Dies ist ein Männchen, bei Weibchen ist das Brustband schärfer abgesetzt.

► Flügel hoch
Der Mornellregenpfeifer (*Charadrius morinellus*) brütet in der arktischen Tundra. Das Männchen übernimmt einen Großteil der elterlichen Pflichten wie Brüten und Aufzucht.

➤ **Weißer Opportunist**
Ein kleiner Prozentsatz der männlichen Kampfläufer (*Calidris pugnax*) ist vorwiegend weiß und balzt nicht an einer bestimmten Balzarena. Diese sog. Satelliten-Männchen bewegen sich zwischen den Balzplätzen und paaren sich opportunistisch.

◄ **ImposanteSchwärme**
Wie es für die Familie typisch ist, versammeln sich Pfuhlschnepfen (*Limosa lapponica*) außerhalb der Brutsaison in großen, dichten Schwärmen an Flussmündungen und im Watt. Ihr langer, schmaler Schnabel eignet sich hervorragend zum Stochern nach Würmern und Schalentieren.

Ordn. Charadriiformes

Familien 1

Arten Mehr als 90

Länge
12–66 cm

Verbreitung
Weltweit, außer in der Antarktis

Schnepfenvögel

Scolopacidae

Die Vertreter der Familie sind bekannt für epische Wanderungen, quirlige Schwärme, die Vielfalt an Schnabelformen und das teils groteske Balzverhalten. Daher beflügeln sie seit jeher weltweit die Fantasie der Menschen.

Schnepfenvögel sind weltweit häufig an Flussmündungen, auf Wattflächen, an Stränden und seichten Seen anzutreffen, während der Brutzeit auch in Tundra, Sümpfen und Mooren. Oft besitzen die kleinen bis mittelgroßen Watvögel (Limikolen) ein hervorragend tarnendes Gefieder. Mit ihren langen, schmalen, spitz zulaufenden Flügeln können sie sehr schnell fliegen. Die Vertreter weisen eine außergewöhnliche Vielfalt an Schnabelformen auf, je nach Art ihrer Nahrung und dem Umgang damit. Die sperlingsgroßen Strandläufer (*Calidris* spp.) picken mit ihrem kurzen, geraden Schnabel auf Sicht kleine Nahrung von der Oberfläche. Der sehr lange, abwärts gebogene Schnabel der Brachvögel (*Numenius* spp.) ist ideal zum Stochern und Ertasten von Krabben und Würmern in ihren Röhren oder im Schlick. Der Steinwälzer (*Arenaria interpres*) stöbert mit seinem kurzen Schnabel unter Steinen und Tang nach Beute. Arten, die ihre Beute ertasten, besitzen

▲ Hellste Federn
Die Waldschnepfe (*Scolopax rusticola*) hat an der Schwanzspitze die hellsten Federn der Welt. Sie stellt sie bei Balzflügen in der Dämmerung zur Schau.

an der Schnabelspitze in hoher Konzentration Chemo- und Tastrezeptoren zum effizienten Finden ihrer Nahrung. Mit ihren seitlich am Kopf sitzenden Augen können Schnepfenvögel fast rundum nach Feinden Ausschau halten.

Die meisten Vertreter der Familie brüten in hohen Breiten in der Tundra oder in Mooren und ziehen nach dem Brüten nach Süden. Manche Arten, wie Steinwälzer und Sanderling (*Calidris alba*), scheinen sich in jeden Winkel der Welt zu verstreuen, sogar auf abgelegene Inseln. Pfuhlschnepfen (*Limosa lapponica*) aus Alaska unternehmen im Herbst einen Non-Stopp-Flug zum Überwintern in Australien oder Neuseeland. 2022 legte ein mit Sender versehenes Individuum in elf Tagen und einer Stunde 13 560 km zurück. In den Winterquartieren zieht es viele Arten in den Gezeitenbereich von Mündungsgebieten. Sie richten sich bei der Nahrungssuche nach den Gezeiten. Bei Flut suchen sie ihre Schlafplätze auf, wobei sie oft in großen Schwärmen spektakuläre Flugmanöver vollführen.

In den Brutgebieten zeigen viele Arten auffällige Balzflüge, oft mit reichlich stimmlicher Unterstützung. Die Bekassine (*Gallinago gallinago*) ist für ihr »Wummern« bekannt. Dabei wird durch Vibrieren der äußeren Schwanzfedern ein meckerndes Geräusch erzeugt. Schnepfenvögel zeigen eine außergewöhnliche Vielfalt an Paarungssystemen. Weibliche Drosseluferläufer (*Actitis macularius*) legen z.T. vier Gelege, die jeweils von einem anderen Männchen bebrütet werden. Kampfläufer (*Calidris pugnax*), Doppelschnepfe (*G. media*) und Grasläufer (*C. subruficollis*) balzen alle an Balzarenen (sog. Leks). Die Balz der Kampfläufer verläuft untypisch lautlos, was möglicherweise die außergewöhnliche individuelle Färbung der Männchen erklärt.

Bekassinen ertasten mit dem Schnabel im Boden Würmer und andere Nahrung.

Behutsames Tasten
Dieser japanische Holzschnitt aus der Zeit von 1900–1930 zeigt eine elegante Bekassine, die Meisterin im Stochern in schlammigem Süßwasser-Sediment.

GRAUBRUST-STRANDLÄUFER
Calidris melanotos
Die Männchen dieser in der Tundra brütenden Art besitzen einen aufblasbaren Kehlsack, mit dem sie bei Balzflügen bizarre hohe Heultöne erzeugen.

THORSHÜHNCHEN
Phalaropus fulicarius
Anders als andere Watvögel besitzen Thorshühnchen gelappte Schwimmhäute. Damit können sie gut schwimmen und verbringen den Winter weit draußen auf dem Meer.

Ordnung Charadriiformes

Familien 1

Arten 8

Länge 15–50 cm

Verbreitung Nord- und Südamerika, Afrika, Asien, Australien

➤ **Schwimmendes Heim**
Das Blaustirn-Blatthühnchen (*Actophilornis africanus*) lebt hauptsächlich auf instabilen Beständen von Schwimmpflanzen, v. a. auf Seerosenblättern.

Jacanas

Jacanidae

Mit ihren stark verlängerten Zehen können diese Wasservögel über schwimmende Vegetation laufen.

Jacanas oder Blatthühnchen kommen in allen wärmeren Teilen der Welt vor und sind an einen ungewöhnlichen Lebensraum angepasst: schwimmende und aus dem Wasser ragende Pflanzen in Süßwasserseen und Sümpfen. Sie können ihre langen, dünnen Zehen so weit spreizen, dass sie noch laufen können, wo andere Wasservögel einsinken. Mit ihrem relativ langen Schnabel sammeln sie Beutetiere wie Insekten und Krebse auf und drehen auf der Suche nach versteckter Beute Blätter um. Einige Arten fressen auch Pflanzen, u. a. Seerosenblüten.

Rollentausch

Abgesehen vom monogamen Zwergblatthühnchen (*Microparra capensis*) zeigen Jacanas ein ungewöhnliches Fortpflanzungsverhalten. Die Männchen übernehmen alleine Nestbau, Ausbrüten und Kükenaufzucht, während die oft fast doppelt so schweren Weibchen gelegentlich helfen, die Familie vor Räubern zu schützen. Beide verteidigen ihre Reviere gegen gleichgeschlechtliche Rivalen. Die Weibchen paaren sich in einer Saison häufig mit bis zu vier Partnern. Die Männchen bauen viele schwimmende Plattformen, z. B. zur Brautwerbung. Als Nest dient eine Art »Napf« aus Wasserpflanzen auf schwankendem Untergrund. Im Flachwasser sind die Nestverluste hoch, aber die Männchen können ihre Eier in ein neues Nest umziehen und ihre Küken unter den Flügeln transportieren und beschützen.

▼ **Auf großem Fuß**
Diese Abbildung von etwa 1845–1849 zeigt ein Gelbstirn-Blatthühnchen (*Jacana spinosa*), dessen Zehen eine Fläche von 12 × 14 cm abdecken können.

Zehen und Krallen werden gespreizt, um das Gewicht zu verteilen.

Der Hakenschnabel ist eine effektive Waffe und wird bei der Jagd auf Lemminge oder Fische eingesetzt – oder, um anderen Vögel deren Beute abzujagen.

Ordn. Charadriiformes

Familien 1

Arten 7

Länge
38–58 cm

Verbreitung
Weltweit

SKUA
Stercorarius skua

Die mächtige Skua oder Große Raubmöwe tötet oder beraubt gelegentlich andere Seevögel und kann sogar Basstölpel unter Wasser drücken. Meist fängt sie aber selbst Fische im Atlantik.

SÜDPOLARSKUA
Stercorarius maccormicki

Diese große Raubmöwe brütet an der Küste der Antarktis und hält dort in Pinguin-Kolonien Ausschau nach verletzten Küken. Im Südwinter zieht sie auf die Nordhalbkugel.

▲ Eleganter Jäger
Falkenraubmöwen sind gewöhnlich hell, die weiße Brust wird zum Schwanz hin dunkler. Wie bei verwandten Arten gibt es auch gänzlich dunkle Formen, aber diese sind recht selten.

Altvögel im Brutkleid haben auffallende, rund 15 cm lange Schwanzfedern, für den Rest des Jahres werden sie abgeworfen.

Mit ihren langen schlanken Flügeln kann die Falkenraubmöwe lange Strecken über dem Meer zurücklegen – nur zum Nisten kommt sie an Land.

➤ Unterschiedliches Federkleid
Dieses Aquarell des renommierten US-amerikanischen Ornithologen Louis Agassiz Fuertes von 1910 zeigt eine adulte Spatelraubmöwe (ganz oben), eine dunkle, eine juvenile und eine helle Schmarotzerraubmöwe (rechts), eine adulte und juvenile Falkenraubmöwe (unten links) sowie eine Skua (unten rechts).

Raubmöwen

Stercorariidae

Raubmöwen sind für ihre waghalsigen Raubzüge aus der Luft bekannt, bei denen sie Seevögeln aller Größen deren Beute abjagen. Daher werden sie häufig als »Piraten der Lüfte« beschrieben.

Mit ihren langen Flügeln und dem kurzen, hakenförmigen Schnabel sind Raubmöwen furchterregende Prädatoren. Bei der Jagd, oder wenn sie anderen Seevögeln die Beute stehlen, vollführen sie erstaunliche Flugmanöver. Größere Arten wie Skuas haben einen kurzen Schwanz, bei kleineren sind die mittleren Schwanzfedern verlängert zu einer mittigen Spitze oder zwei Fahnen. Bei der Spatelraubmöwe (*Stercorarius pomarinus*) ist die verlängerte Feder verdreht und spatelförmig, bricht aber oft ab oder wird sogar absichtlich abgebissen, sobald die Balz im Frühjahr abgeschlossen ist.

Alle Arten unternehmen weite Wanderungen über die Ozeane. Im Landesinneren sieht man sie nur selten, es sei denn, sie wurden durch Stürme verdriftet. Raubmöwen der Südhalbkugel ziehen bis nach Alaska, während die in der Arktis brütenden Arten bis nach Neuseeland fliegen und dabei täglich bis zu 300 km zurücklegen.

Vorsicht bei Annäherung

In den Brutgebieten vollführen die Raubmöwen dramatische, von lauten Rufen begleitete Schauflüge. Skuas greifen jeden, der sich ihrem Nest nähert, mit einem schmerzhaften Sturzflug bis in Kopfhöhe an (anschaulich beschrieben von Mitgliedern der Südpol-Expedition von Robert Falcon Scott 1911/1912). Die nördlichen Arten wurden durch die jüngsten Ausbrüche der Vogelgrippe dezimiert. Normalerweise wird ihre Zahl jedoch durch ihre Beute reguliert, seien es Lemminge in der Arktis oder die Seevögel, denen sie ihre Nahrung stehlen.

Die großen Flügel verleihen eine beachtliche Manövrierfähigkeit.

▲ Bereit zum Angriff
Raubmöwen betreiben Kleptoparasitismus: Sie zwingen andere Vögel, ihren hart erkämpften Fisch abzugeben. Diese juvenile Schmarotzerraubmöwe (*Stercorarius parasiticus*) attackiert eine Brandseeschwalbe (*Thalasseus sandvicensis*).

▲ **Schmucke Federn und mehr**
Manche Alken bilden in der Brutzeit auffällige Schmuckfedern, um potenzielle Partner anzulocken und Rivalen einzuschüchtern. Der Schopfalk (*Aethia cristatella*) entwickelt nicht nur einen prächtigen Federschopf und leuchtend orangefarbene Schnabelplatten, sondern auch einen intensiven fruchtigen Geruch.

Alle drei Arten der Lunde werfen während ihrer jährlichen Mauser die bunten Platten **am Schnabel** ab.

Alkenvögel

Alcidae

Diese Seevögel sorgen beim Schwimmen unter Wasser nicht mit den Füßen für Antrieb, sondern mit den Flügeln, und können sehr tief tauchen. Sie sind untersetzt und doch stromlinienförmig, haben ein elegantes schwarz-weißes Gefieder und an Land einen watschelnden Gang.

Ordn. Charadriiformes

Familien 1

Arten Mehr als 20

Länge
15–45 cm

Verbreitung
Küsten und Meere der Nordhalbkugel

Alkenvögel sind nicht mit Pinguinen verwandt, doch war der erste als »Pinguin« bezeichnete Vogel ein Alk, der heute ausgestorbene Riesenalk (*Pinguinus impennis*). Als die Europäer erstmals echte Pinguine entdeckten, benannten sie sie nach diesem ähnlich aussehenden, flugunfähigen Vogel. Anders als Pinguine können alle heute lebenden Alkenvögel fliegen. Sich mit den kurzen, flossenartigen Flügeln in die Luft zu erheben, ist aber sehr mühevoll. Die Dickschnabellumme (*Uria lomvia*), ein schwerfälliger Vogel, der mehr als 200 m tief tauchen kann, hat von allen Tieren den energieaufwendigsten Flug.

Das Fliegen ermöglicht es den Alken jedoch, an sicheren, unzugänglichen Orten zu brüten, etwa an steilen Klippen oder sogar (im Fall einiger Arten der Gattung *Brachyramphus*) hoch in Regenwaldbäumen, teils mehr als 5 km landeinwärts.

Nahrungslieferanten

Die Bewohner von Hirta auf St. Kilda, einer Inselgruppe vor der Küste Schottlands, waren auf Seevögel wie Tordalken (*Alca torda*), Trottellummen (*U. aalge*) und Papageitaucher (*Fratercula arctica*) als Nahrung angewiesen und gingen ein hohes Risiko ein, um an deren Nester zu gelangen. Seit

Man nennt es flügeltauchend, wenn sich Vögel wie der Papageitaucher unter Wasser mit seinen Flügeln fortbewegt.

Das dichte Gefieder schließt Luft ein und hält den Papageitaucher bei seinen Tauchgängen im kalten Meerwasser warm.

Die farbigen Hornplatten am Schnabel des Papageitauchers leuchten für Artgenossen sichtbar bei ultravioletter Strahlung (Fotolumineszenz).

Die dehnbare gelbe Hautfalte an der Schnabelbasis ermöglicht dem Papageitaucher, bei einem Fischzug viele Fische auf einmal festzuhalten.

➤ Die Tränen des Clowns
Sein bunter Schnabel und der melancholische Gesichtsausdruck verleihen dem Papageitaucher ein unverwechselbares, sehr ansprechendes Aussehen. In den Ländern, in denen er vorkommt, kennt ihn fast jeder.

➤ Vogelfelsen
Die Brutkolonien von Dickschnabellummen umfassen Tausende von Brutpaaren. Jedes davon verteidigt ein winziges Territorium um sein Nest herum.

GELBSCHOPFLUND
Fratercula cirrhata
Diese größte Art der Lunde kommt im nördlichen Pazifik vor und hat zur Brutzeit einen riesigen orangefarbenen Schnabel, scharlachrote Füße und cremegelbe »Augenbrauen«.

ROTSCHNABELALK
Aethia psittacula
Rotschnabelalke veranstalten in ihren Brutgebieten einen Heidenlärm. Bei der Begrüßung ihres Partners produzieren sie verschiedene laute Triller- und Grunzlaute.

TROTTELLUMME
Uria aalge
Dieser große, schlanke atlantische Alkenvogel legt zugespitzte, fast kegelförmige Eier. Die Form bewirkt eine stabilere Lage auf den schmalen Felsvorsprüngen.

1930 ist die Inselgruppe unbewohnt und heute Naturschutzgebiet, UNESCO-Weltnaturerbe und Heimat von 1 Mio. Alken und anderen Seevögeln. Besucher können noch die kleinen Trockenmauergebäude von Hirta besichtigen, in denen die erbeuteten Seevögel getrocknet und für den Winter gelagert wurden – die Alken kommen nur zwischen April und August zum Brüten an Land, den Winter verbringen sie weit draußen auf See.

Alkenvögel sind heute durch Meeresverschmutzung, dezimierte Fischbestände und die Auswirkungen des Klimawandels bedroht, in den letzten Jahren kamen noch Ausbrüche der Vogelgrippe hinzu. Manche Arten sind als stark gefährdet eingestuft, z. B. der Guadalupealk (*Synthliboramphus hypoleucus*). Andererseits gibt es an abgelegenen arktischen Küsten und Inseln noch große, florierende Kolonien von Krabbentauchern (*Alle alle*) und Trottellummen.

Alkenvögel fangen ihre Beute tauchend, v. a. Fische, aber auch Kopffüßer und andere marine Wirbellose. Im Wasser fühlen sie sich viel wohler als an Land – ihre kurzen, nah am Körperende befindlichen Beine und die Schwimmhäute an den Füßen sind ideal zum Schwimmen, an Land ist die Fortbewegung eher unbeholfen. Entsprechend haben viele Arten ein sehr kurzes Nestlingsstadium und werden selbstständig, lange bevor sie fliegen können. Silberalken (*S. antiquus*) begeben sich schon im Alter von wenigen Tagen aufs Meer. Von den Eltern ermutigt kriechen die Küken aus dem Nest und stürzen sich kopfüber ins Wasser am Fuß der Klippe.

➤ Gefangen und mit Halsband versehen
Der flugunfähige Riesenalk brütete bis 1844 auf arktischen Inseln. Bedauerlicherweise wurde er bis zur Ausrottung gejagt: wegen seiner Federn, seines Körperfetts und für Museumsexponate. Diese Illustration aus dem Jahr 1655 zeigt einen Riesenalk mit Halsband, der als Haustier gehalten wurde.

Verhältnismäßig kurze, schmale und abgerundete Flügel sind ein typisches Merkmal der meisten Alkenvögel.

Gryllteisten haben leuchtend karminrote Beine und Füße.

▲ Brutkleid
Zum Ende der Brutsaison mausert die nordatlantische Gryllteiste (*Cepphus grylle*) das hier zu sehende schwärzliche Brutgefieder. Ihr Winterkleid ist fast rein weiß.

DEN FANG FEST IM GRIFF

Die meisten Alken fangen nur jeweils einen Fisch, aber ein Papageitaucher kann in seinem Schnabel mehrere kleine Fische wie Sandaale sicher festhalten. Möglich ist dies durch die gesägten Schnabelränder, stachelige Gaumenleisten und die kräftige Raspelzunge. In schnellem Flug bringt er seine Beute an Land und hastet in seine Nisthöhle, um diebischen Möwen und Raubmöwen zu entgehen, die seinen hart erkämpften Fang stehlen wollen.

PAPAGEITAUCHER MIT DEM SCHNABEL VOLLER FISCHE

Ordnung Charadriiformes

Familien 1

Arten Mehr als 100

Länge
20–70 cm

Verbreitung Weltweit

▲ **Einzigartiger Schnabel**
Wenn der Amerikascherenschnabel (*Rynchops niger*) mit seinem Unterschnabel einen Fisch berührt, klappt er den Schnabel durch eine ruckartige Kopfbewegung zu und der Fisch ist gefangen.

Möwenverwandte

Laridae

Die Vertreter dieser gemischten Gruppe von See- und Küstenvögeln, Möwen, Seeschwalben und Scherenschnäbel, leben am Süßwasser und am offenen Meer. Manche Arten sind auch in Städten und auf Feldern ein vertrauter Anblick.

Möwen sind generell größer, haben meist längere Beine und können besser herumlaufen als die kurzbeinigen Seeschwalben, die nicht weit zu Fuß gehen. Eine Ausnahme bilden die marinen Dreizehenmöwen (*Rissa tridactyla*). Als Anpassung an das Brüten auf schmalen Felssimsen haben sie kurze Beine und einen abfallenden Rücken und sind so eher für ein Leben auf dem Meer geeignet als für die Nahrungssuche an Land. Die drei sehr ähnlichen schwarz-weißen Scherenschnabel-Arten ähneln zwar Seeschwalben, weisen aber eine bemerkenswerte Eigenheit auf. Bei den meisten Vögeln sind Ober- und Unterschnabel gleich lang oder die obere Schnabelhälfte ist länger. Bei Scherenschnäbeln ragt der Unterschnabel deutlich vor. Dadurch sind sie auf eine bestimmte Art des Nahrungserwerbs beschränkt: Sie fliegen im Tiefflug über das Wasser und tauchen zum Beutefang die Spitze des verlängerten Unterschnabels ein.

◄ **Fischmahlzeit**
Die langflügelige Küstenseeschwalbe (*Sterna paradisaea*) füttert ihre Jungen vorwiegend mit kleinen Fischen, Krustentieren und Insekten, die sie im Flachwasser entlang der Küste findet.

Der Amerikascherenschnabel hat **vertikale Pupillen,** die sich schlitzartig verengen und die **Blendung durch Wasser** verringern.

Arktische Möwe
Dieses Rosenmöwen-Trio malte der Naturforscher John Gould im Zeitraum von 1862–1873 für sein Buch *The Birds of Great Britain*.

Das schwarze Band am Hals der Rosenmöwe ist nur so markant, wenn sie ihr Prachtkleid trägt. Im Schlichtkleid sieht man nur noch graue Striche an der Halsseite.

HERINGSMÖWE
Larus fuscus
Diese große, auf der Nordhalbkugel heimische Möwe ist am roten Fleck auf dem gelben Schnabel zu erkennen. Man sieht sie oft in städtischen Gebieten bei der Nahrungssuche.

KÖNIGSSEESCHWALBE
Thalasseus maximus
Die große Seeschwalbe mit orangem Schnabel hat im Sommer eine schwarze Stirn und lebt an den Küsten Nord- und Südamerikas.

AFRIKA-SCHERENSCHNABEL
Rynchops flavirostris
Diese Art mit orangem Schnabel mit gelber Spitze kommt in ganz Afrika südlich der Sahara vor.

Möwen waren ursprünglich an Sümpfen, Ufern, auf Inseln und Klippen heimisch. Mittlerweile erkunden viele Arten aber unerschrocken und opportunistisch verschiedene menschliche Lebensräume, finden Nahrung auf Müllhalden oder suchen selbst in belebten Städten nach Essensresten. Ein Möwenschwarm hinter einem Pflug ist seit Langem ein vertrauter Anblick und die dreisten Möwen am Strand werden immer unverfrorener. In jüngster Zeit brüten Arten wie die Silbermöwe (*Larus argentatus*) zunehmend auf Flachdächern, nicht nur in Küstenstädten, auch weit landeinwärts. Andere, wie die Aztekenmöwe (*Leucophaeus atricilla*) in Nordamerika und die Silberkopfmöwe (*Chroicocephalus novaehollandiae*) in Australasien, sind fest an ihre ursprünglichen Brutgebiete wie Sümpfe und Inseln gebunden.

Seltene und räumlich beschränkte Arten

Einige Möwen sind häufig und vertraut, andere seltener und besonders an abgelegene Orte gebunden. Die Rosenmöwe (*Rhodostethia rosea*) z. B. taucht nur selten südlich der Arktis auf, die Elfenbeinmöwe (*Pagophila eburnea*) überlebt die rauen arktischen Bedingungen nur, indem sie alles frisst, was sie finden kann, einschließlich Nachgeburten von Robben und Kadavern von Meeressäugern oder Fischen. Auf den Galapagosinseln lebt die Gabelschwanzmöwe (*Creagrus furcatus*), eine elegante tropische Art mit rußgrauer Haube und rotem Augenring. Möwen lassen sich anhand ihrer unterschiedlichen Bein-, Schnabel- und Augenringfarben auseinanderhalten, die Identifizierung wird aber durch die lange Juvenilphase von teils drei oder vier Jahren erschwert, in der sich erst allmählich das Erwachsenengefieder ausbildet.

Die Rettung des Tages

Bei ihrem unsteten Flug über Nahrungsgründe sind Möwen am blauen Himmel weithin sichtbar. Das machen sich Fischer zunutze und folgen ihnen, um Fischschwärme nahe der Wasseroberfläche zu lokalisieren. Möwen allgemein und speziell die Feenseeschwalbe (*Gygis alba*) werden auch »Freunde der Seefahrer« genannt, weil ihnen bekanntermaßen schon müde oder verirrte Seeleute zurück an Land gefolgt sind. Im Jahr 1955 wurde die Kalifornienmöwe (*Larus californicus*) zum Staatsvogel von Utah (USA) erklärt – als verspätete Ehre, weil 1848 Tausende dieser Möwen eine Grillenplage auffraßen, die die lokalen Ernten zu vernichten drohte.

Viele Möwenarten sind Zugvögel und die Küstenseeschwalbe (*Sterna paradisaea*) gilt als der Vogel, der am meisten Tageslicht zu sehen bekommt, weil sie zwischen ihren arktischen Brutgebieten und den antarktischen Nahrungsgründen hin- und herzieht. Seeschwalben wie die Brandseeschwalbe (*Thalasseus sandvicensis*) sind Sturztaucher, d.h., sie rütteln in der Luft über dem Wasser und stürzen sich zum Fischfang ins Meer. Das macht am Meer auch die Flussseeschwalbe (*S. hirundo*), an Süßgewässern stippt sie jedoch nur ins Wasser, genau wie die Sumpfseeschwalben. Dies sind kleinere Vögel ohne die langen äußeren Schwanzfedern, die für die meisten Seeschwalben typisch sind. Zu ihnen gehört die an Binnengewässern brütende Trauerseeschwalbe (*Chlidonias niger*).

▼ Auf Nahrungssuche
Dieser dichte Schwarm Dreizehenmöwen (*Rissa tridactyla*) passiert beim Abflug zum Fischfang im Meer in Spitzbergen (Norwegen) eine spektakuläre Eisklippe.

EIERLAUF DER RAPA NUI

In der Mythologie des Volkes der Rapa Nui auf der Osterinsel war Makemake ein Schöpfergott. Dargestellt wurde er oft als männliche Gestalt mit Vogelkopf, die ein Ei trägt, identifiziert als Rußseeschwalbe (*Onychoprion fuscatus*). Der Mythos erzählt von einem jährlichen Wettlauf um das erste Ei der Saison. Der Gewinner hatte für das kommende Jahr die Macht.

STEINRELIEF AUS DEM 18. JH.

See- und Lappentaucher

Gaviidae, Podicipedidae

Ordnungen Gaviiformes, Podicipediformes

Familien 2

Arten Mehr als 20

Länge 21–97 cm

Verbreitung Weltweit, außer in der Antarktis

Diese anmutigen Wasservögel beeindrucken mit ihrem schönen Brutkleid und dem extravagantem Balzverhalten. Unter Wasser sind sie äußerst geschickte Jäger.

Überall auf der Welt trifft man mit hoher Wahrscheinlichkeit auf dem örtlichen See eine Population von Haubentauchern an. Seetaucher kommen dagegen ausschließlich in der nördlichen Hemisphäre vor und sind der Inbegriff von Wildnis. Mit dem stimmungsvollen Ruf des Eistauchers (*Gavia immer*) wird in Filmen häufig ein Gefühl von Atmosphäre oder Spannung erzeugt, selbst wenn diese nicht in seiner Heimat spielen.

Traditionell wurden See- und Lappentaucher als eng miteinander verwandt angesehen und in einer Ordnung (»Taucher«) zusammengefasst. Genetische Analysen konnten dies nicht bestätigen: Sie haben lediglich ähnliche anatomische Merkmale gemeinsam, wie einen stromlinienförmigen Körper und große Füße zum Tauchen nach Fischen, Wasserinsekten und bisweilen Amphibien. Unabhängig davon sind beide geschickte Nestbauer, wobei die Lappentaucher Schwimmnester aus totem und verrottendem Pflanzenmaterial bauen, während Seetaucher aus dem gleichen Material im Flachwasser große

◄ Gegenseitige Verneigung
Als Teil ihres umfangreichen Balzrituals schwimmen Haubentaucher (*Podiceps cristatus*) langsam und lautlos aufeinander zu. Es folgen verschiedene Tanzbewegungen, flaches Eintauchen und Paarungsrufe.

Die üppige Haube aus langen, orange-schwarzen Federn wird während der Balz aufgerichtet.

Zum synchronisierten Balztanz gehören auch Kopfschütteln sowie rhythmisches Heben und Senken des Kopfes.

Plattformen errichten. Im Winter wechseln viele Arten vom Süßwasser ans Meer und sind dann vor Küsten und in Buchten anzutreffen.

Beide Gruppen ändern zwischen den Jahreszeiten ihr Gefieder drastisch. Im Winter tragen die meisten Arten gedeckte Töne wie Schwarz, Grau, Braun oder Weiß, im Sommer sehen sie viel auffälliger aus. Lappentaucher bestechen dann durch kunstvolles Kopfgefieder und ihre leuchtende Färbung.

Sagenhafte Seetaucher

In der Kultur der indigenen Völker Nordamerikas spielen Seetaucher eine wichtige Rolle. Sie kommen z.B. in Schöpfungsgeschichten der Sioux vor. Darin gehören die hier *loons* genannten Seetaucher zu jenen Tieren, die auf den Meeresboden tauchten und Erde heraufholten, um Land zu schaffen. Heute nennen die Kanadier ihre 1-Dollar-Münze liebevoll »Loonie«, weil die Rückseite einen Eistaucher zeigt.

▲ **Ausgezeichnete Schwimmer**
Wie diese Illustration von 1834 zeigt, sitzen die Beine des Sterntauchers (*G. stellata*) weit hinten am Körper. Das macht ihn zu einem exzellenten Schwimmer. Außerhalb des Wassers bewegt er sich eher unbeholfen.

Die Knochen der Lappentaucher sind weniger hohl, dadurch können sie besser tauchen.

Wassertaxi
Ein Eistaucher nimmt sein Küken im Wasser »huckepack« ins Gefieder – hier ist es sicher vor Feinden und wird gewärmt.

PRACHTTAUCHER
Gavia arctica
Diese Art kann bis zu 6 m tief tauchen. Sie brütet in arktischen und subarktischen Regionen ganz Eurasiens und überwintert in geschützten Küstenregionen.

ZWERGTAUCHER
Tachybaptus ruficollis
Der Zwergtaucher ist in ganz Europa, Afrika und Asien heimisch. Die sieben Unterarten unterscheiden sich in Größe, Gefieder und Augenfarbe.

TITICACATAUCHER
Rollandia microptera
Diese kurzflügelige, flugunfähige Art kommt hauptsächlich am Titicacasee an der Grenze von Peru und Bolivien vor. Die Vögel sind hervorragende Taucher.

◄ Schneller Watschelgang
Im zeitigen Frühjahr watscheln Adeliepinguine 30 km oder mehr über das Eis zu ihren Nestern. Im Schnitt legen sie dabei stündlich 5 km zurück.

Die kräftigen Krallen verschaffen Halt auf dem Eis.

Die ausgestreckten Flügel helfen ihnen, auf der rutschigen Eisdecke das Gleichgewicht zu halten.

Ordnung Sphenisciformes

Familien 1

Arten Mehr als 10

Höhe
40–115 cm

Verbreitung
Antarktis, Südwestafrika, Südamerika, Australasien, Südpazifische Inseln

> »Beim Anblick eines Pinguins kann man nicht erzürnt sein.«
>
> JOHN RUSKIN, Brief an den amerikanischen Gelehrten Charles Eliot Norton, 1860

Pinguine

Spheniscidae

Das Rückengefieder changiert von schiefergrau bis blau. Deshalb werden Zwergpinguine in ihrer Heimat bisweilen *»blue penguins«* genannt.

▲ Südseestudie
Skizze eines Zwergpinguins (*Eudyptula minor*) aus dem Jahr 1733 von George Forster. Wie der Name schon andeutet, handelt es sich um die kleinste Pinguinart.

Pinguine sind flugunfähig und leben in kalten marinen Lebensräumen. Sie sind besser als alle anderen Vögel an ein Leben im Meer angepasst: Ihre Flügel dienen als Flossen, mit denen sie quasi durchs Wasser fliegen.

Wegen ihres typischen Watschelgangs und der flauschigen Küken sind Pinguine außerordentlich beliebt. Als sehr gesellige Vögel versammeln sich viele Arten zu großen Brutkolonien. Sie leben fast ausschließlich auf der Südhalbkugel und sind an extrem kalte Lebensräume angepasst – im antarktischen Winter sinken die Temperaturen auf bis zu -60 °C. Nur der Galapagospinguin (*Spheniscus mendiculus*) brütet am Äquator, wo der kalte Humboldtstrom nährstoffreiches Wasser aus dem Südlichen Ozean zu den Inseln bringt.

◄ Leben auf dem Eis
Nachdem das Kaiserpinguin-Männchen 8–9 Wochen lang das Ei auf seinen Füßen ausgebrütet hat, gesellt sich das Weibchen hinzu und versorgt das hungrige Küken mit Nahrung.

Die meiste Zeit ihres Lebens verbringen Pinguine auf dem Meer. Lediglich zum Brüten oder zur Mauser kommen sie an Land. Um in der Kälte zu überleben, haben sie eine dicke, isolierende Körperfettschicht und ein dichtes, gleichmäßig über den Körper verteiltes Gefieder, was für eine bessere Isolierung und Wasserdichtigkeit sorgt. Die Federn werden jährlich durch eine Vollmauser ersetzt, bei der neue Federn wachsen und alle alten auf einmal abgestoßen werden.

Der gesamte Vorgang dauert etwa 3–4 Wochen. Erst wenn das neue, wasserdichte Gefieder gewachsen ist, kann sich der Pinguin wieder zur Nahrungssuche ins Meer begeben.

KÖRPER WARM, FÜSSE KALT

Das spezielle Gegenstrom-Kreislaufsystem von Pinguinen sorgt dafür, dass weniger Wärme über die Extremitäten verloren geht und die Körperwärme erhalten bleibt. Warmes Blut fließt zum Fuß und überträgt dort Wärme auf das kalte Blut, das in den Körper zurückfließt. Dadurch bleibt der Fuß kühl, der Körperkern warm.

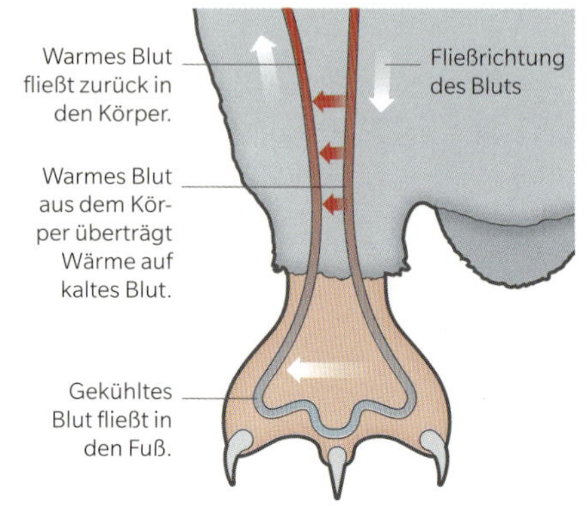

GEGENSTROMSYSTEM

Riesige Kolonien

Kaiserpinguine (*Aptenodytes forsteri*) brüten in großen Kolonien auf dem Eis der Antarktis. Jedes Paar legt ein einziges Ei, das das Männchen während des harten Winters alleine ausbrütet. Die meisten anderen Pinguinarten legen zwei Eier. Bei den Schopfpinguinen (*Eudyptes* spp.) schlüpft nur aus dem viel größeren zweiten Ei ein Küken. Wissenschaftler führen das darauf zurück, dass sich das erste Ei entwickelt, während das Weibchen noch auf See ist. Adeliepinguine (*Pygoscelis adeliae*) bilden Kolonien mit bis zu 1 Mio. Brutpaaren. Wie Eselspinguine (*P. papua*) und Kehlstreif- oder Zügelpinguine (*P. antarcticus*) brüten sie in der Antarktis auf eisfreien Flächen. Dort bauen sie erhöhte Kieselsteinnester, in denen die Eier vor schmelzendem Schnee geschützt sind Sie sind bekannt dafür, Kieselsteine aus anderen Nestern zu stehlen oder sogar das verlassene Nest eines Artgenossen zu übernehmen.

Bei Königspinguinen (*A. patagonicus*) dauert die Aufzucht eines Kükens über ein Jahr. Häufig ziehen sie in einem Zeitraum von drei Jahren zwei Küken auf. Aus diesem Grund sieht man

Gegen die Kälte haben Pinguine zur Isolation eine bis zu 3 cm dicke Fettschicht.

◄ Waldbrüter
Dickschnabelpinguine (*Eudyptes pachyrhynchus*) kehren vom Meer zu ihren Nisthöhlen zurück. Diese haben sie im Küstenwald auf der Südinsel Neuseelands in den Waldboden gegraben.

FELSENPINGUIN
Eudyptes chrysocome
Diese Schopfpinguin-Art nistet hauptsächlich hoch oben an felsigen Steilhängen. Dazu müssen die Vögel mit der Brandung ans felsige Ufer springen und dann hüpfend nach oben gelangen.

HUMBOLDTPINGUIN
Spheniscus humboldti
Diese Art brütet entlang der Westküste Südamerikas in Wüsten nahe des kalten Humboldtstroms. Die nackten Hautstellen sorgen dafür, dass die Vögel im Sommer nicht überhitzen.

BRILLENPINGUIN
Spheniscus demersus
Dies ist die einzige afrikanische Pinguin-Art mit Brutkolonien an den Küsten im südwestlichen Afrika (in Namibia und Südafrika). Sie ist als vom Aussterben bedroht eingestuft.

in ihren Kolonien gewöhnlich viele flauschige braune Küken unterschiedlichen Alters. Diese ersten braunen Federn sind nicht wasserabweisend und müssen gemausert und ersetzt werden, damit die Küken selbst im Meer jagen können.

Viele Küken schließen sich im Alter von 3–4 Wochen »Krippen« an. Dort werden sie von einigen erwachsenen Vögeln bewacht, und beide Eltern können sich auf die Jagd nach Nahrung für sich und ihre Küken begeben. Dazu muss das Küken aber erst seine Körpertemperatur selbstständig regulieren und die Eltern ihre Küken an deren Rufen erkennen können.

Ausgezeichnete Schwimmer

Mit ihrem stromlinienförmigen Körper und den Schwimmhäuten sind Pinguine schnelle Schwimmer. Zudem haben sie von allen Vögeln die höchste Knochendichte und können daher auf der Suche nach Fischen, Krill und Kopffüßern besonders tief tauchen. Ein Kaiserpinguin erreichte bei einem Tauchgang die unglaubliche Tiefe von 565 m. Ihre Flügelknochen sind abgeflacht und die Gelenke verschmolzen und bilden steife, vom Körper abstehende Paddel – als Balancierhilfe an Land und Antrieb unter Wasser. Viele Pinguin-Arten schnellen zum Atmen delfinähnlich aus dem Wasser. Diese sehr schnelle Fortbewegungsweise zeigen sie oft in Kolonienähe, wo die Bedrohung durch Feinde wie Seeleoparden am größten ist.

▲ Im Kopfsprung
Ein Eselspinguin springt von einer Eisscholle. Diese Pinguine verbringen oft den ganzen Tag auf der Jagd nach Krill. Mit einer Geschwindigkeit von 36 km/h sind sie die schnellsten Vögel unter Wasser.

Die breiten orangen Streifen des Einbands sind ein Hinweis, dass es sich bei dem Taschenbuch um einen Roman handelt.

◄ Pinguin als Logo
Wegen ihrer großen Beliebtheit tauchen Pinguine häufig in vielerlei Kontexten auf, so z. B. als Logo von Penguin Books. Das erste Logo wurde 1935 entworfen und seitdem mehrere Male umgestaltet.

Tauchgang zum Beutefang
Diese Eselspinguine tauchen im kalten Wasser des Südlichen Ozeans (Südpolarmeers) nach Beute wie Krill, kleinen Fischen, Oktopussen oder Kalmaren. Eselspinguine sind unter Wasser die schnellsten aller Pinguine. Antrieb verschaffen sie sich durch weit ausholende Schläge ihre steifen Flügel, zum Steuern nutzen sie ihre Füße.

Albatrosse

Diomedeidae

Albatrosse segeln monatelang über die weiten, windgepeitschten Ozeane der Südhalbkugel und gelten daher als Symbol der Freiheit. Mit ihren ausgesprochen langen Flügeln gehören einige von ihnen zu größten flugfähigen Vögeln der Welt.

Ordnung Procellariiformes

Familien 1

Arten Mehr als 20

Länge
75 cm–1,35 m

Verbreitung
Südamerika, Afrika, Australasien, Antarktis, Südlicher Ozean

Ähnlich wie Pinguine, Flamingos und Tukane wirken Albatrosse anziehend auf viele Menschen, die sie nie in der Natur sehen werden. Ihr Charisma verdanken sie ihrer Größe, ihren ausladenden Flügeln, ihrer lebenslangen Paarbindung sowie ihrer Fähigkeit, frei über die Meere zu segeln. An Land kommen sie nur zum Brüten und können bei einer einzigen Reise bis zu 16 000 km zurücklegen, indem sie ihre Flügel steif ausgebreitet halten und aufsteigende Luftströme über brechenden Wellen ausnutzen.

▲ Perfektes Design
Der schwere Tasmanalbatros (*Thalassarche cauta*) ist untersetzt, aber dennoch stromlinienförmig. Seine langen, schmalen Flügel sind ideal für den dynamischen Segelflug auf vielschichtigen Luftströmungen über den Wellen.

Manche Albatrosse brüten bedingt durch ihre Größe und ihre langen Brutzeiten nur alle zwei Jahre und legen nur jeweils ein einziges Ei. Diese Einschränkungen bei der Fortpflanzung werden jedoch durch ihre hohe Lebenserwartung von oft weit über 50 Jahren kompensiert.

Der Wanderalbatros (*Diomedea exulans*) nistet auf antarktischen und subantarktischen Inseln. Paare bebrüten ihr Ei bemerkenswerte 78 Tage lang. Das Küken kann frühestens nach neun Monaten fliegen, sodass jedes Elternteil das Nest für 10–20 Tage verlässt, um Nahrung wie Kopffüßer, Fische und Quallen herbeizuschaffen. Sobald die jungen Albatrosse flügge sind, müssen sie sich selbst versorgen. Erst nach frühestens 10 Jahren brüten die Vögel dann zum ersten Mal.

Albatrosse haben einen erstaunlichen Geruchssinn und können ausgezeichnet navigieren. Problemlos finden sie zu ihrer kleinen Inselkolonie zurück. Seeleute glaubten lange Zeit, Albatrosse könnten ihnen dabei helfen, gefährlichen Wetterbedingungen zu entkommen. Sie wurden zu einem Glückssymbol und die Sichtung eines Albatrosses auf See galt als Indikator für eine sichere Reise. Man glaubte sogar, dass Albatrosse die Seelen toter Seeleute verkörpern und man ihnen deshalb keinen Schaden zufügen sollte. Erst durch das Gedicht »Die Ballade vom alten Seemann« von Samuel Taylor Coleridge im späten 18. Jh. wurden sie mit

Verfluchtes Schiff
Coleridges Ballade erzählt von einem Schiff, das verflucht wird, als ein Seemann einen Albatros tötet. Der tote Vogel um seinen Hals ist ein Motiv für Reue.

Albatrosse ernähren sich hauptsächlich von Tintenfischen und kleinen Fischen.

Bedauern und Unglück assoziiert. Wegen ihrer unglaublichen Flügelspannweite werden Albatrosse auch mit Macht in Verbindung gebracht. Der Familienname Diomedeidae leitet sich von Diomedes ab, einem Helden der griechischen Mythologie und Kommandanten von 80 Schiffen. In einer Geschichte werden seine Gefährten auf einer Reise von Argos in Vögel verwandelt.

Stippvisite im Norden

Die meisten Albatrosse bleiben im Süden, nur wenige dringen in äquatoriale Regionen mit ruhiger Luft vor. Manche haben sehr zur Freude vieler Vogelbeobachter sogar die Kolonien der Basstölpel (*Morus bassanus*) im Nordatlantik und in der Nordsee besucht – gewöhnlich durch schwere Stürme vom Kurs abgebracht folgten sie den Passatwinden in die nördliche Hemisphäre. Viele Albatros-Kolonien wurden drastisch dezimiert, weil die Vögel die Köder an den Haken von Langleinenfischern verschluckten. Die Bestände mancher Arten, z. B. des Schwarzbrauenalbatrosses (*Thalassarche melanophris*), nehmen hingegen aufgrund von Schutzmaßnahmen wieder zu.

▲ **Neugierige Nachbarn**
Der Schwarzbrauenalbatros baut sein schalenförmiges Nest inmitten anderer Vogelkolonien auf Küstenklippen. Obwohl die benachbarten Pinguine kaum eine Bedrohung darstellen, scheucht der Albatros sie von seinem Ei weg.

WANDERALBATROS
Diomedea exulans
Mit der größten Flügelspannweite aller heutigen Vögel von bis zu 3,6 m kann der Wanderalbatros mit geringem Energieaufwand Tausende von Kilometern zurücklegen.

GALAPAGOSALBATROS
Phoebastria irrorata
Dieser ungewöhnliche tropische Albatros nistet auf den Galapagosinseln am Äquator und fängt seine Beute, Fische und Kopffüßer, häufig bei Nacht.

Sturmschwalben, Wellenläufer, Sturmvögel

Oceanitidae, Hydrobatidae, Procellariidae

Ordnung Procellariiformes
Familien 3
Arten Mehr als 100
Länge 16–93 cm
Verbreitung Weltweit

Wie die verwandten Albatrosse sind auch diese Seevögel Reisende zur See, die sich von ihrer »Nase« ebenso leiten lassen wie von ihren Augen. An Land werden sie zu leichter Beute für Ratten und andere Räuber.

Außerhalb der Brutzeit legen die Vertreter der drei Familien große Entfernungen über die Weltmeere zurück. Mit ihrem scharfen Geruchssinn, den die röhrenförmigen Nasenlöcher noch verstärken, finden sie im Wasser treibendes Aas und andere Nahrung sowie auch den Weg zurück zu ihren Brutplätzen an Küsten und Inseln. Sturmtaucher und Hakensturmtaucher fliegen mit ihren langen, schmalen Flügeln mit kräftigen, sensenartigen Bewegungen, während die kleinen Wellenläufer mit ihren breiteren Flügeln flattern, ihre langen Beine baumeln lassen und mit ihren Schwimmhäuten aufs Wasser patschen. Lummensturmvögel ähneln eher Alkenvögeln und verhalten sich auch so: Sie schnappen ihre Nahrung nicht an der Oberfläche, sondern tauchend.

Der Name Procellariiformes leitet sich von lateinisch *procella* für »wütender Sturm« ab – selbst die kleinsten Arten dieser Ordnung können mit schwerem Wetter auf See umgehen. Dementsprechend nennen die englischen Seefahrer den zierlichen Sturmwellenläufer (*Hydrobates pelagicus*) »Mutter Careys Huhn«. Mutter Carey war in den Seefahrergeschichten des 18. und 19. Jh. eine Schiffe versenkende Meerhexe. Die stämmigen, eher möwenartigen Riesensturmvögel der Antarktis werden manchmal »Mutter Careys Gänse« genannt.

Sturmtaucher und Wellenläufer können sehr gut fliegen und schwimmen, sind an Land aber unbeholfen, weil sie ihre Fußgelenke nicht anheben können, und fallen oft Räubern wie Möwen zum Opfer. Deshalb nisten die meisten kleineren Arten in Höhlen und suchen ihre Kolonien nachts auf, um diesen Jägern zu entgehen. Gegen Raubsäuger sind sie fast wehrlos. Die Ankunft von Ratten auf ihren Inseln wirkte sich verheerend aus: 15 Arten sind vom Aussterben bedroht. Daher werden zu ihrem Schutz v. a. nichtheimische Säuger auf den Inseln bekämpft.

Sturmtief
Diese Illustration von 1877 zeigt Wellenläufer, die als Seelen von Seemännern neben der Sturm heraufbeschwörenden Meerhexe Mutter Carey fliegen.

Das tasmanische Volk der Palawa jagt Sturmtaucher wegen ihres Fleischs und Öls schon seit mindestens 8000 Jahren.

◄ Start mit Anlauf
Die langen, schmalen Flügel des Dunkelsturmtauchers (*Ardenna grisea*) sind für den Gleitflug auf seiner 64 000 km langen Wanderung ideal geeignet. Um vom Wasser aus abzuheben, muss er jedoch Anlauf auf der Wasseroberfläche nehmen.

◄ Eissturmvögel in Ekstase
Eissturmvögel (*Fulmarus glacialis*) fliegen die meiste Zeit allein umher, aber an besonders ergiebigen Nahrungsquellen, wie einem im Wasser treibenden Walkadaver, versammeln sie sich in großer Zahl.

RIESENSTURMVOGEL
Macronectes giganteus
Mit einer Länge von bis zu 1 m hat dieser antarktische Sturmvogel von Raubtieren wenig zu befürchten, ist aber selbst ein kraftvoller, aggressiver Jäger von anderen Seevögeln.

SCHNEESTURMVOGEL
Pagodroma nivea
Dieser rein weiße Seevogel nistet weit im Landesinneren der Antarktis. Er ist einer von nur drei Vogelarten, die am geografischen Südpol dokumentiert wurden.

BUNTFUSS-STURMSCHWALBE
Oceanites oceanicus
Diese kleine Sturmschwalbe brütet auf subantarktischen Inseln und an den Küsten der Antarktis, wandert aber außerhalb der Brutzeit viel weiter nach Norden.

▲ Im Segelflug
Der Sattelstorch kann in Gefangenschaft eine Höhe von mehr als 1,5 m erreichen und ist damit eine der größten Storchenarten. Er lebt überall im tropischen Afrika.

Störche

Ciconiidae

Störche sind leicht an ihren langen Beinen, dem markanten, kräftigen Schnabel und dem auffälligen Federkleid zu erkennen. Die großen Vögel gelten seit Langem als Glückssymbol und sind Quelle vieler Mythen.

Ordnung Ciconiiformes

Familien 1

Arten 20

Länge
68–152 cm

Verbreitung Weltweit, außer in der Antarktis

Störche sind große, langbeinige Vögel, die in Feuchtgebieten wie Sümpfen und Marschen oder in offenem Grasland leben. Mit ihren langen, schweren Schnäbeln sind sie besonders eindrucksvoll. Den größten Schnabel hat mit fast 35 cm Länge der Marabu oder Afrika-Marabu (*Leptoptilos crumenifer*). Die meisten haben ein schwarz-weißes Gefieder, manche auch einige graue oder rosa Federn. Der Glanzklaffschnabel (*Anastomus lamelligerus*) weist ungewöhnlich lange, bandartige Federn auf, die grünlich schimmern. Bei den meisten Arten sehen Männchen und Weibchen identisch aus, aber beim weiblichen Sattelstorch (*Ephippiorhynchus senegalensis*) ist die Iris (Regenbogenhaut) gelb, beim Männchen braun. Viele Arten haben am Kopf unbefiederte, zur Brutzeit lebhafter gefärbte Stellen. Beim Abdimstorch (*Ciconia abdimii*) wird die Haut vor den Augen dann rot und am Schnabelgrund leuchtend blau. Die kahle Haut am Kopf des Marabus und des Argalamarabus (*L. dubius*) dient indessen einem anderen Zweck: Beim Fressen an Kadavern können keine Federn verkleben.

Rätsel des Vogelzugs gelöst

Eine der bemerkenswertesten Erkenntnisse über den Vogelzug gewann man durch die Beobachtung eines verletzten Storchs. 1822 fiel in einem

Mit den langen breiten Flügeln und weit ausladenden Flügelschlägen kann der Storch schnell abheben und mühelos in der Thermik segeln.

➤ Mysterium im Wald
Diese fantasievolle Jugendstil-Illustration von Otto Eckmann für die Titelseite einer deutschen Zeitschrift von 1898 zeigt eine Gruppe von verwirrten Buntstörchen (*Mycteria leucocephala*), die sich im Wald um ein Ei versammelt haben.

Manche Störche koten auf ihre Beine und verschaffen sich durch Verdunstung der Exkremente Kühlung.

deutschen Dorf ein Weißstorch (*C. ciconia*) auf, dem ein 75 cm langer Speer im Hals steckte. Bis zu diesem Zeitpunkt waren sich Naturforscher nicht sicher, wohin einige Vogelarten im Winter verschwinden. Sie hatten sogar überlegt, ob bestimmte Arten unter der Erde Winterschlaf halten. Der Speer war aus dunklem Holz afrikanischer Herkunft gefertigt und damit der erste Beweis für den Vogelzug zwischen Europa und Afrika. In den Folgejahren wurden mindestens 25 »Pfeilstörche« in Deutschland gesichtet.

Weißstörche folgen zwei Zugrouten nach Afrika: Die eine überquert das Mittelmeer bei Gibraltar, die andere den Bosporus in der Türkei. Die meisten Störche fliegen wie Kraniche mit ausgestrecktem Hals, nur die drei Marabu-Arten krümmen ihn S-förmig wie Reiher. Mit ihren langen, breiten Flügeln können Störche gut in der Thermik aufsteigen und mühelos große Entfernungen zurücklegen. Der Anblick von Tausenden ziehender Weißstörche ist unvergesslich.

Die Marabu-Arten besitzen einen aufblasbaren Kehlsack und einen weiteren, kleineren im Nacken. Das Aufblasen des Kehlsacks zeigt Dominanz, ein aufgeblähter Hautsack im Nacken signalisiert Angst. Bei der Balz werden manchmal beide aufgeblasen. Der Kehlsack ist mit dem

Unartige Babys werden im Schnabel getragen, artige dagegen in einem Stoffbündel oder Korb.

▲ Baby im Anflug
Der Mythos, dass Weißstörche die Babys bringen, hat seinen Ursprung im antiken Griechenland, wurde aber erst durch ein Märchen von Hans Christian Andersen aus dem Jahr 1839 weithin bekannt.

▲ Willkommene Rückkehr
Weil Weißstörche angeblich Glück bringen, werden ihnen in Europa sogar Nisthilfen auf Gebäuden angeboten. Hier beobachtet ein Jungvogel, wie seine Eltern nach Rückkehr eines Elternteils zum Nest zur Begrüßung ihre Köpfe zurückwerfen und mit den Schnäbeln klappern.

linken Nasenloch verbunden und erzeugt bei der Balz ein gutturales Krächzen. Außerdem trägt er zur Kühlung der Vögel bei.

Trautes Heim

Die meisten Störche brüten in Kolonien auf Bäumen, häufig zusammen mit anderen Storchen-Arten, manchmal auch mit Reihern, Ibissen oder Kormoranen. Maguaristörche (*C. maguari*) nisten im Schilf am Boden, Abdimstörche und Sunda-Marabus (*L. javanicus*) auf Klippen und Felsen. Der Sattel- und der Jabirustorch bauen ihre Nester einzeln und bleiben im Gegensatz zu den meisten anderen Störchen auch nach dem Brüten meist als Paar zusammen. Die Nester werden gewöhnlich aus Zweigen errichtet. Der Weißstorch nutzt sein Nest mehrfach und bessert es jedes Jahr mit weiteren Zweigen aus. Dadurch kann ein solches Nest gut und gern 3 m hoch werden. Weil bei Störchen die Syrinx (der Stimmkopf) nicht voll entwickelt ist, können sie nur krächzen, zischen und pfeifen. Überwiegend kommunizieren sie aber durch Schnabelklappern. Die meisten schlagen dazu Ober- und Unterschnabel aufeinander, die Klaffschnäbel schlagen gegen den Schnabel ihres Partners.

Da man im alten Griechenland annahm, junge Störche würden ihre alten Eltern versorgen, steht

»In Thessalien gilt das Töten eines Storchs als Schwerverbrechen.«

PLINIUS DER ÄLTERE, *Naturalis Historia*, 77 n. Chr.

GLANZKLAFFSCHNABEL
Anastomus lamelligerus
Junge Klaffschnäbel haben wie andere Störche einen geraden Schnabel. Der typische gebogene Spalt entwickelt sich erst im Laufe mehrerer Jahre.

ARGALAMARABU
Leptoptilos dubius
Der Bestand dieser einst stark gefährdeten, großen Art aus Nordindien und Kambodscha hat sich dank Artenschutzmaßnahmen wieder erholt.

JABIRUSTORCH
Jabiru mycteria
Mit einer Flügelspannweite von rund 2,8 m wird der Jabiru in Südamerika lediglich vom Andenkondor (*Vultur gryphus*) übertroffen.

der Storch in der Heraldik für Fürsorgepflicht und Dankbarkeit. Nach einem traditionellen Ritual der Vogeljäger von Bihar (Indien) musste ein junger Mann, um heiraten zu dürfen, zuerst mit einer Leimrute einen Riesenstorch (*E. asiaticus*) lebendig fangen. Nach einem tödlichen Zwischenfall wurde das Ritual in den 1920er-Jahren eingestellt. In Westafrika werden Teile des Marabus wie die Luftsäcke und Eingeweide in Heilmitteln gegen Rheuma, Gedächtnisverlust und andere Beschwerden verwendet.

Blitzschnelles Zuschnappen

Das breite Nahrungsspektrum von Störchen reicht von Insekten, Fischen, Amphibien und Reptilien bis zu Kleinsäugern. Marabu und Argalamarabu fressen überwiegend Aas, der Abdimstorch v. a. Insekten, Klaffschnäbel bevorzugen große Wasserschnecken. Störche der Gattung *Mycteria* (Nimmersatte) haben einen abwärts gekrümmten Schnabel mit empfindlicher Spitze. Sie öffnen den Schnabel leicht und ertasten so in 15–25 cm tiefem Wasser nicht sichtbare Beute. Berührt ein Fisch die Schnabelspitze, schnappen sie blitzschnell zu. Die durchschnittliche Reaktionszeit beträgt dabei beim Waldstorch (*M. americana*) 25 Millisekunden – das ist einer der schnellsten Reflexe von Wirbeltieren.

Das **Durchschnittsgewicht** eines Weißstorch-**Nests** liegt bei etwa **400 kg,** es gibt aber auch mehr als **1 t** schwere.

➤ Kolonie am Seeufer
Die Feuchtgebiete des Sultanpur-Nationalparks im Norden Indiens locken mit ihren zahlreichen Fischen und Fröschen sowie geeigneten Nistbäumen Kolonien von Buntstörchen (*Mycteria leucocephala*) an.

Fregattvögel

Fregatidae

Ihre extrem schlanken, lang zugespitzten, abgewinkelten Flügel und der tief gegabelte Schwanz verleihen Fregattvögeln ein fast prähistorisches Aussehen.

Intarsien aus Perlmutt und Nautilusschalen bilden ein aufwendiges Muster.

▲ Zeremonien-Schale
Diese geschnitzte Holzschale in Form eines Fregattvogels aus dem frühen 20. Jh. wurde auf den Salomon-Inseln im Südpazifik möglicherweise bei Initiationsriten und Festen verwendet.

Die eng ans Meer gebundenen Fregattvögel können sich erstaunlicherweise nicht auf der Wasseroberfläche niederlassen. Ihr Gefieder ist nicht wasserdicht und ihre Füße und Beine sind so schwach, dass sie sich weder von der Oberfläche abstoßen noch auf dem Wasser Anlauf nehmen können, um genug Geschwindigkeit für den Abflug zu gewinnen. Stattdessen verlassen sich Fregattvögel auf ihre exzellenten Flugfähigkeiten und legen unter Nutzung von Windströmungen große Entfernungen über dem Meer zurück. Dabei verbrauchen sie kaum Energie und müssen sich nicht auf dem Wasser ausruhen. Ihre Nahrung erlangen sie im Flug und erbeuten oberflächennah schwimmende Fische und Kopffüßer oder stehlen anderen Seevögeln die Beute.

Die Form ihrer langen, schlanken Flügel ist ideal zum Gleiten über große Strecken und der gegabelte Schwanz kann weit gespreizt oder zu einer Spitze geschlossen werden, um enge Flugmanöver zu erleichtern. Diese Flügel verleihen den Vögeln eine äußerst charismatische und eindrucksvolle Erscheinung und haben schon seit jeher die Aufmerksamkeit von Seefahrern und Entdeckern erregt. Der Name Fregattvogel wird mindestens seit dem 18. Jh. verwendet,

> »Du, geboren, um dich mit dem Sturm zu messen, (hast alle Flügel,) um Himmel und Erde, Meer und Orkan gewachsen zu sein.«
>
> WALT WHITMAN, »To the Man-of-War-Bird«, 1876

➤ Überfall auf einen Pelikan
Ein Braunpelikan (*Pelecanus occidentalis*) kann einen Fisch im Nu verschlucken, aber der junge Prachtfregattvogel ist trotz seiner Größe so gewandt, dass er dem Pelikan die Beute aus dem Kehlsack entreißen kann.

Junge Fregattvögel können sich bis zu **6000 km** von der Insel entfernen, auf der sie **geschlüpft sind.**

frühe Seeleute bezeichneten sie auch als »Kriegsvögel« oder auf Alt-Spanisch *rabiforçado* (»Gabelschwanz«).

Kolonien entstehen gewöhnlich auf Inseln mit buschigen Bäumen oder Felsen. Die Männchen präsentieren auf sichtbaren Ansitzen im Gebüsch ihren aufgeblasenen roten Kehlsack und vermitteln auf diese Weise vorbeifliegenden Artgenossen ihre biologische Fitness. Die Weibchen legen nur alle zwei Jahre ein einzelnes Ei, das mehr als 40 Tage bebrütet wird. Größere Arten füttern ihr Küken im Nest bis zu sechs Monate lang. Bis sich Jungvögel selbst fortpflanzen, können weitere zehn Jahre vergehen. Fregattvogel-Kolonien sind sehr anfällig für Störungen, Räuber und die Auswirkungen von Überfischung. Angesichts der geringen Fortpflanzungsrate dieser Vögel erholt sich eine solche Population nur schwer. Dennoch sind Fregattvögel noch relativ leicht zu beobachten, v.a. in der Karibik, wo sie über Häfen segeln, oder um Inselgruppen wie den Seychellen im Indischen Ozean. Oft schnappen sie sich auch ihren Anteil an Fischen, die Fischer an Land ziehen.

Ordnung Suliformes

Familien 1

Arten 5

Länge
75–115 cm

Verbreitung
Nord- und Südamerika, Afrika, Asien, Australasien

➤ Leuchtend roter Ballon
Wie dieser Prachtfregattvogel (*Fregata magnificens*) besitzen alle männlichen Fregattvögel einen Kehlsack, den sie zum Imponieren bei der Balz und der Revierverteidigung aufblasen.

Bei erwachsenen Vögeln ist der Kopf gänzlich schwarz, bei Jungvögeln sind Kopf und Hals überwiegend weiß.

Der schlanke Schnabel mit der Hakenspitze eignet sich hervorragend zum Schnappen von Beute wie Fliegenden Fischen von Wellenkämmen oder von Beutefischen, die andere Vögel fallen lassen.

Der fleischige Kehlsack wird zu einem auffälligen »Ballon« aufgeblasen.

Tölpel

Sulidae

Tölpel gehören zu den größten Seevögeln. Auf der Jagd nach Fischen stürzen sie sich in eindrucksvollen Sturzflügen kopfüber ins Wasser. Ihre lebenslangen Partnerschaften festigen sie durch Balzrituale und Tänze.

Wenn Tölpel mit angelegten Flügen wie ein gefiederter Speer die Wasseroberfläche durchstoßen, sind sie ausgesprochen effiziente Jäger. Durch körperliche Anpassungen wie einen äußerst stromlinienförmigen Körper, im Schnabelinneren liegende Nasenlöcher und eine robuste Nickhaut (drittes Augenlid) zum Schutz der Augen erreichen sie beim Stoßtauchen Geschwindigkeiten von 95 km/h. Alle vier Zehen sind zur Gänze mit Schwimmhäuten verbunden, was die Vögel sowohl unter Wasser als auch an der Oberfläche zu exzellenten Schwimmern macht. Einen gefangenen Fisch schlingen sie schnell im Ganzen hinunter. Das geschieht nicht aus Gier, sondern weil andere Vögel ihnen die Beute streitig machen könnten.

An Land hatten Tölpel wenig zu befürchten, bis der Mensch auf ihren zuvor räuberfreien Brutinseln anlandete, wie etwa im 16. Jh. auf den Galapagosinseln. Für die Bewohner vieler

▲ **Tauchen in Höchstgeschwindigkeit**
Wo es reichlich Fische gibt, tauchen Dutzende von Basstölpeln dicht nebeneinander im Sturzflug ins Wasser – ein riskantes Unterfangen mit Verletzungsgefahr.

Ordnung	Suliformes
Familien	1
Arten	10
Länge	70–95 cm
Verbreitung	Weltweit

Inseln im Pazifik und im Nordatlantik waren Tölpelküken traditionell eine wichtige Nahrungsquelle und auch heute noch werden sie in gewissem Umfang gejagt. Auf den Kokosinseln werden immer noch Rotfußtölpel (*Sula sula*) erlegt und auf der unbewohnten, gefährlich zerklüfteten schottischen Insel Sula Sgeir wird jährlich eine legale Jagd auf Basstölpel (*Morus bassanus*) durchgeführt, wobei die Jäger lediglich einige wenige Jungvögel entnehmen dürfen.

GUANO-ABBAU

Der Guanotölpel (*Sula variegata*) ist ein bedeutender Guanolieferant. Seine Kot-Ablagerungen werden schon lange als wertvoller Dünger abgebaut. In besonderem Umfang geschah dies auf den Inseln an der Pazifikküste Südamerikas im sog. »Guano-Zeitalter« (1802–1884). Ein weiterer wichtiger Guano-Produzent ist der Kaptölpel (*Morus capensis*). In Namibia ist diese Art seit den 1950er-Jahren stark zurückgegangen, nimmt aber in Südafrika zu.

CHINCHA-INSELN (PERU) 1865

Partner fürs Leben

Tölpel können mehr als 30 Jahre alt werden. Alle Arten sind Langstreckenzieher: Außerhalb der Brutzeit entfernen sie sich teilweise Tausende von Kilometern von der Kolonie, in der sie geschlüpft sind, und ziehen dann allein umher. Zum Brüten vereinen sie sich aber alljährlich wieder mit demselben Partner. Bei der Balz schlagen die Paare ihre Schnäbel aneinander, einige Arten präsentieren auch ihre leuchtend gefärbten Füße – ein verlässliches Zeichen für körperliche Gesundheit. Die meisten Arten legen pro Brutversuch jeweils zwei Eier. Häufig überlebt aber nur ein Küken, weil das ältere sein jüngeres Geschwister tötet. Wenn der Nestling flügge wird, ist er schwerer als seine Eltern. Dieses zusätzliche Gewicht dient als Reserve für die Zeit, in der der Jungvogel lernt zu fliegen und für sich selbst zu sorgen.

AUSTRALTÖLPEL
Morus serrator

Diese Art brütet in Australien und Neuseeland. Mittels Attrappen versuchen Artenschützer, wandernde Vögel zu veranlassen, auf neuen Inseln Kolonien zu gründen.

MASKENTÖLPEL
Sula dactylatra

Der größte Tölpel der Welt brütet in dichten Kolonien auf abgelegenen tropischen und subtropischen ozeanischen Inseln und Korallenatollen.

Bei einigen Tölpelarten können die Männchen pfeifen und die Weibchen eher grunzen.

◄ Posieren
Der Balztanz der Blaufußtölpel (*Sula nebouxii*) dient der Paarbindung – und erfreut die Besucher der Galapagosinseln.

Kormorane und Schlangenhalsvögel

Phalacrocoracidae, Anhingidae

Diese urtümlich aussehenden Vögel sind typisch für Lebensräume am Wasser, geschickte Fischfänger und haben eine lange Beziehung zum Menschen.

◄ Gefieder trocknen
Kormoranfedern nehmen Wasser auf und erleichtern dadurch dem Vogel das Tauchen nach Fischen. Dieser Kormoran trocknet am Ufer mit ausgebreiteten Flügeln sein Gefieder.

Ordnung Suliformes

Familien 2

Arten Mehr als 40

Länge
45–100 cm

Verbreitung
Weltweit

Außerhalb des Wassers wirken viele Kormorane oder Scharben etwas unbeholfen, beim Aufspüren von Fischen unter Wasser sind sie aber äußerst geschickt. Angetrieben von ihren Füßen mit Schwimmhäuten können sie zwei Minuten und länger unter Wasser bleiben. Manche Arten wurden in mehr als 60 m Tiefe beobachtet.

Die nahe verwandten Schlangenhalsvögel erhielten ihren Namen, weil ihr Körper beim Schwimmen meist untergetaucht ist und nur der lange, dünne Hals schlangenartig aus dem Wasser ragt. Sie spießen ihre Beute mit ihrem dolchartigen Schnabel auf.

▲ Uralte Fischfangtradition
Ein japanischer Holzschnitt des Künstlers Keisai Eisen aus dem 19. Jh. zeigt Fischer, die auf dem Nagara-Fluss mit Kormoranen Fische fangen. In China, Japan und Peru wird diese Fischfangmethode auch heute noch betrieben.

Zwiespältiges Verhältnis

Ihre Fähigkeiten unter Wasser haben den Kormoranen unter den Menschen Freunde wie auch Feinde eingebracht. In manchen Kulturen gibt es enge Arbeitsbeziehungen mit ihnen, in anderen Gegenden werden sie als unliebsame Konkurrenz und Gefahr für Fischbestände erachtet – man hat schon Schwärme aus Tausenden von Vögeln beim Fang beobachtet. Die Bestände einiger Arten, etwa des Kormorans (*Phalacrocorax carbo*) in Europa, wurden einst bis an den Rand des Aussterbens dezimiert, haben sich jedoch seither erholt. In der Symbolik haben Kormorane weltweit sowohl positive als auch negative Bedeutung: Teils gelten sie als Symbol für Unersättlichkeit, Gier, Unglück und das Böse, aber auch als positives Omen des Glücks, der Hingabe und Zuverlässigkeit.

Wirtschaftlicher Wert

Kormoran-Guano ist wegen seines hohen Gehalts an Kalium, Stickstoff und Phosphat ein ausgezeichneter Dünger. Einst gab es eine Industrie um den weltweiten Export von Guano der Guanoscharbe (*Leucocarbo bougainvillii*) von den Küsten Perus und Chiles. Diese Industrie erreichte im 19. Jh. ihren Höhepunkt, ging aber Anfang des 20. Jh. zurück, als das Haber-Bosch-Verfahren entwickelt wurde, die synthetische Herstellung von Ammoniak durch Extraktion von Stickstoff aus der Luft.

Kormoran leitet sich von lateinisch *corvus marinus* ab und bedeutet »Meerkrähe«.

AFRIKA-SCHLANGENHALSVOGEL
Anhinga rufa
Die Männchen dieser Art sind an Kehle und Hals zweifarbig rötlich gefärbt und haben zur Brutzeit einen Wangenstreif aus verlängerten weißen Federn. Die Art ist in Afrika südlich der Sahara weitverbreitet.

GALAPAGOSSCHARBE
Nannopterum harrisi
Die einzige flugunfähige Art dieser Familie ist auf den Galapagosinseln Fernandina und Isabela endemisch. Die Flügel werden beim Fischfang zum Manövrieren im Wasser eingesetzt.

Teamwork
Bei Einbruch der Dunkelheit fährt ein Fischer mit seinen Kormoranen auf den Li-Fluss im Kreis Yangshuo im Autonomen Gebiet Guangxi (China) hinaus. Damit setzt er die mehr als 1000-jährige Tradition des Fischfangs mit diesen Vögeln fort. Um den Hals der Kormorane bindet er locker ein kurzes Stück Schnur, damit sie große Fische nicht verschlucken können. Diese werden dem Kormoran dann aus dem Schlund genommen. Kleinere darf er hingegen fressen.

Pelikane

Pelecanidae

Die imposanten Pelikane leben an Flüssen, Seen und Küstengewässern und sind erfolgreiche Fischfänger. Mit dem elastischem Hautsack am gewaltigen Schnabel können sie große Mengen auf einmal keschern.

Ordnung
Pelecaniformes

Familien 1

Arten 8

Länge
1,2–1,9 m

Verbreitung
Weltweit, außer in der Antarktis

An Land wirken die kurzbeinigen Pelikane unbeholfen, treiben aber trotz ihres Gewichts elegant auf dem Wasser und sind im Flug ein überwältigender Anblick. Mit ihren stattlichen Flügeln können sie mit der Thermik in große Höhen aufsteigen und dann zu weit entfernten Nahrungsgründen gleiten oder lange Wanderungen unternehmen. Die europäischen Rosapelikane (*Pelecanus onocrotalus*) ziehen nach Ostafrika, wo sie zu Zehntausenden Kolonien bilden. Bei einem Tagesbedarf von 1 kg Fisch oder mehr können sie nur an fischreichen Gewässern leben.

◄ Stattlicher Jäger
Mit 3,5 m Flügelspannweite und dem bis zu 45 cm langen Schnabel ist der Krauskopfpelikan (*Pelecanus crispus*) der größte Wasservogel und braucht entsprechend viel Nahrung. Zum Beutefang treibt er Fischschwärme ins Flachwasser und schöpft sie dort heraus.

Es gibt zwar einige Vögel mit einem dehnbaren, fleischigen Sack zwischen Schnabel und Kehle, aber bei Pelikanen ist er besonders groß und fasst bis zu 13 Liter Wasser. Mit ihrem empfindlichen Schnabel ertasten sie die Fische und schöpfen sie mit dem Hautsack ab. Bevor sie im Ganzen verschluckt werden, lassen sie über den Rand des Unterschnabels das Wasser aus dem Hautsack.

Blutopfer

Alte Legenden, denen zufolge Pelikane in Zeiten der Hungersnot ihre Jungen mit eigenem Blut füttern – oder die Eltern ihr Küken mit ihrem Blut von den Toten zurückholten und sich dabei selbst opferten –, wurden von frühen Christen gerne übernommen. Der Mythos wurde mit den Leiden Jesu verglichen und zum Symbol christlicher Nächstenliebe.

Christliches Symbol
Dieses Mosaik im Kloster Kykkos auf Zypern zeigt die Aufopferung einer Pelikanmutter, die ihre Brust durchbohrt, um ihre Jungen zu füttern.

»... den Freunden will ich weit die Arme öffnen. Und wie der Lebensopfrer Pelikan mit meinem Blut sie tränken.«

WILLIAM SHAKESPEARE, *Hamlet*, um 1600

BRILLENPELIKAN
Pelecanus conspicillatus
Dieser oft erstaunlich zutrauliche Pelikan ist an australischen Stränden und Seen ein vertrauter Anblick. Sobald nach Regenfällen geeignete Bedingungen herrschen, brütet er in Kolonien aus Tausenden Individuen.

BRAUNPELIKAN
Pelecanus occidentalis
Anders als üblich für Pelikane stürzt sich diese mittelgroße amerikanische Art kopfüber in Küstengewässer und überrascht mit dem Aufprall ihre Beutefische, um sie anschließend mit dem Hautsack aufzuschöpfen.

RÖTELPELIKAN
Pelecanus rufescens
Selbst diese kleinere Art hat noch eine Flügelspannweite von bis zu 2,9 m. Sie lebt an Süßwasserseen, Sümpfen und Flüssen in Afrika südlich der Sahara und im Südwesten der Arabischen Halbinsel.

»... der außergewöhnlichste Vogel, den ich seit Jahren gesehen habe.«

JOHN GOULD, *Proceedings of the Zoological Society of London,* 1851

➤ Langsamer Flügelschlag
Auch wenn er kopflastig wirkt, ist der Schuhschnabel ein guter Flieger. Wie Reiher fliegt er mit eingezogenem Hals und kann mit seinen großen Flügeln gut in der Thermik gleiten.

Beim Flug über Wasser und Schilfgürtel schlägt der Schuhschnabel nur langsam mit den breiten Flügeln.

Die langen Beine hängen im Flug nach hinten herab.

Schuhschnäbel

Balaenicipitidae

Der Schuhschnabel ist der einzige Vertreter seiner Familie und hebt sich von allen anderen Vögeln durch den übergroßen, klobigen Schnabel mit Hakenspitze und die großen, hellen Augen ab.

Mit dem riesigen, holzschuhförmigen Schnabel, den langen Beinen und dem blaugrauen Gefieder ist der Schuhschnabel (*Balaeniceps rex*) unverwechselbar. Er lebt in afrikanischen Sümpfen und kann mit seinen langen Zehen trotz seiner Größe über untergetauchte oder schwimmende Vegetation laufen. Schon von den alten Ägyptern wurde der Schuhschnabel abgebildet und man findet ihn auch auf Petroglyphen (prähistorischen Felszeichnungen) in Algerien. Sein wissenschaftlicher Gattungsname bedeutet beschreibend »Walkopf«, seine systematische Einordnung war aber lange unklar. Neueren DNA-Analysen zufolge ist er am engsten mit Pelikanen und dem ebenso ungewöhnlichen Hammerkopf verwandt.

Schuhschnäbel sind monogam. Ein Brutpaar baut ein großes, von Wasser umgebenes Nest, manchmal sogar auf schwimmender Vegetation. Von den ein bis drei gelegten Eiern überlebt meist nur ein Küken. Bei großer Hitze füllen die Eltern ihren Schnabel mit Wasser und kühlen damit die Eier oder Küken. Zur bevorzugten Beute gehören Lungenfische und Welse, aber der Schuhschnabel frisst auch Wasservögel, Wasserschlangen, Amphibien und sogar kleine Krokodile. Als Lauerjäger bewegt er sich nur langsam oder steht still und hält Ausschau nach Bewegungen im Wasser. Hat er Beute entdeckt, stürzt er sich auf sie und hat dann neben der Beute oft noch Wasser, Schlamm und Pflanzen im Schnabel.

▲ Sammelkarte
Diese amerikanische Zigaretten-Sammelkarte von 1889 war Teil einer Serie mit 50 Sammelbildern zum Thema »Vögel der Tropen«.

Ordnung Pelecaniformes

Familien 1

Arten 1

Höhe
1,2 m

Verbreitung Nord-, Zentral- und Südafrika

Hammerköpfe

Scopidae

Der bizarr aussehende Hammerkopf ist ein evolutionäres Rätsel. Er baut das größte Nest aller Vögel und dekoriert es mit seltsamen Gegenständen.

Der Hammerkopf (*Scopus umbretta*) ist ein ganz besonderer Vogel. Er ist die einzige Art seiner Familie und entwicklungsgeschichtlich so einzigartig, dass Wissenschaftler sich schwertun, seine nächsten Verwandten zu ermitteln. Trotz seiner Ähnlichkeit mit kleinen Störchen geht man derzeit davon aus, dass er am nächsten mit dem ebenso ungewöhnlichen Schuhschnabel und Pelikanen verwandt ist.

Das riesige Nest des Hammerkopfs hat an der Unterseite eine einzelne Eingangsröhre, ein dickes Dach und mit Lehm verkleidete Innenwände. Erstaunlicherweise baut ein Paar mitunter jedes Jahr mehrere Nester und nutzt bis zu einem Dutzend abwechselnd. Zudem verzieren die Paare ihre Nester mit Tierkot, Knochen und Federn anderer Vögel, aber auch mit menschlicher Kleidung und Haushaltsgegenständen. Dieses eigentümliche Verhalten erinnert an die Praxis afrikanischer Schamanen und hat zu dem Glauben geführt, der Hammerkopf sei eine spirituell mächtige, zaubererähnliche Kreatur, die dunkle Magie ausübt und mit der man sich nicht anlegen sollte. Menschen im Norden Botswanas glauben z. B., dass man umziehen muss, wenn ein Hammerkopf auf dem Dach landet, weil der Vogel angeblich Blitze anzieht.

Ein Hammerkopf-Nest kann aus 8000 Zweigen bestehen und 1,5 m breit sein.

▲ Stabiles Nest
Das gigantische Nest des Hammerkopfs ist über 1 m hoch und wiegt bis zu 50 kg. Damit ist es stabil genug, um das Gewicht eines erwachsenen Menschen zu tragen.

»... der Vogel selbst, wie auch sein Nest, sind heilig. Wer ihn tötet, dem ist schreckliche Rache gewiss.«

ROBERT GODFREY, *Bird-Lore of the Eastern Cape*, 1941

Die Federhaube kann zu einem zauseligen Kamm aufgestellt werden.

Der dreieckige, seitlich abgeflachte Schnabel dient zum Fang von Fröschen und Fischen.

▲ Markanter Kopf
Der Hammerkopf ist nach der eigentümlichen Form seines überdimensionierten Kopfs benannt, der ihn zu einem der am leichtesten zu identifizierenden Vögel Afrikas macht.

Ordnung Pelecaniformes

Familien 1

Arten 1

Länge
47–56 cm

Verbreitung
Arabische Halbinsel, Afrika südlich der Sahara, Madagaskar

◄ Flügelmanteln
Ein Glockenreiher (*Egretta ardesiaca*) erzeugt mit schirmförmig ausgebreiteten Flügeln Schatten, was man als »Flügelmanteln« bezeichnet. In dem abgeschatteten Bereich suchen kleine Fische Schutz und werden für den Reiher zu leichten Beute.

► Erfolgreiche Jagd
Durch ihr Tarngefieder ist die Rohrdommel oder Große Rohrdommel (*Botaurus stellaris*) perfekt an ihren Lebensraum im Schilf angepasst und kann so leicht Fische überraschen, die 80 Prozent ihrer Nahrung bilden.

Reiher

Ardeidae

Mit ihren langen Beinen, dem gebogenen Hals und dem schlanken, spitzen Schnabel sind Reiher hoch spezialisiert auf den Fang lebender Beute, meist in Gewässern.

Mit einem Gewicht von **4,4 kg** ist der Goliathreiher (*Ardea goliath*) der **größte Reiher** der Welt.

Alle Reiher jagen auf Sicht: Entweder warten sie reglos auf in Reichweite kommende Beute oder pirschen sich durch seichtes Wasser an. Ihr S-förmig gebogener Hals ermöglicht ein rasches Vorschnellen, um die Beute mit dem langen, geraden Schnabel zu packen. Einige Arten haben leuchtend gefärbte Füße, mit denen sie Beutetiere unter Wasser aufscheuchen. Typische Beutetiere sind Amphibien und Fische, aber viele Reiher schnappen mit ihrem scharfen Schnabel auch Vögel und sogar Säugetiere. Nicht alle Reiher sind jedoch an aquatische Lebensräume gebunden. Der Pfeifreiher (*Syrigma sibilatrix*) bewohnt Savannen – von den Llanos Kolumbiens und Venezuelas bis zu den Pampas Uruguays und Argentiniens – und ernährt sich dort großteils von Insekten. Der Kuhreiher (*Bubulcus ibis*) jagt in offenem Grasland Frösche und Insekten, wobei er die Nähe großer Säugetiere sucht, die seine Beute aufschrecken.

Welteroberer

In jüngster Zeit hat der Kuhreiher sein Verbreitungsgebiet ganz erheblich ausgedehnt. Ursprünglich in Afrika und im Süden der Iberischen Halbinsel beheimatet, überquerte er Ende des 19. Jh. vermutlich von der Westküste Afrikas aus den Atlantik in den Nordosten Südamerikas.

Ordnung Pelecaniformes

Familien 1

Arten Mehr als 60

Länge 27–140 cm

Verbreitung Weltweit, außer in der Antarktis

Von hier aus besiedelte er den gesamten Kontinent bis nach Feuerland (1977) sowie die Karibik und die Südhälfte Nordamerikas. Seit etwa 1900 erweiterte er sein natürliches Verbreitungsgebiet auf den gesamten afrikanischen Kontinent einschließlich Madagaskar. Um 1950 hatte er Südfrankreich und das Wolga-Delta am Kaspischen Meer erreicht und wird mittlerweile auch in England immer häufiger als Brutvogel angetroffen.

◄ Ölgefäß
Dieser altgriechische Aryballos in Reiherform (um 580 v. Chr.) ist ein Tongefäß zur Aufbewahrung von Duftöl.

Allein auf der Jagd

Die meisten Reiher sind monogam, aber äußerst gesellig. Ihre Schlafplätze teilen sie mit anderen Arten und nisten in Kolonien. Die Brutkolonien können aus Tausenden, wenn nicht Zehntausenden von Vögeln bestehen. Außerhalb dieser Ansammlungen jagen Reiher in der Regel allein und müssen dazu zwischen Schlafplatz und Nahrungsgründen große Entfernungen zurücklegen. Selbst der geheimnisvolle Speerreiher (*Agamia agami*) aus Mittel- und Südamerika, den man früher für einen sesshaften Einzelgänger hielt, brütet in Brutkolonien mit mehr als 1000 Nestern und zieht bis zu 1200 km, um sich der Kolonie anzuschließen.

Im Vergleich dazu sind Dommeln eher einzelgängerisch und territorial und halten zur Brutzeit sogar Abstand zu den Nestern von Artgenossen. Bei der Pirsch durchs Schilf kann man Dommeln eher hören als sehen und in früheren Zeiten empfand man ihren geisterhaften, dröhnenden Ruf als furchteinflößend.

Ausgebeutet – der Mode wegen

Zwar werden mehrere Reiherarten vom Menschen gegessen und ihr Fleisch gilt als Delikatesse, aber noch weitaus begehrter ist ihr Gefieder. Einige indigene Völker nutzen Reiherfedern,

◄ Farbenprächtig – und doch unauffällig
Der Speerreiher ist mit seinem zierlich schlanken Hals, dem extrem langen Schnabel und seinem spektakulären Gefieder vielleicht der eleganteste aller Reiher – und doch ein unscheinbarer Bewohner von Waldbächen.

> »Und wie Rohrdommeln trommeln im Morast, so ruft ihr Mund tief in des Wassers Schwall …«
>
> GEOFFREY CHAUCER, *Die Erzählung des Weibes von Bath,* um 1400

⮝ Die Frau am Abzug
Diese US-amerikanische Abbildung von 1911 karikiert das Hutmachergewerbe und seine schwerwiegenden Folgen für Vögel. Für 1 kg Reiherfedern zur Dekoration von Hüten mussten rund 1000 Seidenreiher ihr Leben lassen.

beispiellos war aber die umfangreiche Ausbeutung im 19. und frühen 20. Jh. für die westliche Mode, besonders für Damenhüte. In den USA löste das Abschlachten von Millionen von Wasservögeln, v.a. Reihern, große Empörung aus und führte 1896 zur Gründung der Massachusetts Audubon Society durch Harriet Lawrence Hemenway und Minna B. Hall. Innerhalb von zwei Jahren gründeten 16 weitere Staaten ihre eigenen Audubon-Sektionen. Deren Kampagnen führten 1918 zur Verabschiedung des »Zugvogelgesetzes« (Migratory Bird Act) durch den US-Kongress, das den Handel verbot.

Es waren ebenfalls u.a. die Reiher, derentwegen Emily Williamson 1889 in Großbritannien die »Gesellschaft für Vogelschutz« gründete, aus der 1904 die Royal Society for the Protection of Birds (RSPB) hervorging. 1890 veröffentlichte die Gesellschaft ihr erstes Flugblatt (»Vernichtung von Vögeln mit Schmuckfedern«), um Frauen über die Folgen der Federverarbeitung für Mode auf die Bestände des Seidenreihers (*Egretta garzetta*) in Südeuropa aufzuklären. 1899 wurden die Offiziere der britischen Armee angewiesen, keine Reiherfedern mehr für Uniformen zu verwenden, aber erst 1921 wurde ein Gesetz zum Einfuhrverbot von Federn erlassen.

FISCHEN MIT KÖDER

Grünreiher (*Butorides virescens*) und Mangrovereiher (*B. striata*) gehören zu den wenigen Vögeln, für die Werkzeuggebrauch dokumentiert ist. Beide Arten nutzen Köder, um Fische in Reichweite zu locken. Grünreiher bieten als Köder Eintagsfliegen, Federn und Brotstücke an, Mangrovereiher dagegen Regenwürmer, Insekten, Zweige und viele andere Objekte.

MANGROVEREIHER MIT KÖDER ZUM FISCHEN

GRAUREIHER
Ardea cinerea
Dieser große Reiher kommt in ganz Eurasien und in Afrika südlich der Sahara vor. Er ernährt sich von Fischen, Kleinsäugern und Vögeln und fängt sogar Insekten im Flug.

KUHREIHER
Bubulcus ibis
Diese kurzbeinige Art bevorzugt einen trockeneren Lebensraum als die meisten anderen Reiher. Zur Brutzeit tragen Männchen wie Weibchen gelbliche Federn an Kopf und Hals.

AMERIKANISCHE ZWERGDOMMEL
Ixobrychus exilis
Mit einem Gewicht von nur 80 g ist diese Dommel der kleinste Vertreter der Familie. Obwohl sie in ihrem Sumpf-Lebensraum häufig ist, hört man sie öfter, als man sie sieht.

Frühlingsgefieder
Auf diesem Aquarell aus John James Audubons Buch *Birds of America* (1827–1838) schreitet ein ausgewachsener männlicher Blaureiher (*Egretta caerulea*) im Brutkleid in seiner Heimat bei Charleston, South Carolina (USA), ans Ufer. Im Hintergrund ist ein überwiegend weißer Jungvogel auf der Suche nach Beute wie Fischen, Fröschen und Krebstieren zu sehen. Er befindet sich gerade in der Mauser zum Erwachsenengefieder.

Ibisvögel

Threskiornithidae

Ibisse und Löffler werden für ihr oft farbenprächtiges Gefieder bewundert und sind auch wegen ihrer typischen Schnabelform bekannt. Außerdem fallen sie durch ihr etwas schlaksiges, recht steifes Flugverhalten auf.

Wasservögel ziehen allgemein die Blicke auf sich, aber Ibisse und Löffler sind besonders einprägsam. Durch farbenprächtiges oder schillerndes Gefieder oder auch besondere Schmuckfedern fallen die Vögel mit der außergewöhnlichen Körperform stets auf. Ibisse stochern mit ihrem langen, abwärts gebogenen Schnabel mit tastempfindlicher Spitze im Schlamm oder Sand nach Beute oder sammeln Nahrung vom Boden auf. Löffler bewegen ihren hochsensiblen, abgeflachten und zum Ende hin verbreiterten Schnabel seitlich sichelnd durch das Wasser, um Beute aufzuspüren. Die meisten Arten brüten in großen Kolonien in Feuchtgebieten, oft zusammen mit anderen Wasservögeln wie Reihern oder Kormoranen. Manche nisten zum Schutz vor Raubtieren an Felsklippen, einige wenige brüten solitär. Die Nester bestehen zumeist aus

▲ Rückkehr zum Schlafplatz
Der Scharlachsichler (*Eudocimus ruber*) ist mit seinem grell roten Gefieder einer der auffälligsten Vögel Südamerikas. Er bevorzugt Mangrovensümpfe, Wattflächen in der Gezeitenzone und Flusstäler und schläft in riesigen, lebhaften Kolonien.

Ordnung Pelecaniformes

Familien 1

Arten Mehr als 30

Länge 50–110 cm

Verbreitung Weltweit, außer in der Antarktis

Zweigen und werden mit feinerem Material wie Gras ausgekleidet. Meist werden 2–5 Eier gelegt und beide Eltern beteiligen sich vollumfänglich an der Brutpflege. Gewöhnlich geben diese Vögel keine Laute von sich, nur in Brutgebieten sind ab und an Grunz- oder Krächzlaute zu vernehmen.

Ibisvögel leben i. d. R. in gemäßigten oder tropischen Klimazonen. Zwar gelten sie traditionell als Bewohner von Feuchtgebieten, aber manche Ibisse sind gut an trockenere Umgebungen angepasst und leben in Wüsten und Savannen Afrikas und auf Hochgebirgsplateaus der Anden in Südamerika. Darüber hinaus gibt es Arten, die dichte Wälder bewohnen, wie den auf der Insel São Tomé endemischen, vom Aussterben bedrohten Zwergolivenibis (*Bostrychia bocagei*).

Götter und Abfälle

Ibisvögel sind nicht nur faszinierend anzusehen, auch ihre Anpassungs- und Widerstandsfähigkeit faszinieren die Menschen schon seit Jahrhunderten. Das vielleicht berühmteste Beispiel für Beziehungen zwischen Menschen und Ibissen stammt aus dem alten Ägypten, wo der Pharaonenibis (*Threskiornis aethiopicus*) fester Bestandteil des religiösen Glaubens war und angebetet wurde. Jedes Jahr wurden Tausende dieser Vögel dem Gott

Je nach Licht und Blickwinkel erscheinen unterschiedliche Farben wie Blau und Violett.

Schillerndes Gefieder
Die Federn des Stachelibisses (*T. spinicollis*) sind stark irisierend. Bei trübem Wetter wirken sie dunkel, aber im Sonnenlicht schillern sie metallisch.

der Magie und Weisheit – Thot – geopfert, der oft mit menschlichem Körper und Ibiskopf dargestellt ist. Die Menschen glaubten, im Gegenzug für die Opferung der Vögel, die mumifiziert und in Katakomben aufbewahrt wurden, würde Thot Krankheiten heilen oder ein langes Leben schenken. Heute ist diese Ibis-Art in Ägypten ausgestorben, obwohl sie einst entlang des Nils sehr verbreitet gewesen sein muss. Der Australibis (*T. molucca*) hat sich in Australien an das Zusammenleben mit Menschen angepasst. Er wird – wenn auch bisweilen etwas widerwillig – für seine Anpassungsfähigkeit und Zähigkeit bewundert und kommt auf Kunstwerken wie auch in Filmen vor. Im Volksmund wird er oft »Müllhuhn« genannt, weil er Aas und häufig auch Abfälle frisst.

Bei mittelalterlichen **Banketten** in Großbritannien wurden auch Löffler serviert.

▲ Entgiftete Beute
Der Austral- oder Molukkenibis hat einen Weg gefunden, wie er die giftigen Agakröten fressen kann. Indem er sie erst stresst und anschließend wäscht, befreit er sie von ihrem Gift und schluckt sie dann im Ganzen hinunter.

Artenschutzmaßnahmen

Sowohl der Rosalöffler (*Platalea ajaja*) in Nordamerika als auch der eurasische Löffler (*P. leucorodia*) wurden früher wegen ihrer eleganten Schmuckfedern gejagt, mit denen man Damenhüte verzierte. Durch entsprechende Schutzmaßnahmen erholen sich beide Arten mittlerweile.

Für den in ganz Europa bis an den Rand der Ausrottung bejagten Waldrapp (*Geronticus eremita*) gibt es heute Wiederansiedlungsprogramme. Im Rahmen eines solchen Programms hat man in Gefangenschaft gezüchteten Vögeln mit Ultraleichtflugzeugen die Zugrouten von Österreich in die Toskana, Italien, gezeigt. Die Idee dazu lieferte die wahre Geschichte, die dem 1996 gedrehten Film *Amy und die Wildgänse* zugrunde lag, in dem verwaisten Gänsen der Zug ins Winterquartier beigebracht wurde. Gegenwärtig sind

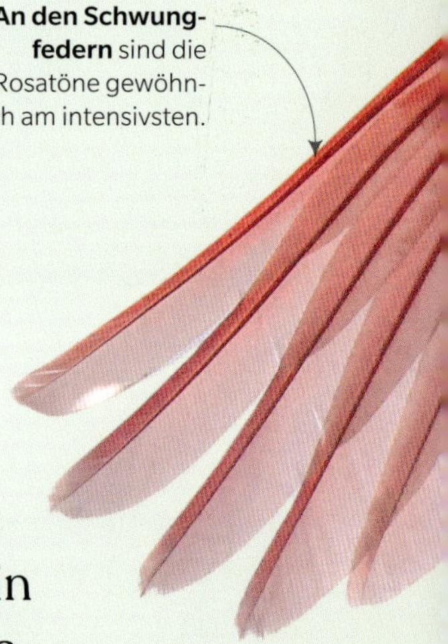

An den Schwungfedern sind die Rosatöne gewöhnlich am intensivsten.

»Bei welchen Vögeln könnten die Schnäbel noch eigenartiger geformt sein als beim Ibis, beim Löffler und beim Reiher?«

ALFRED RUSSEL WALLACE, *A Narrative of Travels on the Amazon and Rio Negro*, 1853

PHARAONENIBIS, HEILIGER IBIS
Threskiornis aethiopicus
Der Pharaonenibis ist in Afrika südlich der Sahara weitverbreitet und wurde in Teile Europas eingeführt. Er ist eine von drei Arten mit ähnlich schwarz-weißem Gefieder.

RIESENIBIS
Pseudibis gigantea
Die Art hat ein schwärzliches Gefieder mit silbrig metallischen Federn auf dem Oberflügel und ist mit nur noch rund 100 Paaren in Kambodscha und Laos extrem selten.

LÖFFLER
Platalea leucorodia
Der weitgehend weiße Löffler hat ein gelbliches Band um den Hals und eine gelbe Schnabelspitze. Im Brutkleid tragen die Altvögel eine auffällige Federhaube.

Ibisvögel hauptsächlich durch den Verlust ihres Lebensraums bedroht. So ist z. B. der Rückgang des stark gefährdeten Schwarzgesichtlöfflers (*P. minor*) in Ostasien weitgehend durch den Verlust von Feuchtgebieten wegen industrieller Erschließung bedingt. Durch Schutzmaßnahmen haben sich die Bestände an einigen seiner Überwinterungs- und Brutgebiete jedoch erholt. Zwei der seltensten Vertreter der Familie – der Weißschulteribis (*Pseudibis davisoni*) und der Riesenibis (*P. gigantea*) – profitieren von Schutzprojekten in Kambodscha. Dort bauen Kleinbauern mit wildtierfreundlichen Methoden Reis an, der im Ausland als »Ibis-Reis« vermarktet wird. Das Programm bietet einen finanziellen Anreiz für nachhaltige Landwirtschaft und fördert dadurch die Erhaltung von Lebensräumen – für die Vögel ein Rettungsanker nach ihrem starken Rückgang im einstigen Verbreitungsgebiet.

▲ Pretty in Pink
Die rosarote Gefiederfarbe des Rosalöfflers kommt durch die Karotinoid-Pigmente in seiner Nahrung zustande.

EMPFINDLICHER SCHNABEL

Der löffelförmige Schnabel ist zur Spitze hin zunehmend abgeflacht. Im Wasser wird er sichelnd von einer Seite zur anderen bewegt, um Beute aufzuspüren. Löffler bevorzugen Insektenlarven, Krebstiere, kleine Fische, Amphibien und Würmer. Durch die viele Sinneszellen am Schnabel können Löffler in schlammig-trüben Gewässern ihre Beute effektiv ertasten.

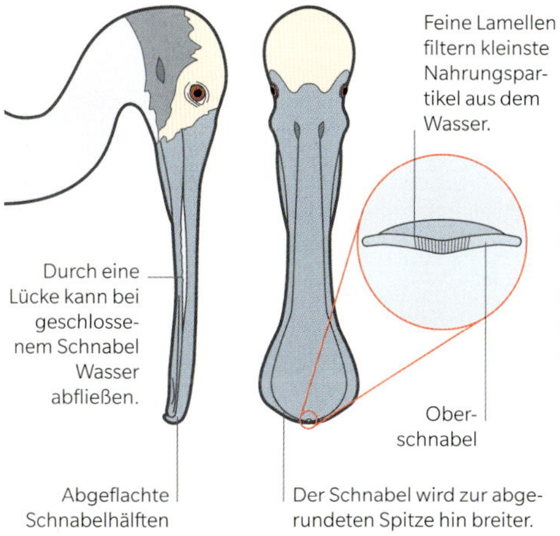

KOPF EINES LÖFFLERS IM PROFIL UND FRONTAL

Hoatzins

Opisthocomidae

Der einzigartige Hoatzin lebt auf Bäumen an Flussufern im tropischen Tiefland Südamerikas und ist ein evolutionäres Rätsel. Seine exotische Erscheinung wird nur noch von seiner bizarren Lebensweise übertroffen.

Ordnung Opisthocomiformes

Familien 1

Arten 1

Länge 65 cm

Verbreitung Südamerika

Der merkwürdig aussehende, durch Ufervegetation kletternde Hoatzin (*Opisthocomus hoazin*) wird in eine eigene Vogel-Ordnung gestellt. Über seine nächsten Verwandten ist die Wissenschaft uneins: Kuckucke, Kraniche, Regenpfeifer und sogar Kolibris wurden schon vorgeschlagen.

Als einziger Vogel besitzt der Hoatzin ein wiederkäuerähnliches Verdauungssystem. Pflanzengewebe wird in einem vergrößerten Vorderdarm fermentiert, wobei faulige Gerüche entstehen. Für baumbewohnende Vögel einzigartig ist, dass sich die Jungen, um Räubern zu entkommen, ins Wasser fallen lassen und in Sicherheit schwimmen. Mit Krallen an ihren Flügeln – ein Merkmal, dass sie mit dem *Archaeopteryx* gemeinsam haben – klettern sie wieder ins Nest zurück.

Man ging davon aus, dass sich Hoatzins in Südamerika entwickelten. Kürzlich entdeckten Fossilien zufolge stammt ihr Vorfahre jedoch aus Afrika oder Europa und gelangte möglicherweise auf einer Insel aus schwimmender Vegetation über den Atlantik. Die Eier des Hoatzins werden von den Menschen im Amazonasgebiet Brasiliens gegessen, aus seinen Federn werden Fächer hergestellt. Erwachsene Vögel werden gejagt, aber nur als Köder verwendet, weil ihr Fleisch genauso schlecht schmeckt, wie der Vogel riecht.

Eine stachelige Federhaube krönt das Gesicht mit leuchtend blauer, nackter Haut.

Der Hoatzin hat einen langen Hals und einen relativ kleinen Kopf.

▼ Ansitz am Ufer
Im Reserva Nacional Tambopata im Süden Perus sitzen drei Hoatzins auf einem Ast. Sie sind eine der rund 600 Vogelarten in diesem Naturreservat.

▲ Krallen zum Klettern
Diese Illustration aus Ogilvie-Grants *A Handbook to the Game-Birds* von 1895 zeigt, wie ein noch flugunfähiges Hoatzin-Küken mithilfe der bekrallten Flügel ins Nest zurückklettert.

Sekretäre

Sagittariidae

Namensgebend waren vermutlich die **Federkielen** ähnelnden **Schopffedern.**

Der Sekretär ist ein Greifvogel wie kein anderer. Mit seinen langen Beinen ragt er über das afrikanische Grasland, hat einen stattlichen Hakenschnabel und tötet seine Beute mit Fußtritten.

Der imposante Sekretär (*Sagittarius serpentarius*) ist der außergewöhnlichste Raubvogel der Welt. Früher dachte man, er sei mit den Kranichen verwandt, seine engsten Verwandten sind jedoch Greifvögel wie Bussarde und Adler. Meist streift er paarweise oder in kleinen Gruppen durch die Savanne. Er gilt als nützlich, weil er Schlangen und Nagetiere tötet, ernährt sich aber auch von Heuschrecken, Käfern, Vögeln, jungen Hasen und gelegentlich Krabben. Ungewöhnlich für einen Greifvogel sind seine kurzen Zehen mit stumpfen Krallen, mit denen er seine Beute weder packen noch wegtragen kann. Zudem geht er zu Fuß auf Beutefang und legt dabei teils weite Strecken zurück. Kleine Beute fängt er mit dem Schnabel, größere wie Schlangen tötet er mit einem Tritt oder trampelt sie tot und reißt sie dann mit dem Schnabel in Stücke.

Bei der Balz steigt ein Paar gemeinsam in der Thermik auf, stößt krächzende Rufe aus und vollführt einen wellenförmigen »Himmelstanz«. Ihr Nest bauen die bodenlebenden Vögel aus Zweigen in einer Akazie und nutzen es mitunter mehrere Jahre. Sekretäre können das ganze Jahr über brüten, richten es zeitlich aber meist so ein, dass die Küken in der Regenzeit flügge werden, wenn es reichlich Nahrung für sie gibt.

Ordnung Accipitriformes

Familien 1

Arten 1

Höhe 1,5 m

Verbreitung
Afrika südlich der Sahara

▲ Tödliche Tritte
Der Sekretär ist dafür bekannt, Schlangen mit einem gezielten Tritt zu töten. Die dicken Schuppen im unteren Bereich der Beine schützen ihn vermutlich vor Schlangenbissen.

Dieser junge Sekretär hat noch nicht so lange Schopffedern wie erwachsene Vögel und sie sind im oberen Bereich noch braun.

◄ Geschlechtsreif werdender Jungvogel
Die nackte Gesichtshaut der Jungvögel verfärbt sich mit zunehmendem Alter von Gelb nach Orange. Der zunächst schwarze Schnabel wird blassgrau und hakenförmiger und die Augenfarbe ändert sich von Grau zu Braun.

Neuweltgeier

Cathartidae

Mit einem Gewicht von bis zu 15 kg ist der Andenkondor der schwerste Raubvogel.

Diese großen Raubvögel sind in ganz Amerika unübersehbar, wenn sie auf ihren langen, breiten Flügeln mühelos am Himmel gleiten. Ihr Vorkommen reicht vom Süden Kanadas bis nach Feuerland.

Neuweltgeier zeichnen sich durch besondere Flugfähigkeiten aus. Ihre Gabe, Luftströmungen zu finden, befähigt sie, Hunderte von Kilometern zurückzulegen, ohne mit den Flügeln zu schlagen. Sie bewohnen unterschiedlichste Lebensräume, von Grasland über den Regenwald und glühend heißen Wüsten bis ins Hochgebirge. Manche Arten, wie der Rabengeier (*Coragyps atratus*), behaupten sich auch erfolgreich in Siedlungsgebieten. Wie der Familienname Cathartidae (aus dem Griechischen für »Reiniger«) andeutet, fressen diese Vögel Aas, das sie mit ihrem hervorragenden Geruchssinn schon aus großer Entfernung ausmachen. Rabengeier töten jedoch manchmal auch hilflose Beutetiere wie Nestlinge oder Meeresschildkröten-Babys.

Trotz ihres Namens und Aussehens sind Neuweltgeier mit den Geiern der Alten Welt nicht näher verwandt, sondern ähneln genetisch eher Sekretären und Fischadlern. Ihre Eier legen sie direkt auf nackte Felssimse oder in Baumhöhlen. Während Kondore meist abgelegene und unzu-

Ordnung Accipitriformes

Familien 1

Arten 7

Länge
60–130 cm

Verbreitung
Nord- und Südamerika

gängliche Orte für die Jungenaufzucht wählen, nisten andere Arten an erstaunlich exponierten Stellen, einige sogar unter Büschen am Boden.

Tiefe Beziehungen

Seit Tausenden von Jahren genießen diese prächtigen Vögel in verschiedenen Kulturen hohes Ansehen. Rabengeier und Königsgeier (*Sarcoramphus papa*) erscheinen häufig in Maya-Codices, wobei Letzterer manchmal mit menschlichem Körper und Geierkopf dargestellt ist als Gott, der Botschaften zwischen Menschen und anderen Göttern übermittelt. Der Kalifornienkondor (*Gymnogyps californianus*) spielt in den Kulturen der indigenen Völker Amerikas eine wichtige Rolle. Er ist auf Höhlenmalereien verewigt und seine Körperteile wurden zur Herstellung von Artefakten und Instrumenten verwendet. Der Andenkondor (*Vultur gryphus*) gilt in Kulturen der Anden als Symbol für Kraft und Wohlergehen und findet sich bereits in künstlerischen Darstellungen von 2500 v. Chr. Seinen Körperteilen wurden allerdings auch Heilkräfte zugeschrieben, was zur Tötung der Vögel führte.

◄ Wahrzeichen der Anden
Der mächtige Andenkondor ist der bekannteste Vogel der Anden. Er kommt dort von Kolumbien bis nach Chile vor und kann in der Natur über 50 Jahre alt werden.

VOR DEM AUSSTERBEN BEWAHRT

1987 wurden die 22 letzten wilden Kalifornienkondore für ein Zuchtprogramm in Gefangenschaft in Obhut genommen – eine erfolgreiche Maßnahme: In mehreren Gebieten im Westen der USA konnten Vögel wieder ausgewildert werden. Ohne diesen Eingriff wäre die Art mit ziemlicher Sicherheit für immer verloren gewesen.

KONDORKÜKEN MIT HANDPUPPE

Geier sind wichtig für die Ökosysteme, weil sie Kadaver und Aas und damit mögliche Krankheitserreger beseitigen.

Die fleischigen Hautlappen oder Karunkel an der Schnabelbasis spielen eine Rolle bei der Begrüßung und beim Balzverhalten.

Je leuchtender die Färbung am Hals und Kopf erwachsener Vögel ist, desto höher ist einer Theorie zufolge dessen sozialer Status.

Königlicher Geier
Der kahle Kopf und Hals des Königsgeiers verringern das Risiko, dass sich beim Fressen von Aas Bakterien in seinen Federn einnisten

WALD-GELBKOPFGEIER
Cathartes melambrotus
Dieser Geier aus dem südamerikanischen Amazonasbecken bevorzugt ungestörte Gebiete in Tieflandwäldern. Bisher wurde noch nie ein Nistplatz dieser Art entdeckt.

TRUTHAHNGEIER
Cathartes aura
Diese Art ist sowohl in Nord- als auch in Südamerika verbreitet, die nördlichen Populationen sind Zugvögel. Truthahngeier bilden Schlafgemeinschaften.

RABENGEIER
Coragyps atratus
Der Rabengeier ist der kleinste Vertreter der Familie. Er besitzt relativ kurze Flügel mit auffallend weißer Spitze.

Ordnung Accipitriformes

Familien 2

Arten Mehr als 250

Länge
23–120 cm

Verbreitung Weltweit

◄ **Schlüpfrige Mahlzeit**
Fischadler stoßen zum Fischfang in einen spektakulären Sturzflug und greifen die glitschige Beute mit ihren sehr scharfen Krallen, wobei ihnen stachelig spitze Schuppen an der Unterseite ihrer Zehen helfen.

Zeus versetzte Ganymed als Sternbild Wassermann an den Nachthimmel.

Entführt
Dieses Mosaik aus dem 1. Jh. zeigt den griechischen Gott Zeus in Gestalt eines Adlers, der den schönen sterblichen Jüngling Ganymed entführt, damit dieser im Olymp sein Mundschenk wird.

Fischadler und Habichtartige

Pandionidae, Accipitridae

Diese Greifvögel kombinieren perfekte Flugkünste und die schiere Kraft ihrer tödlichen Hakenschnäbel und Krallen. Das macht sie zu exzellent angepassten Jägern der Lüfte.

Greifvögel ernten Bewunderung, erzeugen aber auch Ängste. Beeindruckend sind sie alle, vom nur 23 cm langen Perlaar (*Gampsonyx swainsonii*) und Zwergsperber (*Accipiter minullus*) bis zum 1 m großen Affenadler (*Pithecophaga jefferyi*) mit 2 m Flügelspannweite. Zwar jagen auch viele Vögel anderer Familien Wirbeltiere, doch nur Greifvögel setzen statt des Schnabels ihre Krallenfüße zum Fang und Transport der Beute ein. Eulen und Falkenartige sind ebenfalls Raubvögel, die Habichtartigen bilden die größte Gruppe.

In Europa und Asien hat die Falknerei eine lange Tradition. Dabei werden Arten wie Habicht (*Accipiter gentilis*) und Steinadler (*Aquila chrysaetos*) – genau wie Falken – darauf trainiert, Beute, die z.T. viel größer und schwerer ist als sie selbst, zu fangen und bewegungsunfähig zu machen. Die frühesten Belege für die Jagd mit Vögeln stammen aus dem Nahen Osten aus der Zeit vor 1200 v. Chr. Im Europa des 15. Jh. galt: je erhabener ein Mann,

22 Adlerfedern bilden zusammen mit zahlreichen farbigen Perlen den Kopfschmuck.

Die lange Schleppe besteht aus weiteren 35 Adlerfedern, befestigt an einem roten Wollstoff.

◄ **Zeichen der Tapferkeit**
In diesem prächtigen Kriegskopfschmuck vom Volk der Lakota aus den USA steht jede der Adlerfedern für eine mutige Tat des Trägers in einer Schlacht.

▲ Jagdausbildung
Traditionelle kasachische Jäger zu Pferd trainieren Steinadler und lassen sie fliegen. Die Vögel werden als Küken aus der Wildnis entnommen und im Alter von 6–7 Jahren wieder in die Freiheit entlassen. Bei dem jährlichen Adlerfest in der Stadt Ölgii in der Mongolei werden die Fähigkeiten der Vögel demonstriert.

In Deutschland besiedelt der Steinadler nur die Hochgebirgsregion der Alpen.

desto beeindruckender sein Jagdvogel – ein König ließ einen Adler fliegen, ein Priester musste sich mit einem Sperber begnügen. Mit der Erfindung des Gewehrs ging die Falknerei als Jagdmethode zurück. Im 19. Jh. breiteten sich über ganz Großbritannien bewirtschaftete Ländereien mit (einst aus Ostasien eingeführten) Fasanen aus. Zum Schutz ihres Wildgeflügels schossen die Jäger Greifvögel und Raubsäuger ab, sodass bis Anfang des 20. Jh. viele Arten sehr selten geworden oder gar ausgerottet waren. Das Vereinigte Königreich verlor seine gesamten Brutpopulationen von Seeadler (*Haliaeetus albicilla*) und Habicht, die Bestände von Rotmilan (*Milvus milvus*) und Rohrweihe (*Circus aeruginosus*) schrumpften auf nur noch eine Handvoll Paare.

Heute werden Greifvögel mehr respektiert und besser geschützt, sodass sich die Bestände einiger Arten wieder erholen. Durch Wiederansiedlungen kehrten auch Seeadler und Rotmilan in ihre früheren Lebensräume auf den britischen Inseln zurück. Infolge des gestiegenen Images der Greifvögel in der Öffentlichkeit hat auch die Falknerei als Freizeitbeschäftigung einen kleinen Aufschwung erlebt. Einer der beliebtesten Vögel in der modernen Falknerei ist der Wüstenbussard (*Parabuteo unicinctus*), weil er sehr verträglich und leicht abzurichten ist. In der Natur jagt er gemeinschaftlich in Kleingruppen und bildet daher schon von sich aus nutzbringende Partnerschaften. Ausgebildete Wüstenbussarde werden

FLÜGEL DES TODES

Der afrikanische Kronenadler (*Stephanoaetus coronatus*) gilt als einziger Wildvogel, der gelegentlich Jagd auf Menschen macht. Einige wenige Angriffe auf Kleinkinder sind belegt (u. a. der Fund eines Kinderschädels in einem Nest). Das Kind von Taung, ein 2,8 Mio. Jahre altes, 1924 in Südafrika gefundenes Fossil eines *Australopithecus*-Schädels, wurde wohl von einem Verwandten des großen Adlers getötet.

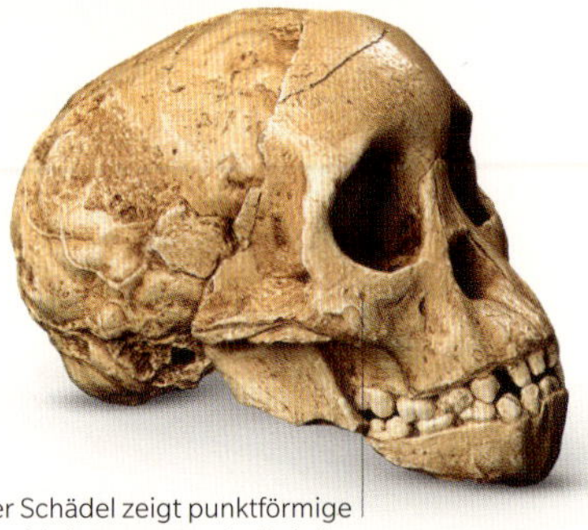

Der Schädel zeigt punktförmige Verletzungen, wie sie Adler erbeuteten Affen zufügen.

FOSSIL DES KINDS VON TAUNG

nun in vielen Teilen der Welt in Stadtzentren und auf Flugplätzen als Abschreckung für andere Vögel eingesetzt. Regelmäßige Flugeinsätze solcher Greifvögel in diesen Gebieten halten verwilderte Tauben davon ab, sich auf Gebäuden niederzulassen und dort zu nisten, und verringern die Gefahr von Vogelschlag für Flugzeuge.

Unterschiedliche Ernährung

Hinsichtlich der Ernährung gibt es unter den Greifvögeln Generalisten und einige extreme Spezialisten. Der Fischadler (*Pandion haliaetus*) frisst ausschließlich Fische, die er im Sturzflug mit einem spektakulären Krallenhieb von der Wasseroberfläche schnappt, Wespenbussarde (*Pernis* spp.) plündern Wespen- und Bienennester wegen der Larven. Der dämmerungsaktive Fledermausadler (*Macheiramphus alcinus*) jagt Fledermäuse beim Verlassen ihres Schlafplatzes. Der Schneckenbussard (*Rostrhamus sociabilis*) zieht mit seiner ungewöhnlich langen, dünnen Hakenspitze am Schnabel Schnecken aus ihrer Schale. Als einer der wenigen Pflanzenfresser verzehrt der Palmgeier (*Gypohierax angolensis*) die Früchte der Ölpalme. Greifvögel finden ihre Beute in erster Linie durch ihr Sehvermögen (daher der Ausdruck »Adlerauge«). Im Tiefflug über den Feldern jagende Weihen spüren kleine, sich bewegende Beutetiere dank ihres scharfen Gehörs auf, unterstützt durch die eulenartige Gesichtsmaske, die den Schall zu den Ohröffnungen leitet.

Die meisten Greifvögel sind wahre Meister der Lüfte, jedoch mit unterschiedlichen Flugtechniken. Die kurzflügeligen Habichte fliegen schnell und lautlos durch dichte Wälder und

▲ Alles verzehrend
Diese mittelamerikanische Steintafel zeigt einen Adler, der in eine Kaktusfrucht beißt, stellvertretend für die Sonne, die ein menschliches Herz verzehrt. Die Azteken glaubten, solche Opfer würden die tägliche Rückkehr der Sonne aus der Unterwelt gewährleisten.

► Symbolhafte Rettung
Der Nationalvogel der Vereinigten Staaten, der Weißkopfseeadler (*Haliaeetus leucocephalus*), wurde nach bedrohlichem Bestandsrückgang dank verschiedener Schutzmaßnahmen für die Vögel und ihren Lebensraum gerettet.

Nur erwachsende Weißkopfseeadler haben einen weißen Kopf – der Farbwechsel von Braun nach Weiß erfolgt nach und nach innerhalb der ersten Lebensjahre.

Der leuchtend gelbe Schnabel ist typisch für Seeadler.

Große Adler können mit ihren **Klauen** genauso fest oder sogar fester **zupacken,** wie ein **Löwe zubeißen** kann.

überrumpeln ihre Beute in kleinen Lücken zwischen den Bäumen. Milane kreisen und schweben mit scheinbar schwereloser Anmut und schnappen ihre Beute oder Stücke von Aas vom Boden, ohne zu landen. Arten mit breiten Flügeln wie Geier, Adler sowie Bussarde der Gattung *Buteo* können stundenlang mühelos in der Thermik in schwindelerregende Höhen aufsteigen und dabei mit ihren unvergleichlichen Augen den Boden absuchen. Viele eurasische und nordamerikanische Kulturen erzählen ein Volksmärchen von einem Wettstreit der Vögel im Höhenflug. Die unerwartete Wendung in der Erzählung ist, dass nicht der Adler gewinnt, sondern der winzige Singvogel (meist ein Zaunkönig oder Goldhähnchen), der sich in seinem Gefieder versteckt hat und im letzten Moment herausspringt, um zu gewinnen.

Lernkurve

Viele Greifvogelarten liefern sich bei der Balz oder auch spielerisch dramatische Verfolgungsjagden in der Luft, mitunter packen sie sich dabei gegenseitig mit den Krallen oder übergeben einander Beute. Besonders sozial und verspielt sind heranwachsende Seeadler (*Haliaeetus* spp.). Sie eignen sich dabei Fähigkeiten an, mit denen sie Rivalen im Kampf um die Vorherrschaft an reichen Nahrungsgründen ausstechen. Für Langstreckenzieher ist Ausdauer ebenso wichtig wie Gewandtheit. Durch innovative Tracking-Technologien konnten Wissenschaftler die genauen Zugrouten einzelner Fischadler und Wespenbussarde (*Pernis apivorus*) verfolgen, die beide auf ihrem Zug nach Süden mehr als 10 000 km zurücklegen. Wie die Daten ergaben, sind die Vögel bemüht, die effizienteste Landroute einzuschlagen. Zudem optimieren sie ihre Routen im Laufe der Jahre und lernen aus Fehlern in ihrer Jugend.

Greifkraft

Die größten Adler können Säugetiere von der Größe eines Fuchses oder Hirschkalbs erlegen, einige kleinere Arten fangen Beute, die größer und schwerer ist als sie selbst. Die gefürchtetsten Räuber verfügen über eine enorme Greifkraft. Ähnlich wie Großkatzen, die mit ihren langen, scharfen Eckzähnen und ihrer

▲ Aasfresser
Geier der Gattung *Gyps*, wie dieser Gänsegeier (*G. fulvus*), ernähren sich als Aasfresser von Tierkadavern. Da sie selbst keine Beute fangen, müssen sie nicht sehr wendig sein.

➤ Listiger Jäger
Der Habicht ist ein schneller, wendiger Flieger, der seine Beute beim Angriff mit List und Agilität überrascht.

PAPUAWEIH
Aviceda subcristata
Dieser in Australien und Südostasien heimische Jäger des Waldes ist insofern ungewöhnlich, als er regelmäßig Früchte frisst. Die Sperberung an der Unterseite erinnert an den Kuckuck.

RAUFUSSBUSSARD
Buteo lagopus
Der Artname *lagopus* bedeutet »Hasenfuß« und bezieht sich auf die befiederten Unterschenkel dieses Greifvogels. Er brütet im gesamten arktischen Nordamerika und Eurasien und zieht in strengen Wintern in den Süden.

SPERBERGEIER
Gyps rueppelli
Dieser große ostafrikanische Geier verbringt täglich bis zu sieben Stunden in der Luft. Trotz des niedrigen Sauerstoffgehalts und des geringeren Luftdrucks vermag er in großer Höhe zu fliegen.

extremen Beißkraft selbst viel größere, kräftige Beutetiere überwältigen, treiben sie ihre langen, scharfen Krallen tief in die Organe ihres Opfers und töten es dadurch oder verletzen es lebensgefährlich. Andere Vögel reagieren stark auf die Anwesenheit eines Greifvogels – ist dieser auf Jagd, suchen sie Deckung, greifen aber lautstark an, wenn er vermeintlich keine unmittelbare Bedrohung darstellt. Das plötzliche Auftauchen zeternder kleiner Vögel kann für Vogelbeobachter ein Hinweis darauf sein, dass ein Greifvogel in der Nähe ist. Krähen und Elstern vertreiben Greifvögel besonders aggressiv.

Adler und andere Greife werden häufig als National- oder Wappenvögel auserkoren und waren Inspiration für eine Fülle von Volksmärchen. Der legendäre, furchterregende Donnervogel, weitverbreitet in der Mythologie der indigenen Völker Nordamerikas, wird gewöhnlich als übergroßer Kondor oder Adler dargestellt. Adler wie Weißkopfseeadler und Steinadler gelten als bedeutende und geachtete Symbole für Tugenden wie Macht, Wahrheit, Mut und Weisheit. In der Folklore der indigenen Bevölkerung Australiens war der Schöpfergott Bunjil ein Keilschwanzadler (*Aquila audax*) – der größte und mächtigste Greifvogel des Landes.

▲ **Gegabelter Schwanz**
Dieser Kupferstich aus John James Audubons *Birds of America* (1827–1838) zeigt einen Schwalbenweih (*Elanoides forficatus*) beim Töten einer Schlange.

»Wenn der Habicht ein Küken fängt, wirft man ihm nicht ein Ei nach, um ihm das Küken wieder abzujagen.«

SPRICHWORT AUS DEM SUDAN

Streit um Nahrung
Hunger hat einen heranwachsenden Seeadler (*Haliaeetus albicilla*; rechts außen) dazu getrieben, mit einem größeren, stärkeren Erwachsenen eine Auseinandersetzung um das Zugangsrecht zu einem Elchkadaver im Schnee anzufangen. Die Szene spielt sich auf der Insel Smøla vor der Westküste Norwegens ab, wo die weltweit dichteste Population dieser stattlichen Adler beheimatet ist.

Eulen, Schleiereulen

Strigidae, Tytonidae

Mit ihrem ausdrucksvollen Gesicht und direkten Blick wecken Eulen beim Menschen ein Gefühl der Verbundenheit. Ihre eindringlichen Rufe und die nächtliche Lebensweise umgeben jedoch etwas Geheimnisvolles.

Ordnung Strigiformes
Familien 2
Arten Mehr als 240
Höhe 12,5–71 cm
Verbreitung Weltweit, außer in der Antarktis

Mit Einbruch der Nacht ertönen die Stimmen der Eulen – ein durchdringender Ruf, ein leiser Pfiff, ein unvermittelter Schrei oder ein explosives Zischen. Eulenrufe dringen verblüffend klar durch die Nacht – zu sehen ist meist nur eine Silhouette. Seit Jahrtausenden verbinden menschliche Kulturen weltweit mit diesen gespenstischen Kreaturen Angst, Vorahnung und Tod.

Tagsüber werden Eulen zu sanft gemusterten Federbällen mit schläfrigem, aber freundlich blickendem Gesicht. Die Eule gilt als Symbol besonnener Weisheit, ist Weggefährtin der weisen Göttin Lakshmi im Hinduismus und der Athene des antiken griechischen Pantheons. Ihre wahre Natur ist jedoch die eines erfolgreichen Jägers mit perfekter Tarnung.

Wahrnehmung einer verborgenen Welt

Die meisten Vögel sehen uns von der Seite mit jeweils nur einem Auge an. Nicht so Eulen: Sie stellen einen direkten beidäugigen Kontakt her. Eine spezielle Sinnesausstattung ermöglicht ihnen, ihre Beute im Dunkeln aufzuspüren und zu fangen. Aufgrund der überlappenden Sichtfelder der nach vorn gerichteten Augen können sie Entfernungen genau abschätzen. Ihre Netzhaut liefert eine optimale Kontrastwahrnehmung und erzeugt ein monochromes, aber äußerst detailreiches Bild. Die Befiederung im Gesicht trägt dazu bei, den Schall zu ihren großen Ohröffnungen zu leiten. Bei manchen Arten, wie Schleiereulen, sitzen diese asymmetrisch und ermöglichen dadurch eine

➤ Mächtiger Räuber
Der Uhu (*Bubo bubo*) ist eine der größten Eulen der Welt und kommt in fast allen Teilen Europas und in Asien vor. Der Respekt einflößende Räuber kann sogar Füchse und Rehkitze töten.

Die Federbüschel lösen die Silhouette des Vogels auf und wirken als Tarnung.

Das Streifenmuster auf der Bauchseite lässt ruhende Eulen optisch mit der Baumrinde verschmelzen.

> »Ihr endlich sollt den Kauz, der nächtlich kreischt, …
> Von uns verscheuchen!«
>
> WILLIAM SHAKESPEARE, *Ein Sommernachtstraum*, um 1595/1596

◄ Tod und Trauer
Im alten Ägypten waren Eulen ein Symbol für Tod und Trauer – hier eine Wandmalerei am Grab von Ramses IX. im Tal der Könige in Ägypten. Die Eulen-Hieroglyphe im Profil mit dem Betrachter zugewandten Gesicht steht für den Buchstaben »M«.

Große, röhrenförmige Augäpfel maximieren die Fläche der Netzhaut und ermöglichen bei der Jagd unter den schlechten Lichtverhältnissen der Dämmerung eine gute Sicht.

▲ **Arktischer Jäger**
Die Schneeeule (*Bubo scandiacus*) spürt mit ihren scharfen Sinnen Beutetiere wie Lemminge, Hasen, Enten und Gänse auf und überwältigt sie mit ihrer Körperkraft.

präzise Ortung der Schallquelle. Kammartige Strukturen entlang der Ränder der Schwungfedern verändern die Luftströmung über den Flügeln und reduzieren so die Geräusche beim Flügelschlag. Dadurch kann die Eule ihre Beute besser hören und sich ihr lautlos nähern.

Lebensräume und Jagdweisen

Nur wenige Eulenarten sind Zugvögel oder nomadisch, die meisten bleiben ein Leben lang als Paar zusammen und bewohnen ein relativ kleines Territorium. So erstellt z.B. der Waldkauz (*Strix aluco*) in seinem Waldgebiet in Europa eine detaillierte mentale Karte seines »Zuhauses« und merkt sich die besten Orte für die Beutejagd. Eulen bauen keine Nester, sondern übernehmen bereits vorhandene Brutplätze wie Baumhöhlen und verteidigen diese vehement. Der bekannte britische Vogelfotograf Eric Hosking verlor 1937 ein Auge durch einen territorialen Waldkauz. Auch gegenüber ihresgleichen sind Eulen feindselig, größere Arten vertreiben kleinere aus ihrem Revier. Das entschärft den Wettbewerb um Beute und Nistplätze und hat Auswirkungen auf das Verhalten der beteiligten Arten. Die Waldohreule (*Asio otus*) ist in Irland in allen Wäldern verbreitet, in Großbritannien muss sie wegen des größeren Waldkauzes auf Waldrandbereiche ausweichen. Auf dem europäischen Festland verdrängt der Uhu zuweilen den Waldkauz. Weniger Waldkäuze führen hier zu größeren Beständen kleinerer Eulen.

Die »Federohren« sind ein typisches Merkmal des Virginiauhus.

➤ **Zeremonien-Maske**
Diese von Gilbert Dawson von den Kwakwaka'wakw aus Zedernholz geschnitzte Maske symbolisiert für sein Volk Magie und Weisheit.

SCHLEIEREULE
Tyto alba
Diese in Europa und Afrika heimische Art jagt im offenen Gelände und ist für ihr geisterhaftes Aussehen, ihr scharfes Gehör und ihren unheimlichen, kreischenden Ruf bekannt.

VIRGINIAUHU
Bubo virginianus
Von dieser mächtigen amerikanischen Eule werden 15 Unterarten unterschieden. Sie kommt in vielen Lebensräumen vor, darunter Gärten, Wälder, Wüsten und Sümpfe.

BOOBOOKKAUZ
Ninox boobook
Australiens meistverbreitete Eule schreit während der Brutzeit die ganze Nacht »boo-book«. Sie ernährt sich v. a. von Kleinsäugern und Reptilien, daneben von Vögeln und Insekten.

Nicht alle Eulen schreien. Manche pfeifen, bellen, zischen, kreischen, knurren oder stoßen rasselnde Rufe aus.

Die typische Eule ist ein nächtlicher Waldbewohner und Jäger, was aber nicht für alle Arten gilt. Die fast weltweit verbreitete Sumpfohreule (*Asio flammeus*) jagt bei Tag über Grasland. Auf der Galapagosinsel Genovesa ist ihre Spezialität, Sturmschwalben in ihren Bruthöhlen zu erbeuten. Der stattliche Riesenfischuhu (*Ketupa blakistoni*) aus Ostrussland und Japan packt in Flüssen mit seinen riesigen Füßen Fische und Frösche. Von den Ainu auf Hokkaido wird er als Götterbote und Beschützer verehrt. Der charmante amerikanische Kaninchenkauz (*Athene cunicularia*) ist sehr gesellig, tagaktiv, lebt in unterirdischen Höhlen und jagt zu Fuß auf seinen langen Beinen Beutetiere wie Insekten, Kleinsäuger und Reptilien.

➤ Bruthöhlen im Grasland
Der Kaninchenkauz lebt in Familiengruppen und brütet in Erdhöhlen. Diese gräbt er entweder selbst oder übernimmt die Gänge von Präriehunden und anderen grabenden Säugetieren.

Ordnung Trogoniformes

Familien 1

Arten Mehr als 40

Länge
23–40 cm

Verbreitung
Nord- und Südamerika, Afrika, Asien

➤ **Fütterungszeit**
Ein Quetzal-Männchen bringt seinen Küken im Nest in einer Baumhöhle die Frucht eines wilden Avocadobaums.

Trogons

Trogonidae

Trogons sind stämmige, farbenprächtige Vögel mit sehr langem Schwanz und einzigartigen Füßen. Mit diesen finden sie im Wald aufrecht auf Ästen sitzend Halt.

Trogons sind die einzigen Vögel mit sog. heterodaktylen Füßen, d. h., die erste und zweite Zehe zeigen nach hinten, die dritte und vierte nach vorn. Die Waldbewohner haben zumeist einen schillernd grünen Rücken, eine leuchtend bunte Unterseite und gebänderte Flügel, sind aber dennoch unauffällig, weil sie lange Zeit reglos sitzen und sich erst bewegen, wenn sie wirbellose Beute erspähen. Dieses träge Verhalten ist auch dem Volk der Xhosa im südlichen Afrika bekannt, dessen Bezeichnung für einen Trogon umgangssprachlich auch für einen faulen Menschen gilt.

Die größte Art der Familie ist der neuweltliche Quetzal (*Pharomachrus mocinno*). Das Männchen war sowohl den Azteken als auch den Maya heilig. Quetzalfedern waren wertvoller als Gold. Aus ihnen wurde eine Krone gefertigt, die wichtige Personen bei feierlichen zeremoniellen Anlässen trugen. In Guatemala trägt auch die Währung den Namen Quetzal.

◄ **Einzigartiger Inselbewohner**
Dieser kolorierte Stich aus dem Buch *The Animal Kingdom* von 1828 zeigt einen Kubatrogon (*Priotelus temnurus*), den einzigen auf Kuba heimischen und auf dieser Karibikinsel auch endemischen Trogon.

Ordnung Bucerotiformes

Familien 1

Arten 3

Länge
25–29 cm

Verbreitung Europa, Asien, Afrika südlich der Sahara (einschließlich Madagaskar)

◄ Aufgestellte Haube
Wiedehopfe stellen ihre Federhaube nicht nur bei der Landung auf, sondern auch, um Überlegenheit einem Rivalen gegenüber zu demonstrieren, oder – wie hier – bei der Balz, um einen potenziellen Partner zu beeindrucken.

Wiedehopfe

Upupidae

Die drei unverwechselbaren Arten dieser Familie stechen mit ihrem auffällig gemusterten Gefieder und der markanten Federhaube ins Auge und erfreuen mit ihren wohlklingenden Rufen.

▲ Symbol der Freude
In der chinesischen Kultur gilt der Wiedehopf bisweilen als Symbol der Freude. Dieses Gemälde des Malers und Kalligraphen Zhao Mengfu aus dem 13. oder 14. Jh. zeigt ihn auf einem Bambushalm sitzend.

Dank der fächerartigen Federhaube, des langen, leicht abwärts gebogenen Schnabels und ihres wellenförmigen, flatternden Flugs mit den auffallend gescheckten Flügeln sind Wiedhopfe unschwer zu erkennen. Für die spektakulären Vögel gibt es überraschend viele Namen, die lautmalerisch ihren Gesang wiedergeben. Neben der Gattung *Upupa* sind dies z. B. *hoopoe* (englisch), *huppe* (französisch), *poupa* (portugiesisch), *poppoo* (in Afghanistan) und *huh-hud* (im Arabischen). Wiedehopf-Paare brüten oft in Spalten von Gebäuden oder Mauern. Durch diese Vertrautheit hat der Wiedehopf (*Upupa epops*) Eingang in die griechische Mythologie gefunden. Als Tereus, König von Thrakien, seine Frau gefangen hielt und ihre Schwester vergewaltigte, verwandelten ihn die griechischen Götter in einen Wiedehopf. Im Koran wird der Wiedehopf positiver dargestellt und gilt als Bote zwischen König Salomon und seiner Verlobten. Der Prophet Mohammed verbot den Muslimen, diese Tierart zu töten. Im alten Ägypten waren Wiedehopfe heilig.

Nashornvögel können die Samen von Früchten bis zu 14,5 km weit verbreiten.

Traditioneller Naga-Kopfschmuck mit zehn Schwanzfedern eines Doppelhornvogels.

▲ Federschmuck
Naga-Völker tragen bei Festen einen Kopfschmuck mit Nashornvogelfedern. Bei modernem Versionen bestehen die Federn meist aus Papier.

Nashornvögel und Hornraben

Bucerotidae, Bucorvidae

Nur wenige Vögel sind so von Mythen und Folklore umrankt wie die Nashornvögel Afrikas und Asiens. Mit ihrem langen, gebogenen Schnabel – teils mit Aufsatz – zählen sie zu den eindrucksvollsten Vögeln.

In Borneo gilt der Rhinozeroshornvogel (*Buceros rhinoceros*) als der König der Vögel. Bei den Naga-Völkern in Indien und Myanmar sind die Federn des Doppelhornvogels (*Buceros bicornis*) ein Symbol für Treue und Hingabe und werden bei Festen und Darbietungen getragen. Eine Naga-Geschichte erzählt von einem Jungen, der mit einem Mädchen aus einem anderen Dorf ausriss. Gefangen auf einem Baum, dessen Früchte er sammelte, verwandelte er sich allmählich in einen Hornvogel. In Afrika wird der Rotgesicht-Hornrabe (*Bucorvus leadbeateri*) mit Regen assoziiert – in Malawi bedeutet die Sichtung dieses Vogels, dass es Zeit ist, die Felder zu bestellen.

Nashornvögel sind mittel- bis sehr groß. Die besonders schweren Hornraben laufen im offenen Gelände umher, die großen Nashornvogel-Arten leben hoch in den Bäumen dichter Wälder. Mit dem langen, spitz zulaufenden Schnabel greifen sie geschickt Früchte oder fangen große Insekten und kleine Nager, die sie durch Hochwerfen des Kopfes schlucken. Viele Arten besitzen einen eigenartigen, zumeist fast hohlen Schnabelaufsatz (»Horn«) aus Knochengewebe, der in Farbe, Form und Größe variiert.

Unter Verschluss

Die meisten Arten bilden feste Paare, die in einer Baumhöhle nisten. Zum Schutz vor Räubern verkleinert das Paar deren Eingang mit Schlamm und Kot. Nach Einzug des Weibchens fügt das Männchen weiteres Material hinzu und mauert seine Partnerin für mehrere Tage ein, während sie die Eier legt, lässt aber einen Schlitz frei, durch den er sie mit Nahrung versorgen kann. Wird der Platz zu eng, befreit sich das Weibchen selbst.

➤ Fütterungszeit
Ein Paar Rotringtokos (*Tockus leucomelas*) füttert seine Küken. Wenn die Jungen größer werden, befreit sich das Weibchen aus der versiegelten Nisthöhle.

Das Toko-Männchen bleibt außerhalb der Nisthöhle, versorgt während der Brutzeit aber das Weibchen und die Küken mit Nahrung.

Ordnung Bucerotiformes

Familien 2

Arten Mehr als 60

Länge 32–180 cm

Verbreitung Afrika, Asien

Hornvogel-Weibchen bleiben mehr als **drei Monate lang** in ihrer Nisthöhle **eingeschlossen.**

▲ Ungewöhnliche Schönheit
Der Doppelhornvogel ist in Südostasien und Teilen Indiens verbreitet. Beim Balzen hebt er Kopf und Schnabel, aber der Hornaufsatz hat keine offensichtliche Funktion – außer vermutlich, eine Partnerin anzulocken.

RHINOZEROS-HORNVOGEL
Buceros rhinoceros
Der Nationalvogel Malaysias ist ein Waldbewohner und ernährt sich von Früchten. Die Farben des Hornaufsatzes werden durch Öle aus der Bürzeldrüse über dem Schwanz des Vogels zum Glänzen gebracht.

ROTGESICHT-HORNRABE
Bucorvus leadbeateri
Der massige Vogel sucht seine Nahrung fast nur am Boden, nistet aber hoch in Bäumen. Im Flug sind die weißen Flügelspitzen zu sehen. Hornraben können über 30 Jahre alt werden.

Eisvögel

Alcedinidae

Eisvögel bilden eine der farbenprächtigsten Vogelfamilien. Ihre Vertreter haben einen im Vergleich zum Körper verhältnismäßig großen Kopf mit einem charakteristisch langen Schnabel. Alle sind geschickte Jäger.

Ordnung Coraciiformes

Familien 1

Arten Mehr als 110

Länge
10–46 cm

Verbreitung Weltweit, außer in der Antarktis

Graufischer **schlagen Beutefische** vor dem Schlucken **bis zu 100-mal** gegen den Ansitz.

Mit seinen kräftigen Flügeln kann der Vogel über dem Wasser rüttelnd ohne Ansitz weit draußen auf großen Seen und sogar im Meer jagen.

◄ Fressen im Flug
Graufischer können ihre Beute im Flug bearbeiten und verschlucken. Es wurde schon beobachtet, dass sie bei einem Tauchgang sogar zwei Fische auf einmal fingen.

Mit dem großen, dolchartigen Schnabel kann er bis zu 13 cm lange Fische fangen.

Diese kosmopolitische Familie kommt in vielen Lebensräumen vor, vom Hochgebirge bis hin zu Korallenatollen. Zwar leben viele Arten entlang von Küsten, an Flüssen und in Feuchtgebieten, mehr als die Hälfte bewohnt jedoch Wälder, manche sogar Wüsten. Einer der weltweit häufigsten und bekanntesten Vertreter ist der Eisvogel (*Alcedo atthis*), der in Europa, Nordafrika und Asien bis nach Australasien verbreitet ist. Im Gegensatz dazu beschränkt sich das Verbreitungsgebiet des langschwänzigen Elliotliests (*Tanysiptera ellioti*) auf die indonesische Insel Kofiau.

Eisvögel haben keine große stimmliche Bandbreite, v.a. erzeugen sie Triller, Rasseln und Pfiffe, die aber sehr laut sein können. Am berühmtesten sind die in der Dämmerung in Australien erschallenden Chöre des Jägerliests (auch Kookaburra, *Dacelo novaeguineae*). Die meisten Eisvögel haben drei nach vorn gerichtete Zehen, wobei die äußere und die mittlere Zehe an der Basis verwachsen sind (Syndaktylie).

Halkyonische Tage

Der Name der Eisvogel-Gattung *Ceyx* geht auf die griechische Mythologie zurück. Der Legende nach war Zeus über die Beziehung zwischen Prinzessin Alcyone und König Ceyx so erzürnt, dass er Ceyx tötete, worauf sich Alcyone ins Meer stürzte. Das Paar wurde wieder vereint, als beide in Eisvögel verwandelt wurden. Nach einer anderen Version war Ceyx auf See verschollen und Alcyone nahm sich nach dieser Nachricht das Leben. Der Begriff »halkyonische Tage« (eine Zeit voller Frieden und Glück) geht wohl ebenfalls auf diesen Mythos zurück, da Alcyones Vater um die Wintersonnenwende im Dezember die Meere für zwei Wochen beruhigt haben soll, damit seine Tochter ihre Eier sicher in einem Nest am Strand ablegen konnte. In Polynesien galt der Götzenliest (*Todiramphus sanctus*) als heiliger Vogel und wurde wegen der ihm zugesprochenen Macht über Wind und Wasser angebetet.

In Großbritannien wurden Eisvögel in viktorianischer Zeit wegen der attraktiven Federn gejagt. Man stopfte die Vögel aus, stellte sie in Vitrinen zur Schau und verzierte mit ihren Federn Hüte, Schmuck und andere Modeartikel. In China werden schillernd blaue Eisvogelfedern seit 2000 Jahren als Intarsien für Gegenstände wie Haarnadeln, Kopfbedeckungen und Fächer verwendet. Dazu werden die Federn sorgfältig auf vergoldetes Silber geklebt. Dieses handwerkliche Technik (Tian-tsui) ähnelt dem

◄ Farbkontrast
Beim nur in Südostasien vorkommenden Wellenliest (*Lacedo pulchella*) sehen die beiden Geschlechter sehr unterschiedlich aus: Die Männchen sind leuchtend blau und schwarz gemustert mit orangem (oder schwarzem) Gesicht, die Weibchen rostbraun-schwarz.

▼ Erlesenes Design
Handbemaltes japanisches Inrō (traditionelles lackiertes Etui für persönliche Kleinigkeiten) aus dem 18. Jh. mit dekorativem Keramik-Netsuke (Gegengewicht) zur Befestigung an einem Obi (Schärpe).

Ein Eisvogel sitzt auf dem Rand eines Bootes und lauert auf Beute.

Regelmäßige Gefiederpflege

Beim Putzen befreit der in Nordamerika heimische Gürtelfischer (*Megaceryle alcyon*) sein Gefieder von Schmutz. Um es für die Tauchgänge wasserabweisend zu machen, verteilt er Öl aus der Bürzeldrüse auf den Federn.

Das Öl zum Einfetten wird in der Bürzeldrüse gebildet.

Cloisonné-Verfahren. Eisvogelfedern sind braun pigmentiert. Die blaue Färbung ist eine »Strukturfarbe« (ein erstmals im 17. Jh. vom britischen Wissenschaftler Robert Hooke beschriebenes Phänomen): Reflektiertes Licht lässt die Federn vieler Arten blau erscheinen.

Bei der Jagd sitzen Eisvögel reglos auf einem Ansitz und beobachten einen Bach oder den Waldboden. Zu ihren Lieblingsansitzen kehren sie immer wieder zurück. Selten verfolgen sie ihre Beute, sondern stürzen sich meist unvermittelt auf sie. Der Hakenliest (*Melidora macrorrhina*) gräbt im Boden und in Laubstreu nach Wirbellosen, der Froschschnabelliest (*Dacelo rex*) setzt seinen großen, breiten Schnabel wie eine Schaufel ein und durchpflügt Boden oder Schlamm nach Würmern, Insekten und Schnecken.

Die Eigentlichen und Fischereisvögel (*Alcedo*, *Ceryle*, *Megaceryle* und *Chloroceryle* spp.) ernähren sich überwiegend von Fischen und wirbellosen Wassertieren. Zum Schutz ihres Auges beim Auftreffen auf das Wasser besitzen sie eine Nickhaut (drittes Augenlid). Einzig beim Graufischer (*Ceryle rudis*) schiebt sich eine knöcherne Platte schützend über das Auge. Abseits von Gewässern lebende Arten ernähren sich meist von großen Insekten, wobei die größten auch Reptilien, Amphibien, Säugetiere und sogar Vögel fressen. Größere Beute wird meist durch Schlagen gegen den Ansitz getötet und von Stacheln befreit. Fische werden üblicherweise so gedreht, dass der Vogel sie problemlos mit dem Kopf voran

RIESENFISCHER
Megaceryle maxima
Mit bis zu 46 cm Länge und einem Gewicht von bis zu 425 g ist dies die größte afrikanische Eisvogel-Art.

BRAUNLIEST
Halcyon smyrnensis
An der weißen Kehle und dem Farbkontrast aus Kastanienbraun und leuchtendem Blau ist diese asiatische Art leicht zu erkennen.

JÄGERLIEST, KOOKABURRA
Dacelo novaeguineae
Diese australische Art lebt in Wäldern, Ackerland, Parks und Gärten. Ihr typisches »Gelächter« dient der Revierverteidigung.

im Ganzen verschlucken kann. Unverdauliche Knochen und Schuppen werden als Gewölle ausgewürgt. Der Jägerliest fängt mit seinem kräftigen Hakenschnabel Schlangen. Um sie zu töten, lässt er sie aus großer Höhe fallen oder schlägt sie gegen einen Felsen und schluckt sie dann mit dem Kopf voran. Der Schwarzschnabelliest (*Pelargopsis melanorhyncha*) frisst v. a. Krabben, der Rotbürzelliest (*Todiramphus pyrrhopygius*) plündert Schwalbennester und frisst die Küken.

Höhlenbrüter

Alle Eisvögel nisten in Höhlen und legen wie die meisten anderen Höhlenbrüter weiße Eier. In Bäumen nistende Arten übernehmen meist die Bruthöhle einer anderen Art, z. B. von einem Specht, eigene errichten sie nur in weichem, verrottendem Holz oder in Baumnestern von Termiten. Manche Arten graben in Steilufern lange, vom Eingang zur Nistkammer ansteigende Brutröhren. Die Öffnung befindet sich stets so hoch über dem Wasser, dass sie nicht überflutet werden kann. Die Brutröhren des Riesenfischers (*Megaceryle maxima*) können bis zu 8,5 m lang sein. Die meisten Eisvögel sind monogam und beide Eltern beteiligen sich an Nestbau und Jungenaufzucht. Außerhalb der Brutzeit sind viele Arten Einzelgänger. Der Graufischer und der Jägerliest leben jedoch gewöhnlich in Familiengruppen. Meist hat ein Brutpaar einen oder mehrere Helfer. Vom Graufischer sind Schlafgemeinschaften mit bis zu 220 Vögeln bekannt.

▲ Die Beute im Visier
Dieser um 1834 entstandene japanische Farbholzschnitt von Katsushika Hokusai zeigt einen Eisvogel zwischen Schwertlilien und wilden Nelken. Der Vogel scheint sich im Sturzflug auf eine Beute zu befinden.

BEUTE IM WASSER ANVISIEREN

Mit einem besonders empfindlichen Bereich ihrer Netzhaut können Eisvögel Beutetiere im Wasser genau anvisieren. Sie besitzen eine zweite Sehgrube (ein Bereich mit hoher Zapfendichte und damit höchster Sehschärfe) seitlich neben der Hauptsehgrube. Diese nutzen sie beim Eintauchen ins Wasser. Somit haben sie in der Luft eine monokulare Sicht, im Wasser eine binokulare, und können die genaue Position sich bewegender Beute erkennen und beim Eintauchen berücksichtigen.

JUSTIEREN DES EINTAUCHWINKELS

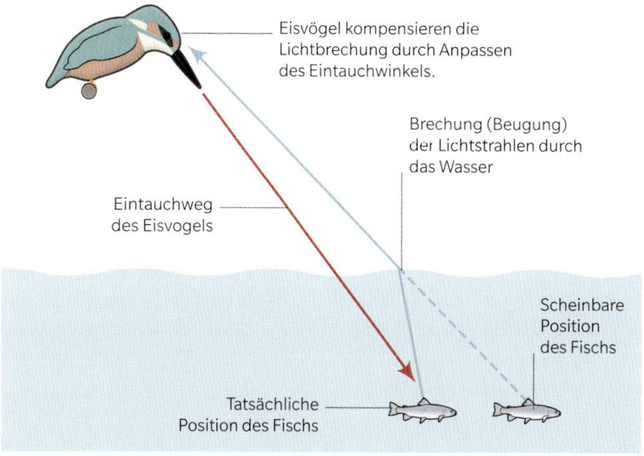

Zielgenau
Sein wasserdichtes Gefieder und die hohlen Knochen verleihen dem Eisvogel so viel Auftrieb, dass er nicht lange genug untergetaucht bleiben kann, um seine Beute unter Wasser zu verfolgen. Deshalb nimmt er einen Fisch von seinem bevorzugten Ansitz über dem Wasser ins Visier und taucht dann zielgerichtet zu ihm ein. Hat er den Fisch mit dem Schnabel erwischt, schlägt er ein paar Mal mit den Flügeln und bringt ihn durch den Auftrieb an die Oberfläche.

◄ Koloniebrüter
Wie viele andere Vertreter der Familie brüten Rotkehlspinte (auch Grünstirnspinte, *M. bulocki*) in großen Kolonien. Sie bleiben das ganze Jahr über in ihrem Brutgebiet.

► Meister der Lüfte
Der Bienenfresser (*M. apiaster*) ist die am weitesten verbreitete Art seiner Familie. Der Zugvogel brütet in ganz Eurasien von der Iberischen Halbinsel bis zur Mongolei und überwintert in Afrika südlich der Sahara.

Bienenfresser und Racken

Meropidae, Coraciidae

Die mit ihrem farbenprächtigen Gefieder oft auffälligen Vögel sind überzeugte Bewohner von offenen Lebensräumen oder Kahlflächen. Schon seit Jahrtausenden beflügeln sie die Fantasie der Menschen.

Ordnung Coraciiformes

Familien 2

Arten Mehr als 40

Länge 15–40 cm

Verbreitung Eurasien, Afrika, Australasien

Typischerweise entdeckt man Bienenfresser – auch Spinte genannt – oder Racken zunächst reglos auf einem markanten toten Ast oder auf Drähten sitzend. Bis sie plötzlich energiegeladen losfliegen, um eine Mahlzeit zu verfolgen, und dabei ihr exquisites Gefieder in leuchtenden, oft blauen oder grünen Farbtönen zeigen. Es gibt nur wenige ähnlich attraktive Vögel. Neben Arten mit wunderschönem Gefieder gibt es auch ausgesprochene Flugkünstler. Ihnen bei der Jagd oder bei Interaktionen im Flug zuzusehen, ist eine wahre Freude. Besonders akrobatische Flugvorführungen zeigen Racken: Sie lassen sich aus der Höhe fallen und verdrehen dabei auf spektakuläre Weise Flügel und Körper.

Wohnungsbau

Sowohl Bienenfresser als auch Racken brüten in Höhlen, haben aber sehr unterschiedliche Nistgewohnheiten. Bienenfresser sind primäre Höhlenbrüter, d.h., sie graben ihre eigenen Brutröhren in Erdwälle. Das tun Racken nicht. Sie nutzen als sekundäre Höhlenbrüter natürliche Baumhöhlen, Felsspalten oder von anderen Vögeln geschaffene Bruthöhlen.

Ein einziger Bienenfresser kann täglich bis zu 250 Bienen verspeisen.

▲ Aneinanderkuscheln Zwergspinte (*Merops pusillus*) verbringen die Nacht eng aneinandergekuschelt auf einem Ast. Das hält sie warm und zudem sind sie zu mehreren sicherer.

Die meisten Bienenfresser-Arten sind ausgesprochen gesellig und bilden manchmal riesige Kolonien mit z.T. Hunderten von Paaren. Die Beziehungen zwischen den Vögeln sind komplex, bisweilen kommt es auch zu einer kooperativen Aufzucht der Jungen, bei der verwandte Erwachsene einem Brutpaar bei der Fütterung der Jungen helfen. Die Vögel legen zwischen zwei und sieben Eier. Wie Studien zeigten, überleben durch das Rekrutieren erwachsener Helfer mehr Jungvögel bis zum Verlassen des Nests.

Racken sind dagegen viel unabhängiger. Weil sie ihre zwei bis vier Eier solitär ausbrüten, sind ihre Nester eher durch Raubtiere gefährdet. Gegen diese haben Racken aber einige bemerkenswerte Strategien entwickelt. Die Küken der Blauracke (*Coracias garrulus*) erbrechen z.B. bei Bedrohung durch Schlangen und Greifvögel zur Abwehr eine übel riechende, orangefarbene Flüssigkeit auf sich. Das macht sie als Mahlzeit weitaus weniger attraktiv.

Gabelracken bleiben lebenslang als Paar zusammen – daher gelten sie im Süden Afrikas als Symbol für Liebe und Ehe.

ANSITZEN UND ZUSCHLAGEN

Bienenfresser wie auch Racken sind effektive Ansitzjäger. Sie setzen sich auf einen exponierten Ansitz (im Fall dieser Gabelracke der Rücken eines Zebras) und halten von dort aus aufmerksam Ausschau. Sobald sie eine potenzielle Beute erblicken, stürzen sie sich auf sie und schnappen sie mit dem Schnabel.

AUSSCHAU HALTEN NACH BEUTE

Ein Platz an der Sonne

Bienenfresser und Racken leben normalerweise in offenem Grasland oder lichten Wäldern – nur wenige Bienenfresser-Arten bewohnen dichte Wälder und führen ein verstecktes Leben im Unterholz. Als wärmeliebende Vögel bevorzugen die meisten Arten ganzjährig tropische oder subtropische Klimazonen. Die in gemäßigten Regionen brütenden Arten ziehen im Winter Richtung Äquator. Die meisten Arten sind derzeit nicht gefährdet, nur die Bestände weniger sind aufgrund von Lebensraumverlusten rückläufig.

Bienenfresser ernähren sich von einer großen Bandbreite an fliegenden Insekten, von winzigen Fliegen bis zu Libellen. Viele davon können sie problemlos im Flug fressen, bei ihrer bevorzugten Nahrung, Bienen und Wespen, müssen sie jedoch vorsichtiger vorgehen. Um nicht gestochen zu werden, fliegen die Vögel zurück zum Ansitz, schlagen oder reiben die Beute gegen den Ast und entfernen so vor dem Verzehr den Stachel wie auch das Gift.

Ihre Beziehung zu Bienen ist schon seit Jahrhunderten bekannt. Im 4. Jh. v. Chr. schrieb der antike griechische Philosoph Aristoteles in seinem Werk *Historia animalium*, die Ernährungsgewohnheiten des Bienenfressers (*Merops apiaster*) stellten eine Bedrohung für Imker dar. Er beschreibt, wie Letztere zum Schutz ihrer Bienen die Nester der Vögel zerstörten.

Racken sind größer und robuster als Bienenfresser und können mit ihrem kräftigen Schnabel größere Tiere erbeuten. Zwar jagen sie ebenfalls im Flug, stürzen sich aber meist auf Tiere am Boden. Ihr Beutespektrum reicht von Heuschrecken, Skorpionen und Fröschen bis hin zu Eidechsen und Wühlmäusen. Manchmal erbeuten Racken sogar geschwächte kleine Vögel.

Weltweite Wertschätzung

Es verwundert nicht, dass solch eindrucksvolle Vögel seit Langem von Menschen auf der ganzen Welt geschätzt werden. Bengalen- oder Hinduracken (*C. benghalensis*) spielen in hinduistischen Mythen eine wichtige Rolle und werden mit dem Gott Shiva in Verbindung gebracht. Früher wurden die Vögel gefangen, ihre Federn gerupft, gehackt und an Kühe verfüttert, weil man glaubte, dies würde die Milchleistung verbessern. Heute ist die Art Staatsvogel von drei indischen Bundesstaaten. Ähnlich ist die Gabelracke (*C. caudatus*) der inoffizielle Nationalvogel Kenias.

Trotz ihrer religiösen Bedeutung stellte die Jagd im frühen 20. Jh. für die Bengalenracke eine ernsthafte Bedrohung dar. Wegen ihrer bunten Federn, mit denen man Kleidung und Hüte verzierte, wurde sie in großer Zahl getötet.

Bienenfressern schrieb man im alten Ägypten Heilkräfte zu. Ihr Fett wurde zur Abwehr von Stechmücken verwendet, eine nicht näher beschriebene Krankheit behandelte man, indem man Rauch von verkohlten Bienenfresser-Beinen in die Augen steigen ließ.

Der kräftige Schnabel ist eine Anpassung zum Fang größerer Beute.

Die verlängerten Schwanzfedern fungieren wohl als Ruder und verbessern die Flugkünste.

◄ Flugakrobat
Bei der Gabelracke haben beide Geschlechter das gleiche leuchtend bunte Gefieder und stellen ihre akrobatischen Flugkünste zur Schau.

TÜRKISRACKE
Eurystomus orientalis
Die in Südostasien weitverbreitete Art wird wegen des münzförmigen Flecks auf der Unterseite der Flügel auch Dollarvogel genannt. Einige Vögel ziehen zum Brüten nach Russland, China oder Australien.

► Renaissance-Studie
Die meisten Racken haben leuchtend azurblaue Schwungfedern, wie hier in Albrecht Dürers anatomischer Studie des Flügels einer Blauracke aus dem Jahr 1512 meisterhaft und detailliert veranschaulicht.

ROTBARTSPINT
Nyctyornis amictus
Dieser große Bienenfresser kommt in Tieflandwäldern in ganz Südostasien vor. Sein Gefieder ist grün, Gesicht und Brust sind rot, das Auge auffallend orange.

Sägeracken

Momotidae

Trotz ihres farbenfrohes Federkleids und extravaganten Schwanzes sind Sägeracken nur schwer zu entdecken, weil sie meist reglos im Unterholz des Waldes sitzen.

▲ Räuberischer Waldbewohner
Als unübertroffener Jäger im Unterholz stürzt sich der Plattschnabelmotmot (*Electron platyrhynchum*) auf große Insekten wie diesen Nachtfalter und fängt sie mit seinem gesägten Schnabel.

Die Sägeracken oder Motmots sind die einzige Vogelfamilie, die in Mittelamerika die größte Artenvielfalt aufweist – mit zehn Arten. Ebenfalls zehn haben einen langen Schwanz, dessen beide mittleren Federn in einer spatelförmigen Fahne enden. Als erster Europäer berichtete der spanische Entdecker Francisco Hernández im 16. Jh. von dem ungewöhnlichen Schwanz der Sägeracken, worauf der englische Ornithologe John Ray die Echtheit des Vogels anzweifelte.

Ursprünglich vermuteten Ornithologen, dass waldbewohnende Sägeracken die Fahne ihrer Schwanzfedern zu dekorativen Zwecken absichtlich abzwicken. Eine ausführlichere Erklärung liefert eine Legende des Volks der Pareci aus Mato Grosso (Brasilien). Der zufolge half der flammenfarbene Zimtbrustmotmot (*Baryphthengus martii*) ihren Vorfahren beim Erwerb des Feuers, indem er Glut auf dem Schwanz trug, welche die Federn wegbrannte. Tatsächlich scheinen sich schwächere Teile der Federn einfach abzunutzen.

Das Wort Motmot stammt wahrscheinlich aus der Nahuatl-Sprache der Azteken und ist vermutlich eine Beschreibung des Jagdverhaltens einer Art. Lokale Namen in Guyana und Französisch-Guayana (*houtou* bzw. *motmot houtouc*) ahmen die tiefen, fast eulenartigen Laute der Sägeracken nach, die normalerweise aus dem Unterholz des Regenwalds erklingen. Der in Brasilien lokal für den Rotkopfmotmot (*B. ruficapillus*) verwendete Name – *passáro-péndulo* (»Pendelvogel«) – hat einen ganz anderen Ursprung. Insbesondere, wenn diese Vögel Angst haben, wippen sie oft unvorhersehbar langsam mit dem Schwanz oder bewegen ihn seitlich hin und her.

Ordnung Coraciiformes

Familien 1

Arten Mehr als 10

Länge
16,5–49 cm

Verbreitung Mexiko, Mittelamerika, Südamerika

Die beiden zentralen Federn des langen Schwanzes haben ungewöhnliche, spatelförmige Enden.

▲ Taxonomie-Lektion
Der Diademmotmot (*Momotus lessonii*) ist eine von fünf Arten, die bis 2009 alle als Formen des Blauscheitelmotmots galten.

»Das Seltene und Außergewöhnliche an dem Vogel ist, dass eine der Schwanzfedern länger ist als die anderen.«

FRANCISCO HERNÁNDEZ,
Historia de las Aves de Nueva España, 1651

Ordnung Piciformes

Familien 1

Arten Mehr als 10

Länge
10–20 cm

Verbreitung
Afrika, Asien

Ihre **verdickte Haut schützt** Honiganzeiger vermutlich vor **Stichen der Bienen**.

Honiganzeiger

Indicatoridae

▲ Wachs-Fresser
Ein Nasenstreif- oder Kleiner Honiganzeiger (*Indicator minor*) klammert sich an eine freigelegte Wachswabe. Dank spezieller Enzyme in Bauchspeicheldrüse und Dünndarm vermag er das Wachs zu verdauen.

Der Name der Vögel leitet sich von dem einzigartigen Verhalten einer Art ab: Die Vögel führen Menschen zu Bienennestern – und erlangen dadurch Zugang zum Wachs und den Bienenlarven.

Im 16. Jh. beobachtete ein Missionar im heutigen Mosambik, wie ein Vogel in seine Kirche eindrang und Wachs von Kerzenständern pickte. Er berichtete, genau dieselbe Art, bekannt als Schwarzkehl- oder Großer Honiganzeiger (*Indicator indicator*), führe Menschen durch Rufe und Umherflattern zu Bienennestern. Nach der Ernte des Honigs mache sich der Vogel über die weggeworfenen Wachswaben und die Bienenlarven her. Mit einem bestimmten Laut brächten die Honigsammler die Vögel dazu, Bienenstöcke zu suchen. Alle Honiganzeiger können Bienenwachs riechen und finden dadurch die Bienennester.

Wie Kuckucke legen sie als Brutparasiten ihre Eier in das Nest einer anderen Art. Sie zeigen aber auch noch andere interessante Verhaltensweisen. Teils sticht das Honiganzeiger-Weibchen die Eier des Wirts an, um sicherzustellen, dass ihr Küken als Einziges von den unwissenden Pflegeeltern gefüttert wird. Jedes geschlüpfte Wirtsküken wird umgehend vom Honiganzeiger-Küken mit dem scharfen Haken an seinem Schnabel getötet.

➤ Plünderung eines Bienenstocks
Ein Stich aus *The Naturalist's Pocket Magazine* (1800) zeigt einen Schwarzkehl-Honiganzeiger, der Wachs aus einem Bienenstock frisst.

Bartvögel

Capitonidae, Lybiidae, Megalaimidae

Die mit den Spechten verwandten Bartvögel besitzen ähnlich kräftige Füße, aber schwerere Schnäbel. Man kann sie genauso gut am Boden sehen wie auf einem Termitenhügel oder einem Baum.

Ordnung Piciformes

Familien 3

Arten Mehr als 90

Länge
9–30 cm

Verbreitung
Südamerika, Afrika, Asien

Die Bartvögel bilden drei geografisch getrennte Familien: in Südamerika, Afrika und Asien (Amerikanische, Afrikanische und Asiatische Bartvögel). In Asien sind sie vom Himalaja bis nach Indonesien verbreitet. Alle Arten haben einen großen Kopf und einen kurzen Schwanz. Die größeren Bartvögel erinnern an bunte Tukane mit kleinem Schnabel und sind meist sehr lärmend, im Laub des Waldes aber oft schwer auszumachen. Die kleineren afrikanischen Zwergbärtlinge oder Zwergbartvögel (*Pogoniulus* spp.) sehen aus wie stämmige, dickschnäbelige Meisen und leben versteckt in den Baumkronen. Bartvogel-Rufe bestehen meist aus sich wiederholenden, widerhallenden Tönen oder einer Reihe von teils mehrminütigen Trillern und führten zu Namen wie Kupferschmied-Bartvogel (*Psilopogon haemacephalus*). Einige afrikanische Arten werden lokal als

Bartvogelpaare singen oft lange, laute **Duette** in Baumwipfeln.

Mit seinem dunkel olivfarbenen Rücken und dem schwarzen Kopf ist der Vogel im dichten Wald nur schwer zu entdecken.

Der breite, schwere Schnabel mit feiner Spitze dient zum Aushöhlen von Nisthöhlen und zum Aufpicken von Insekten.

▼ In großer Höhe
Der Heulbartvogel (*P. virens*) lebt in hoch gelegenen Wäldern Asiens von Indien bis Nepal und Südwestchina und ernährt sich von Früchten und Insekten.

Savannen-Bewohner
Der Ohrfleck-Bartvogel (*T. darnaudii*), hier auf einer Illustration des niederländischen Malers J. G. Keulemanns aus dem 19. Jh., ist eine kleine, in den Savannen Afrikas häufige Art.

»Obstsalatvögel« bezeichnet, mutmaßlich wegen ihrer Ernährung aus bis zu 60 verschiedenen Früchten, wohl eher aber wegen ihres gelb, rot, schwarz und weiß gefleckten Gefieders

Die meisten Arten sind noch wenig erforscht, aber Bartvögel gelten als monogam. Paare bebrüten gemeinsam 15 Tage lang ihre bis zu sieben Eier, die Küken werden nach 3–4 Wochen flügge. Mehrere Arten haben Gemeinschaftsnester. In Wäldern lebende Arten bauen ihre Nisthöhlen in weiches oder totes, verrottendes Holz, solche aus offeneren Lebensräumen in Termitenhügeln oder fester Erde.

Näher mit Tukanen verwandt

Die 15 südamerikanischen Arten der Familie Capitonidae sind näher mit Tukanen verwandt als mit den anderen Bartvögeln. Der Loretobartvogel (*Capito wallacei*) wurde 1996 entdeckt. Er kommt nur auf einem bewaldeten Bergrücken in Peru vor, und es gibt vermutlich weniger als 1000 Individuen. Mittels DNA-Analysen wurde eine von zwei Formen als eigene Art eingestuft: der Sirabartvogel (*C. fitzpatricki*).

▲ Hüpfend am Boden unterwegs
Der farbenprächtige Haubenbartvogel (*Trachyphonus vaillantii*) ist häufig am Boden zu beobachten. Mit den kurzen Flügeln und ruckartigen Sprüngen ist er ein typischer Vertreter der agilen Afrikanischen Bartvögel.

ANDENBARTVOGEL
Eubucco bourcierii
Diese Art der Amerikanischen Bartvögel kommt von den Bergen Mittelamerikas nach Süden bis Peru vor. Mit ihren lang gezogenen, klangvoll trillernden Rufen trägt sie zu den typischen Geräuschen des Waldes bei.

GOLDBÜRZEL-BARTVOGEL
Pogoniulus bilineatus
Die weißen Streifen im Gesicht unterscheiden diesen kleinen afrikanischen Waldbewohner von den ähnlichen Zwergbärtlingen. Je nach geografischer Herkunft stößt er sich wiederholende Rufe oder Triller aus.

BRAUNKOPF-BARTVOGEL
Psilopogon zeylanicus
Dieser südasiatische Regenwaldbewohner hat sich auch in bewaldete Gebiete an Stadträndern wie Parks und große Gärten ausgebreitet. Er ist bekannt für seine wiederholten Rufe.

Tukane

Ramphastidae

Tukane sind bunte Baumbewohner mit riesigem Schnabel und ernähren sich vorwiegend von Früchten. Viele sind Flaggschiffarten für die gefährdeten Regen- und Nebelwälder Amerikas.

Ordnung Piciformes

Familien 1

Arten Mehr als 40

Länge
30–61 cm

Verbreitung Mexiko, Mittelamerika, Südamerika

▲ Regenbogenfarben
Der plakativ gemusterte Schnabel des Fischertukans kann mehr als halb so lang sein wie sein Körper. Damit gehört er im Verhältnis zur Körpergröße zu den größten aller Vogelschnäbel.

Mit dem langen Schnabel kann er auch Früchte am Ende dünner Zweige erreichen.

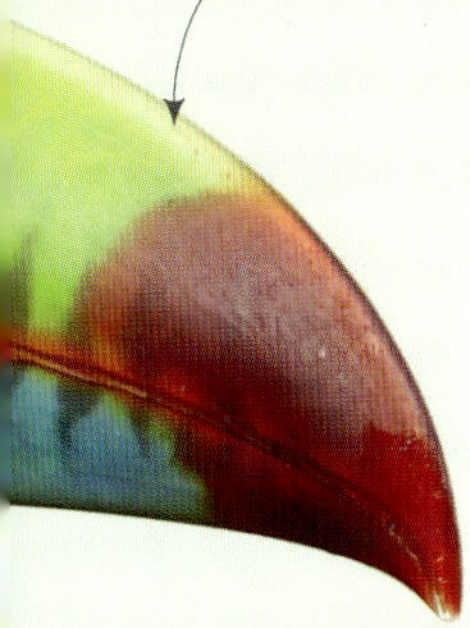

LEICHTER SCHNABEL

Tukanschnäbel sehen zwar schwer aus, sind aber hohl und daher sehr leichtgewichtig. Kreuzweise angeordnete knöcherne Verstrebungen stützen die äußere Schnabelscheide. Der Schnabel verschafft auch Kühlung unter der heißen Tropensonne: Durch ein Gefäßgeflecht im Schnabel fließt Blut und über die große Schnabelfläche wird die Körperwärme effizient abgeleitet. In kühlen Zeiten ist die Durchblutung des Schnabels eingeschränkt.

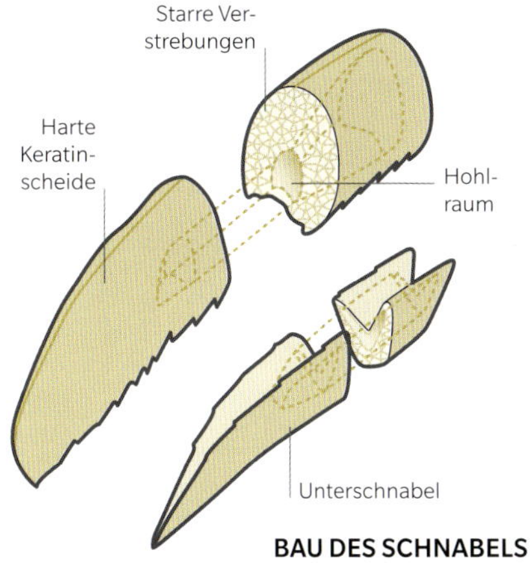

BAU DES SCHNABELS

Die meisten Tukane leben in Wäldern, von feuchten Tieflandregenwäldern im Amazonasbecken bis zu Bergnebelwäldern in den Anden. Als gesellige Vögel gehen sie in kleinen, rastlosen Gruppen auf Nahrungssuche. Bei manchen Schwarzarassaris (*Pteroglossus* spp.) helfen die Nachkommen der Vorjahre ihren Eltern bei der Aufzucht der nächsten Brut.

Ihre grotesken Schnäbel verleihen den farbenfrohen Tukanen einen hohen Wiedererkennungswert – sowohl in der Natur als auch in Kunst und Werbung. Der Fischertukan (*Ramphastos sulfuratus*) wurde zum Nationalvogel von Belize, als das Land 1981 Unabhängigkeit erlangte.

Verhängnisvolle Neugier

Leider wirkte sich ihre Popularität oft nachteilig auf Tukane aus. Wegen ihrer angeborenen Neugier – man kann sie durch Nachahmen ihrer Rufe anlocken – lassen sie sich leicht fangen oder töten. In Brasilien wurden Tukane zumindest bis ins späte 20. Jh. ihres schmackhaften Fleisches wegen gejagt und ihre Schnäbel zu einem angeblich medizinisch wirksamen Pulver zermahlen. Ihr Wert hing natürlich auch mit ihren Regenbogenfarben zusammen. Im 18. und 19. Jh. trugen die brasilianischen Könige Pedro I. und II. einen Umhang aus gelben Brustfedern des Dotterkehltukans (*R. vitellinus*). Und in einigen Kulturen, etwa bei den peruanischen Jivaro, wurden die riesigen, extravagant gefärbten Tukanschnäbel wie Schmuck getragen.

▲ **Marken-Ikone**
Der von John Gilroy gezeichnete Riesentukan war fast 50 Jahre lang gefeierter Werbeträger für Guinness-Bier.

Tukane ernähren sich sowohl von Früchten als auch von kleinen Tieren, Spinnen, Insekten, Reptilien, kleinen Säugetieren und rauben Vogelnester aus.

KAPUZENTUKAN
Andigena cucullata
Die vier Arten der Gattung Blautukane leben alle in Bergwäldern, genauer in den südamerikanischen Anden von Peru bis Bolivien.

LAUCHARASSARI
Aulacorhynchus prasinus
Kein Vertreter der Tukane kommt weiter nördlich vor als der Laucharassari. Seine prächtigen Grüntöne bieten ihm im Dach des Regenwaldes eine überraschend gute Tarnung.

KRAUSKOPFARASSARI
Pteroglossus beauharnaisii
Dies ist der Tukan mit dem wohl kuriosesten Aussehen: Seine modifizierten Kopffedern sehen aus wie glänzender, schwarzer Kunststoff und haben eine lockige Struktur.

Der lange, meißelförmige Schnabel eignet sich perfekt zum Hacken in Borke und Zimmern tiefer Nisthöhlen.

Mit dem Schwanz stützt er sich am Stamm ab.

◄ Gut gestützt
Wie die meisten anderen Spechte nutzt der indische Bengalenspecht (*Dinopium benghalense*) seinen steifen Schwanz als stabilisierende Stütze. Zusammen mit den scharfen, gebogenen Krallen ist er damit bestens für die Nahrungssuche gerüstet.

Spechte

Picidae

Ordnung	Piciformes
Familien	1
Arten	Mehr als 230
Länge	7,5–55 cm
Verbreitung	Nord- und Südamerika, Europa, Afrika, Süd- und Südostasien

Mit scharfen Krallen und festem Griff klammern sich Spechte an Bäume und hämmern gegen die Rinde, um Insektenlarven herauszuholen, Nüsse zu öffnen oder süßen Baumsaft austreten zu lassen, der Beute anlockt.

Spechte sind außergewöhnliche Vögel mit teilweise plakativ gemustertem Gefieder. Ein mit wildem Flügelschlag auf einem Ast oder an einem Futterhäuschen im Garten landender Buntspecht (*Dendrocopos major*) fällt mit seiner schwarz-weiß-roten Färbung sofort ins Auge.

In der Familie der Spechte gibt es bestimmte Grundschemata bezüglich Färbung und Muster. Viele Arten haben ausgeprägte Scheitel- oder Nackenflecken, teilweise in Kombination mit einem breiten »Bartstreif«, der bei den Männchen meist leuchtender gefärbt ist. Oft stechen diese Gefiederpartien lebhaft rot oder orange hervor. Das Rückengefieder kann leuchtend gelbgrün oder braun sein oder auch schwarz-weiß gebändert, sodass ein silbriger Effekt entsteht.

Die meisten Specht-Arten sind häufiger zu hören als zu sehen. Viele stoßen markante Rufe aus, die sich im Frühjahr zu einfachen, aber melodiösen Gesängen entwickeln. In Teilen Europas gelten die Rufe der Spechte traditionell als Vorboten einsetzenden Regens, während nordamerikanische Legenden sie mit Freundschaft und Glück verbinden.

Unverwechselbares Trommeln

Einige Specht-Arten erzeugen Trommellaute. Dieses Trommeln erfüllt alle Funktionen des Gesangs – es verkündet im Frühjahr die Anwesenheit und den Revieranspruch des Spechtes und ist im Wald oft weithin zu vernehmen. Durch schnell aufeinanderfolgendes

Schopfspechte sind in eine Richtung blickend um die Motive Sonne und Wind angeordnet.

► Gravierte Schale
Dieser als Statussymbol getragene Anhänger aus der Mississippi-Kultur stammt wahrscheinlich aus der Zeit von etwa 1250–1450. Die Gravur der harten Schale war sehr zeitaufwendig und erforderte viel Geschick.

◄ Familientreffen
In John J. Audubons *Birds of America* (1827–1838) sind ein Haarspecht (*Leuconotopicus villosus*, oben links) und ein Carolinaspecht (*Melanerpes carolinus*, oben rechts) mit herausgestreckter Zunge zusammen mit anderen Vertretern der Familie Spechte abgebildet.

Hämmern mit der Schnabelspitze gegen einen resonanten Ast oder Pfahl wird eine Salve kurzer Töne erzeugt. Die Trommellaute sind jeweils arttypisch. Während der Kleinspecht (*Dryobates minor*) sanft und entspannt trommelt, erzeugt der größere Buntspecht ein kürzeres, abruptes, widerhallendes Trommeln. Weibchen trommeln schwächer, was die Arterkennung am Klang erschwert. In der nordischen Mythologie werden Spechte mit dem Donnergott Thor in Verbindung gebracht, im alten Rom mit dem Kriegsgott Mars, aber auch mit der Fruchtbarmachung des Waldbodens.

Meißel-Spezialisten

Die meisten Spechte sind Waldbewohner und gehen an Bäumen oder umgestürzten Stämmen auf Nahrungssuche. Ihre harten Schläge in die Baumrinde erfordern bestimmte Anpassungen von Muskulatur und Knorpel im Hals und am Schnabelansatz, einen schwammartigen Schädel und ein eng eingepasstes Gehirn. Diese anatomischen Merkmale ermöglichen ihnen auch das schnelle Hämmern zur Lauterzeugung und das kraftvolle Ausmeißeln der Nisthöhlen. Spechthöhlen sind für die Ökologie der Wälder von großer Bedeutung. Viele andere Vögel wie Stare (*Sturnus vulgaris*) sowie manche Meisen und Eulen können keine eigenen Nisthöhlen anfertigen und nutzen daher alte Spechthöhlen. Aber nicht alle Spechte hämmern zur Nahrungssuche gegen Bäume. Einige, wie der Grünspecht (*Picus viridis*), suchen am Boden nach Nahrung, etwa Ameisen. Bei einer Störung fliegen sie mit plötzlichen Flügelschlägen rasch wellenförmig auf (eine für Spechte typische Flugweise). Oder sie hüpfen hinter einen Baumstamm in Deckung und spähen dabei oft um die Seite herum, um eine mögliche Gefahr zu erkennen.

Für immer verloren?

Zwei besonders große Specht-Arten stehen kurz vor dem Aussterben. Die eine ist der Elfenbeinspecht (*Campephilus principalis*), der möglicherweise noch in einigen abgelegenen Wäldern

Die Unterarten werden unterteilt in gelb- und rotschäftige Formen.

Glanzvolle Erscheinung
Die auffällig leuchtenden Flügelunterseiten kennzeichnen diesen Vogel als gelbschäftige Form des nordamerikanischen Goldspechts.

GELBBAUCH-SAFTLECKER
Sphyrapicus varius
Diese Art aus dem Osten Nordamerikas ist als einzige von dort ein echter Zugvogel. Sie überwintert im Südosten der USA, in Mittelamerika und in der Karibik.

GRAUBRUST-SPECHT
Dendropicos goertae
Bei dieser Art der afrikanischen Baumsavannen ist der Scheitel von ausgewachsenen Männchen rot, von Weibchen einfarbig grau.

WENDE-HALS
Jynx torquilla
Dies ist eine der beiden tarnfarbigen Specht-Arten. Sie zieht zwischen Europa und Afrika, wo die zweite Art, der Rostkehl-Wendehals (*J. ruficollis*), lebt.

im Süden Nordamerikas vorkommt. Die letzte offizielle Sichtung in der Region des Tensas River in Louisiana (USA) stammt aus dem Jahr 1944. 2021 schlug der Fish and Wildlife Service (FWS) vor, die Art für ausgestorben zu erklären. Experten behaupten jedoch, in Louisiana Beweise für die Art gesammelt zu haben, und verzögerten damit die Entscheidung des FWS. Eine Handvoll Bilder von Elfenbeinspechten, darunter eines in Audubons *Birds of America*, zeigen die ganze Pracht dieses Vogels. Sein elfenbeinfarbener Schnabel war sehr begehrt und wurde von den indigenen Völkern Nordamerikas als Schmuck verwendet. Dies führte zu Funden von »Elfenbein-Schnäbeln« in Kanada, weit nördlich des Verbreitungsgebiets der Art, wo zumindest bis ins 18. Jh. Tierhäute gegen Spechtschnäbel gehandelt wurden.

Eine ähnlich aussehende, aber weniger bekannte Art ist der mexikanische Kaiserspecht (*C. imperialis*). Sollte es ihn noch geben, ist er die größte Specht-Art der Welt. Zuletzt wurde er jedoch 1956 beobachtet und auf 16-mm-Film festgehalten, aber sonst nie fotografiert.

Das **Vorratslager** eines Eichelspechts, die »Kornkammer«, kann bis zu **50 000 Eicheln** enthalten.

Die markante rote Kappe ist beim Männchen deutlicher ausgeprägt.

Die Eicheln werden in speziell gemeißelte Löcher oder natürliche Risse in der Rinde gesteckt.

➤ Vorräte für den Winter

Eichelspechte (*Melanerpes formicivorus*) bilden komplexe Gemeinschaften, die in Baumrinde oder hölzernen Gebäuden wie Blockhütten Vorratsspeicher aus Eicheln anlegen und gemeinsam nutzen.

ZUNGE UND KNOCHEN

Das bei Säugetieren unter dem Kiefer sitzende Zungenbein stabilisiert die Zunge. Bei Spechten teilt sich dieser Knochen in zwei Teile, die von den Nasenlöchern über den Scheitel in den rückwärtigen Teil des Schädels reichen und von dort unter der Kehle nach vorne verlaufen. Damit kann der Vogel die Zunge zurückziehen oder aus dem Schnabel herausstrecken, um Ritzen in Baumrinde oder Ameisenhaufen zu erkunden. Bei manchen Arten ist die Zungenspitze glatt und klebrig, bei anderen mit winzigen Widerhaken besetzt.

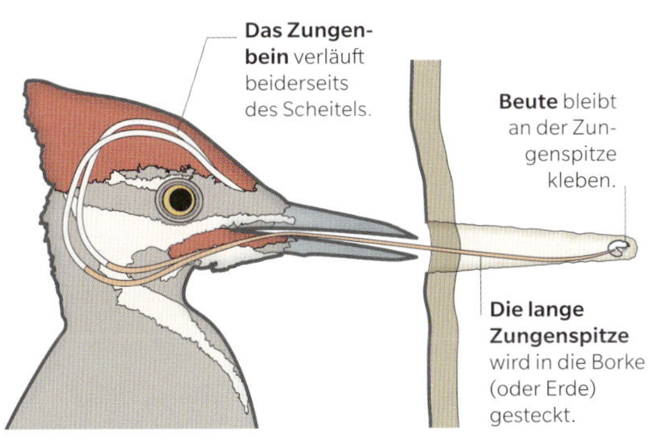

QUERSCHNITT DES SCHÄDELS

Der zweifarbige Schnabel ist oberseits schwarz und unterseits weißlich.

▲ Gruppenbildung
Braunflügel-Mausvögel (*Colius striatus*) bilden Gruppen aus 3–15 Vögeln, zur Nahrungssuche schließen sich manchmal bis zu 50 Vögel zu größeren Schwärmen zusammen.

▲ Anatomische Studie
Diese Tafel aus dem frühen 20. Jh. zeigt einen Weißkopf-Mausvogel (*Colius leucocephalus*) sowie die Köpfe eines Blaunacken-Mausvogels (*Urocolius macrourus*) und der hellen Form des Braunflügel-Mausvogels.

Mausvögel

Coliidae

Mausvögel erhielten ihren Namen wegen ihres mausähnlichen Aussehens und ihrer huschenden Bewegungen auf Ästen und im Gestrüpp. Sie kommen ausschließlich in Afrika vor.

Mausvögel haben ein außergewöhnliches Gefieder: weich und flauschig, fast haarartig – ähnlich dem Fell einer Maus. Auch ihre Zehen mit den kräftigen Hakenkrallen sind ungewöhnlich. Ihre äußeren Zehen sind umkehrbar, können also nach vorn oder nach hinten zeigen. Die übliche (anisodaktyle) Haltung mit drei Zehen nach vorne und einer nach hinten wird beim Sitzen auf Zweigen angewandt. Zeigen alle vier Zehen nach vorn (pamprodaktyl), können Mausvögel kopfüber an Zweigen hängen. Zum Klettern an Baumstämmen ist die Haltung mit zwei Zehen nach vorn und zwei nach hinten (zygodaktyl) am besten geeignet. Mausvögel können schnell rennen und mit ihren kurzen, abgerundeten Flügeln auch schnell fliegen. Bei Kälte fallen Mausvögel zur Energieersparnis in eine Starre (Torpor). Ihre Körpertemperatur fällt dann auf bis zu 18,2 °C. Forschungen zufolge kann das Zusammenkauern in Gruppen von sechs oder mehr Tieren den nächtlichen Energieverbrauch um 50 Prozent senken. Fossilfunde ergaben, dass die heute auf Afrika beschränkten Mausvögel einst auch in Europa und Nordamerika lebten.

Ordnung Coliiformes

Familien 1

Arten 6

Länge
29–38 cm

Verbreitung
Afrika südlich der Sahara

Seriemas

Cariamidae

Seriemas sind große, langbeinige Bodenbewohner aus dem zentralen und östlichen Südamerika. Sie bewegen sich schreitend im trockenen Grasland oder gleitend über dichtem, wenig einladendem Dornengestrüpp.

Ordnung Cariamiformes

Familien 1

Arten 2

Länge
70–90 cm

Verbreitung
Südamerika

In der Morgendämmerung erklingt in der Savanne Argentiniens ein weit tragendes, dem Kläffen junger Hunde ähnliches Duett: Ein Paar Rotfußseriemas (*Cariama cristata*) bringt einander ein Ständchen. Die beiden Seriema-Arten – die andere ist der Schwarzfußseriema (*Chunga burmeisteri*) – sehen ebenso merkwürdig aus, wie sie klingen. Sie schreiten auf absurd langen Beinen umher, ihre großen Augen und der scharfe, leicht abwärts gebogene Schnabel erinnern an Greifvögel. Ungewöhnlich sind auch das über dem Schnabelansatz sprießende Federbüschel – der Gattungsname entstammt der Tupi-Sprache, in der *çariama* »mit Haube« bedeutet – sowie die »Augenwimpern«. Diese sind borstige Federn, die die Augen vor vom Wind verwehtem Staub schützen.

In Brasilien heißt es: »Wo Seriemas sind, gibt es keine Schlangen.« Daher lassen es viele Landbewohner zu, dass Seriemas im Umfeld ihres Hauses leben und bisweilen sogar ins Haus kommen, um Abfälle zu fressen. Das ist jedoch ein Irrglaube. Seriemas sind keine besonders eifrigen Schlangenjäger. Sie töten aber kleine Beute wie Kleinsäuger, Schlangen, Echsen, Frösche und Vögel, indem sie diese mit dem Schnabel auf den Boden schlagen. In der argentinischen Provinz Chaco werden Schwarzfußseriemas als Haustiere gehalten, aber auch zum Verzehr gejagt und ihre Eier werden ebenfalls gesammelt.

▼ Schräge Vögel
Seriemas ähneln dem afrikanischen Sekretär (*Sagittarius serpentarius*), aber diese sind nicht ihre nächsten Verwandten, sondern die Falkenartigen.

Über der Schnabelbasis wächst ein struppiger, punkiger Federkamm.

Mit den langen Beinen können Seriemas in ihr aus Zweigen gebautes Nest über dem Boden springen.

◄ Hüte dich!
Bei Bedrohung plustern sich Rotfußseriemas einschüchternd auf: Sie beugen sich nach vorn, spreizen Flügel und Schwanz und sträuben ihr Gefieder, sodass sie deutlich größer wirken.

Falkenartige

Falconidae

Zu dieser Familie gehören viele unerbittliche, kraftvolle Jäger wie der viel gepriesene Wanderfalke, aber auch einige erstaunlich clevere und anpassungsfähige Generalisten wie die Karakaras.

▼ Geladen und entsichert
Das Ziel fest im Blick ist ein Wanderfalke bereit zum Sturzflug auf die Beute. Oft reicht schon die Wucht seines von der Schwerkraft unterstützten Hochgeschwindigkeitsangriffs aus, um sein Opfer zu töten.

Falkenköpfiger Gott
Der ägyptische Gott Horus wurde mit dem Kopf eines Lannerfalken (*F. biarmicus*) dargestellt, mit der Sonne im einen Auge und dem Mond im anderen als Zeichen für Kraft bzw. Heilung. Dieses hübsche Wandgemälde (um 1292 v. Chr.) schmückt das Grab des Pharaos Horemheb im Tal der Könige.

Zu den weniger bekannten falkenköpfigen Gottheiten Ägyptens gehören der Kriegsgott Montu und der Mondgott Khonsu.

Habicht- und Falkenartige sind ein hervorragendes Beispiel für konvergente Evolution, denn beide Gruppen haben unabhängig voneinander ähnliche Merkmale entwickelt. Erst Anfang des 21. Jh. brachten DNA-Analysen ans Licht, dass sie gar keine nahen Verwandten sind. Tatsächlich sind die Falkenartigen viel näher mit Papageien verwandt. Ihre papageienähnlichen Merkmale sind vielleicht nicht offensichtlich, aber Falken – und insbesondere Karakaras – sind kluge, wissbegierige Vögel. Mehrere Falken-Arten sind seit langem enge Gefährten des Menschen.

Stark und intelligent

Seit dem Mittelalter werden die großen Falken in der Falknerei geschätzt, nicht nur wegen ihrer Kraft, Intelligenz und Bereitschaft zur Kooperation mit dem Falkner, sondern auch wegen ihrer Fähigkeit, mittelgroße Beute wie Moorhühner und Kaninchen zu überwältigen. In der Kultur der Beduinen spielen Falken seit Jahrhunderten eine wichtige Rolle, v. a. der lokal vorkommende Würg- oder Sakerfalke (*Falco cherrug*), der auch Nationalvogel von Oman, Katar, Saudi-Arabien, Jemen und den Vereinigten Arabischen Emiraten ist. In letzter Zeit wurden im Nahen Osten Falken-Arten aus anderen Teilen der Welt populär. Die »besten« Vögel (bezüglich Jagdfähigkeit, Seltenheit und Ästhetik) wechseln für horrende Summen den Besitzer. 2021 wurde ein weißer Gerfalke (*F. rusticolus*) auf einer Auktion für rekordverdächtige 1,75 Mio. Saudi-Riyals (rund 440 000 EURO) versteigert.

Mit ihren langen, spitzen Flügeln können Falken sehr schnell fliegen und in tödlichem Sturzflug angreifen. Der Wanderfalke (*F. peregrinus*) erreicht dabei mehr als 320 km/h. Viele Arten erbeuten andere Vögel

Ordnung Falconiformes

Familien 1

Arten Mehr als 60

Länge 15–60 cm

Verbreitung Weltweit, außer in der Antarktis

Falken töten ihre Beute mithilfe des **»Falkenzahns«** am Schnabel.

direkt im Flug. Kleinere wie Baumfalken jagen geschickt wendige Insekten wie Libellen. Die großteils in Südamerika vorkommenden Waldfalken haben breitere Flügel und erinnern in ihrem Jagdstil an Habichte der Gattung *Accipiter*. Eine eigene Gruppe bilden die in Afrika und Eurasien verbreiteten Turmfalken. Sie jagen Mäuse und andere kleine Beute, zumeist am Boden. Vor dem Angriff rütteln sie in der Luft, bis sie eine Beute erspähen, und stürzen dann wie ein Stein hinab. Karakaras sind zwar vorwiegend Aasfresser, aber auch perfekte Opportunisten und suchen zu Fuß nach jeglichem Essbaren, bisweilen in Gruppen. Der auf den gleichnamigen Inseln heimische Falklandkarakara (*Phalcoboenus australis*) nähert sich auf der Suche nach Essensresten menschlichen Besuchern und lungert in Robben- und Pinguin-Kolonien herum, stets bereit, unbeaufsichtigte Jungtiere und Küken anzugreifen.

Der **Gelbkopfkarakara** (*Milvago chimachima*) pickt **Parasiten** aus dem Fell von **Tapiren und Wasserschweinen.**

◄ Königliche Beschäftigung
Eine Ausgabe von *Die Kunst, mit Vögeln zu jagen* aus dem 14. Jh. zeigt den Autor, den römischen Kaiser Friedrich II., mit einem abgerichteten Würgfalken (*F. cherrug*).

BUNTFALKE
Falco sparverius
Obwohl er ähnlich wie ein Turmfalke rüttelt, ist dieser kleine, neuweltliche Falke eng mit dem Wanderfalken und anderen großen Falken-Arten verwandt.

FINKENFÄLKCHEN
Microhierax fringillarius
Dieser unverwechselbare kleine Falke aus Südostasien gehört zu den kleinsten Greifvögeln der Welt. Er erbeutet Insekten und jagt manchmal in kleinen Gruppen.

BERGKARAKARA
Phalcoboenus megalopterus
Die markante Art kommt in den Anden vor und frisst dort auf Dorfstraßen Aas. Wie andere Karakaras baut sie (anders als Falken) ein eigenes Nest aus Zweigen.

Ein Hinweis auf die taxonomischen Beziehungen der Falkenartigen mit anderen Gruppen ist, dass sie – anders als Habichtartige – keine Nester bauen. Stattdessen brüten sie wie Papageien in Baumhöhlen, auf Felsvorsprüngen und manchmal in verlassenen Nestern anderer Vögel. Wanderfalken akzeptieren bereitwillig offene Nistkästen. Dies hat dazu beigetragen, dass diese weltweit verbreitete, aber oft verfolgte Art in Städten floriert. Dort wird ihre Anwesenheit oft sehr gern gesehen, da sie Jagd auf Straßentauben machen. Während der beiden Weltkriege (in denen Brieftauben als lebensrettende Boten eingesetzt wurden) galt die Vorliebe von Wanderfalken für Tauben allerdings als so problematisch, dass das britische Verteidigungsministerium eine Massenkeulung der Falken anordnete. Heute ist der australische Habichtfalke (*F. berigora*) für sein gefährliches Verhalten berüchtigt. Zusammen mit Milanen fördert er die Ausbreitung von Waldbränden, denn er treibt mit schwelendem Holz kleine Säugetiere aus der Deckung und verbreitet so das Feuer von Ort zu Ort.

SONNENSCHUTZ

Die vertikalen, dunklen Wangenstreifen vieler Falken erinnern an übermäßig aufgetragenes Make-up. Sie dienen aber einem wichtigen Zweck. Bei der Jagd am hellen Himmel reduzieren sie die Blendwirkung der Sonne, die in die Augen reflektiert wird. Wanderfalken kommen weltweit in verschiedenen Breitengraden vor und die Breite des Wangenstreifs korreliert jeweils mit der durchschnittlichen Sonneneinstrahlung, der die Vögel ausgesetzt sind.

VERHÄLTNIS VON WANGENSTREIF ZU SONNENEINSTRAHLUNG

> »Sich im Respekt zu erhalten,
> Muss man recht borstig sein.
> Alles jagt man mit Falken,
> Nur nicht das wilde Schwein.«

J. W. VON GOETHE, *West-östlicher Divan*, 1819 (erw. 1827)

◄ **Hansdampf in allen Gassen**

Schopfkarakaras (*Caracara plancus*) kommen vom südlichsten Nordamerika bis zur Südspitze Südamerikas vor. Sie sind aggressive Jäger, Aasfresser und Diebe – verschmähen aber auch Früchte nicht.

Papageien und Kakadus

Strigopidae, Psittacidae, Psittaculidae, Cacatuidae

Die unverkennbaren Papageien und Kakadus gehören zu den beliebtesten Vögeln der Welt. Die Vertreter der vier Familien sind laut und gesellig sowie hinsichtlich Größe, Gefieder, Ernährung und Verhalten erstaunlich vielfältig.

Mit ihrem plakativen Gefieder, dem kräftigen, Schnabel mit Hakenspitze und ihrer verspielten Persönlichkeit gehören Papageien und Kakadus zu den beliebtesten und am leichtesten erkennbaren Vögeln. Wegen ihrer Schönheit, Intelligenz und der Fähigkeit, die menschliche Sprache nachzuahmen, sind sie bei Sammlern und als Heimvögel sehr geschätzt. Die größte Artenzahl findet sich in tropischen Regen- und Nebelwäldern, sie kommen aber auch in einer Reihe anderer Lebensräume vor. Hinsichtlich ihrer Größe sind sie unglaublich variabel – von winzigen Sperlingspapageien bis hin zu majestätischen Aras. Die weiteste Größenspanne aller Vogelfamilien haben die Eigentlichen Papageien (Psittacidae): Der Amazonassittich (*Nannopsittaca dachilleae*) ist nur 14 cm lang, der Hyazinthara (*Anodorhynchus hyacinthinus*) 100 cm. Zur Familie der Altweltpapageien (Psittaculidae) gehört der kleinste Papagei der Welt, der australasiatische Braunstirn-Spechtpapagei (*Micropsitta pusio*), mit nur 8 cm kleiner als der Schnabel des Hyazintharas.

Die schillernde Farbenpracht variiert selbst innerhalb der Familien stark. Viele Kakadus (Fam. Cacatuidae) sind weiß, einige schwarz oder grau mit einzelnen rosa, roten oder gelben Partien. Selbst unter den überwiegend grünen Papageien der Neuen Welt und Afrikas gibt es

◄ **Der Liebesvogel**
Kamadeva, der hinduistische Gott der erotischen Liebe, wird oft auf einem Papageien reitend abgebildet. Papageien werden recht häufig mit Liebe assoziiert – vermutlich wegen ihrer lange währenden Paarbindung.

► **Gegenseitige Gefiederpflege**
Die Gelbbrustaras oder Araraunas (*Ara ararauna*) aus Südamerika bleiben ein Leben lang mit demselben Partner zusammen. Bei der gegenseitigen Gefiederpflege werden nicht nur Parasiten entfernt, sie festigt zudem die dauerhafte Paarbindung.

Ordnung Psittaciformes

Familien 4

Arten Mehr als 390

Länge
8–100 cm

Verbreitung Nord- und Südamerika, Afrika, Asien, Australasien, Ozeanien

rote und blaue Aras, der Goldsittich (*Guaruba guarouba*) ist leuchtend gelb, der Graupapagei (*Psittacus erithacus*) zart silbergrau. Viele Arten sind mehrfarbig, z.B. der treffend benannte Regenbogenlori (*Trichoglossus moluccanus*). Die meisten Papageien haben eine ähnliche Gestalt: stämmig, mit großem Kopf, kurzem Hals und einem klobigen, stark gebogenen Schnabel mit breiter Basis. Ihre Füße sind zygodaktyl: Zwei Zehen zeigen nach vorn, zwei nach hinten – Letztere fungieren beim Klettern und geschickten Handhaben von Nahrung als »opponierbare Daumen«. Der auffälligste Gestaltunterschied ist die Form des Schwanzes. Bei Spatelschwanzpapageien (*Prioniturus* spp.) enden die langen, kahlen Schwanzfäden mit einer spatelförmigen Fahne. Viele Sittiche, Loris und Aras haben sehr lange Schwänze, der von Sperlingspapageien ist auffallend kurz.

Papageien fressen v.a. Früchte, Nüsse und Samen. Manche zeigen jedoch andere Vorlieben. Loris ernähren sich von Nektar. Ihre bürstenartigen Zungenspitze ermöglicht ihnen die rasche Aufnahme der zuckerreichen Flüssigkeit. Spechtpapageien klauben Pilze und Flechten von Baumrinde. Der neuseeländische Kaka (*Nestor meridionalis*) ergänzt seine Nahrung mit Honigtau von Schildläusen. Der einzige flugunfähige Papagei der Welt, der Kakapo oder Eulenpapagei (*Strigops habroptila*) ist strikter Vegetarier, während sich der Kea (*Nestor notabilis*) von Kadavern ernährt und sogar lebende Schafe angreift.

Ausnahmen von der Regel

Die meisten Papageien bilden monogame Paare – Aras bleiben sogar ihr Leben lang zusammen – und nisten in einer Baum- oder anderen Höhle. Aber es gibt auch Ausnahmen: Mönchssittiche (*Myiopsitta monachus*) brüten gemeinschaftlich in massiven, aus Zweigen gebauten Nestern auf Bäumen. Felsensittiche (*Cyanoliseus patagonus*) graben kunstvolle Labyrinthe in Felswände. Die Edelpapageien (*Eclectus* spp.) Australiens brüten kooperativ: Die Weibchen paaren sich mit mehreren Männchen und werden von diesen auch gefüttert. Beim (Großen) Vasapapagei (*Coracopsis vasa*) Madagaskars sind beide Geschlechter pro-

◄ Ausgestorbene Schönheit
Einst waren Carolinasittiche (*Conuropsis carolinensis*) im Südosten der USA ein häufiger Anblick, doch das letzte wilde Exemplar wurde 1910 gesichtet. Grund für das Aussterben waren die Jagd durch den Menschen und die Abholzung der Wälder.

WER IST EIN KLUGER JUNGE?

Papageien sind für ihre Sprachfertigkeiten bekannt. Ein Graupapagei namens Alex wurde 30 Jahre lang von der amerikanischen Wissenschaftlerin Irene Pepperberg unterrichtet. Alex lernte 100 Wörter zuzuordnen, und erkannte Farben, Formen und Zahlen. Er konnte Fragen beantworten, zählen und sogar bekannte Wörter zu neuen Begriffen zusammensetzen.

▲ Auf Mineraliensuche
Diese Grünflügelaras (*Ara chloropterus*) suchen Ufersteilwände auf und fressen dort Lehm. Lehm, Salz oder Holzkohle nehmen Papageien vermutlich zu sich, um Giftstoffe in Früchten und Samen zu neutralisieren.

»Sei brav! Ich liebe dich! Bis morgen!«

LETZTE WORTE VON GRAUPAPAGEI ALEX, 6. September 2007

miskuitiv: Die Männchen füttern mehrere Weibchen und die Weibchen äußern laute, komplexe Gesänge, um Männchen anzulocken.

Die Faszination des Menschen für Papageien hat eine lange Geschichte. Es gibt 3000 Jahre alte indische Aufzeichnungen über Papageien. In der südamerikanischen Atacama-Wüste wurden 900 Jahre alte mumifizierte Papageien entdeckt. Federn werden seit Langem für zeremonielle Kleidung oder Artefakte verwendet, und in Bolivien tanzen die Dorfbewohner immer noch mit aufwendigem Kopfschmuck aus zu Sonnenstrahlen geformten Ara-Federn. Auch anderswo schmücken Menschen ihre Körper oder Kleidung mit Federn von Arten wie dem Frauenlori (*Lorius lory*) in Neuguinea und dem Rubinlori (*Vini kuhlii*) auf den Cook-Inseln. In Westafrika gelten Graupapageien-Federn als Aphrodisiakum. Schon lange werden Papageien als Käfigvögel gehalten, teils als Zeichen von Reichtum oder aus Prestigegründen. Heute leben rund 50 Mio. Papageien als Heimtiere und die wilden Populationen vieler Arten wurden durch den Handel drastisch dezimiert.

Die gelbe Federhaube wird bei Bedrohung oder Aufregung aufgestellt.

◄ Auffällige Haube
Der im Osten und Norden Australiens weitverbreitete Gelbhaubenkakadu (*Cacatua galerita*) ernährt sich von Samen, Nüssen und Wurzeln.

(GROSSER) ALEXANDERSITTICH
Psittacula eupatria
Diese aus Süd- und Südostasien stammende Art gehört zu den größten Sittichen. In Europa und Australien kommt sie auch verwildert vor.

KAKAPO
Strigops habroptila
Der nachtaktive neuseeländische Kakapo ist der einzige flugunfähige Papagei der Welt und mit einem Gewicht von bis zu 3 kg auch der schwerste.

KAPITEL 3

Sperlingsvögel

Mehr als die Hälfte aller Vogelarten gehört zur Ordnung Passeriformes, den Sperlingsvögeln. Sie alle haben hoch spezialisierte, schlanke Sitzfüße mit vier Zehen. Die meisten von ihnen zählen zu den Singvögeln und haben einen komplexen Stimmapparat, mit dem sie eine große Vielfalt an Lauten erzeugen können.

Pittas

Pittidae

Diese attraktiven Juwelen des Waldes stehen bei Vogelbeobachtern hoch im Kurs. Weil sie sehr zurückgezogen leben, gelingt es aber nur den geduldigsten, sie zu entdecken.

Lärmpittas nutzen zum **Aufbrechen von Schneckenhäusern** einen Stein, Ast oder Zweig als **»Amboss«**.

Pittas haben einen großen Kopf, kurze Flügel, lange Beine und einen kurzen Schwanz. Meist sind beide Geschlechter sehr farbenfroh gefiedert, oft mit juwelengleich schillernden Partien. Außerhalb der Brutzeit sind Pittas Einzelgänger, ziehende Arten bilden aber z.T. lose Schwärme, die nachts unterwegs sind und von Lichtern angezogen werden. Pittas kommen in gemäßigten und tropischen Wäldern vor, gerne in dunklen Bereichen mit viel Unterholz. Manche Arten favorisieren Bambusdickichte, andere Mangroven- oder Sumpfwälder. Die meist ein- oder zweisilbigen Rufe sind bei einigen Arten sehr laut.

Trotz ihrer zurückgezogenen Lebensweise sind Pittas wegen ihres attraktiven Gefieders Ziel des Wildvogelhandels. Die Bengalenpitta (*Pitta brachyura*) wird zum Fang oft absichtlich mit Lichtern angelockt. In Vietnam werden Pittas auch als Nahrung gejagt. Im Hochland von Borneo wurden Bälge von Blauflügelpittas (*P. moluccensis*) früher als Kinderspielzeug verwendet.

Pittas ernähren sich v. a. von Wirbellosen wie Spinnen, Heuschrecken, Käfern, Schnecken und Termiten. Sie durchwühlen die Laubstreu oder graben im Boden nach Nahrung und wurden dabei schon mit geneigtem Kopf beobachtet, als lauschten sie nach Beute. Manche Arten erbeuten kleine Frösche, Eidechsen und Schlangen. Die Mangrovepitta (*P. megarhyncha*) mit dem größten Schnabel aller Pittas frisst auch Krebstiere. Die Balzrituale der Männchen umfassen Verbeugen, Kopfwippen und schnelles Flügelschlagen. Beide Geschlechter beteiligen sich am Bau des gewölbten Nests aus Zweigen, Gras, Blättern und Rinde am Boden oder in Bodennähe, bebrüten gemeinsam die Eier und ziehen die Jungen auf.

▲ Gebänderter Bauch
Diese attraktive Malaienbindenpitta (*Hydrornis irena*) ist an ihrem gebänderten Bauch unschwer als Weibchen zu erkennen. Männchen haben einen blauen Bauch.

Ordnung Passeriformes
Familien 1
Arten Mehr als 40
Länge 13–29 cm
Verbreitung Afrika, Asien, Australien

► Leicht zu erkennen
Der schwarze Kopf und Bauch, der grün-blaue Rücken und die scharlachrote Unterseite des Schwanzes machen die Regenbogenpitta (*P. iris*) unverkennbar. Diese Radierung von Elizabeth Gould stammt aus dem Buch *Birds of Australia* (1848) ihres Mannes.

GURNEY-, GOLDKEHLPITTA
Hydrornis gurneyi
Diese am stärksten gefährdete Pitta-Art wurde 1986 in Thailand wiederentdeckt, ist aber aufgrund von Abholzung schon fast wieder verschwunden.

NYMPHENPITTA
Pitta nympha
Diese nördlichste Pitta-Art brütet in Japan. Als Langstreckenzieher überwintert sie auf Borneo. Die Bestand der seltenen Art ist rückläufig.

LÄRMPITTA
Pitta versicolor
Die Lärmpitta ist die häufigste Pitta-Art Australiens. Entgegen ihrem Namen verhält sie sich außerhalb der Brutzeit erstaunlich lautlos.

Ordnung	Passeriformes
Familien	1
Arten	Mehr als 310
Länge	10–36 cm
Verbreitung	Mexiko, Mittelamerika, Südamerika

Töpfervögel

Furnariidae

Die Töpfervögel und Baumsteiger dieser Familie haben eine erstaunliche Vielfalt an Eigenschaften entwickelt, mit denen sie in fast jeder denkbaren Landschaft überleben können.

Auch wenn die meisten Arten größtenteils braun gefärbt sind, sind Töpfervögel und Baumsteiger alles andere als langweilig – ganz im Gegenteil. Bemerkenswerterweise besiedeln die äußerst vielfältigen, fantasievoll benannten Vertreter der Familie alle terrestrischen Lebensräume in Mittel- und Südamerika, von steinigen Andenbergen bis zu üppigen tropischen Wäldern, von Felsküsten bis zu buschigem Grasland. Hier huschen Uferwipper, Töpfer und Erdhacker über den Boden, schleichen Blattspäher und Riedschlüpfer durchs Unterholz und turnen Baumspäher auf dünnen Zweigen in den Baumkronen.

Anpassung des Schnabels

Ihre große Bandbreite an Schnabel- und Schwanzformen ermöglicht den Töpfervögeln die Erschließung vieler ökologischer Nischen. Viele Arten haben steife Schwanzfedern, die ihnen die Fortbewegung durch dichte Vegetation erleichtern. Dies gilt v. a. für Baumsteiger und Stachelschwänze, deren Schwänze mit Widerhaken

▼ Im Bau befindlich
Das Nest dieses Rosttöpfers ist noch im Bau. Das fertige Nest hat an einer Seite einen schlitzförmigen Eingang und ähnelt einem kuppelförmigen Tonofen (auf Spanisch *horno* genannt) – daher der englische Name »Ovenbird« und der Spanische »Hornero«.

Die extravaganten **Schwanzfedern** des Fadenschwanzschlüpfers sind **länger als der Körper** des Vogels.

Der drahtartige Schwanz besteht aus nur sechs Federn, andere Töpfervögel besitzen meist zwölf Schwanzfedern.

Eine helle Flügelbinde ist für viele Töpfervögel typisch – sie kommt durch die helle Basis der Schwungfedern zustande.

versehen sind und als Kletterhilfe dienen. Das beeindruckende Spektrum der Schnäbel reicht vom kurzen, aufwärts gerichteten Meißelschnabel des Kleiberbaumspähers (*Pygarrhichas albogularis*) bis zum langen, gebogenen Schnabel des Degenschnabel-Baumsteigers (*Drymornis bridgesii*).

Die meisten Töpfervögel und Baumsteiger erbeuten wirbellose Tiere, die sie von Blättern oder aus Ritzen sammeln oder aus der Laubstreu scharren. Größere Arten wie Strichelbaumsteiger (*Xiphorhynchus flavigaster*) fangen mit ihrem kräftigen Schnabel kleine Wirbeltiere wie Echsen. Der Felsuferwipper (*Cinclodes taczanowskii*) aus Peru hat dagegen eine Vorliebe für Muscheln und Krebstiere, die er bei Ebbe von den Felsen sammelt. Manchmal fängt er sogar Fische.

Ausgefallene Nester

Ähnlich vielfältig und bemerkenswert sind die Nester der Töpfervögel. Der Weißkehl-Bündelnister (*Anumbius annumbi*) baut ein bis zu 2 m langes Nest. Mehrere Gruppen von Töpfervögeln, darunter die Laubwender (*Sclerurus* spp.), graben Höhlen zum Schutz ihrer Küken.

Der Name »Töpfervogel« geht auf die fußballgroßen, kugelförmigen Schlammnester zurück, die die acht Töpfer-Arten der Gattung *Furnarius* errichten. Der Rosttöpfer (*F. rufus*) baut sein ofenartiges Nest oft auf Mauern und Zäunen. Angesichts seines furchtlosen Wesens (die Vögel sind Menschen gegenüber wenig scheu), seiner starken Paarbindung und der äußerst lauten Duette überrascht es nicht, dass dieser Vogel seit 1928 der Nationalvogel Argentiniens ist.

▲ Wunderlicher Schwanz
Der Fadenschwanzschlüpfer (*Sylviorthorhynchus desmurii*) kommt auf beiden Seiten der Anden – in Argentinien und Chile – in buschigen, gemäßigten Wäldern vor.

Der fleißige Weißkehl-Bündelnister kann Zweignester bauen, die zehnmal länger sind als er selbst.

DEGENSCHNABEL-BAUMSTEIGER
Drymornis bridgesii
Diese nach ihrem auffallend langen, gebogenen Schnabel benannte Art sucht im Gegensatz zu anderen Baumsteigern ihre Nahrung am Boden wie auch auf Bäumen.

PLANTAGEN-SCHLÜPFER
Acrobatornis fonsecai
Diese in Brasilien heimische Art wurde erst im Jahr 1994 entdeckt. Die Vögel bauen ein sehr augenfälliges überdachtes Nest aus Zweigen.

CHACO-BUSCHLÄUFER
Coryphistera alaudina
Die Art mit der markanten, lerchenähnlichen Federhaube hält sich fast ausschließlich am Boden auf, was für ihre Familie außergewöhnlich ist, und huscht geschäftig umher.

Ordnung Passeriformes

Familien 1

Arten Mehr als 60

Länge
12–43 cm

Verbreitung
Mittel- und Südamerika

⅄ Eindruck schinden
Um Weibchen zu beeindrucken, hüpft der männliche Andenfelsenhahn oder Andenklippenvogel (*R. peruvianus*) auf und ab und verbeugt sich.

Schmuckvögel

Cotingidae

Zu den Schmuckvögeln zählen einige der schillerndsten und bizarrsten Vögel der amerikanischen Tropen. Viele erlangen die leuchtenden Farben durch Pigmente in ihrer Fruchtnahrung.

Bezüglich Vielfalt, Glamour und Sonderbarkeit sind nur wenige Familien der Sperlingsvögel mit den Schmuckvögeln vergleichbar. Sie reichen von den meisengroßen Grünkotingas bis zu krähengroßen Schirmvögeln. Manche Arten haben Hauben, andere Kehllappen, einige farbige, nackte Haut, andere schwalbenartige Schwänze. Abgesehen von ihrer DNA und der Form ihres Stimmkopfes (Syrinx) haben sie wenig gemeinsam. Die Männchen vieler Arten sind sehr farbenprächtig, von rot, gelb und rosa bis hin zu blau und ganz weiß, die Weibchen dagegen meist weniger bunt. Viele männliche Schmuckvögel äußern laute Balz- oder Revierrufe. Die Einlappenkotinga (*Procnias albus*) produziert mit 125 Dezibel die lautesten Rufe aller Vögel. Die 116 Dezibel der Schreikotinga oder Schreipiha (*Lipaugus vociferans*) sind die prägenden Klänge des Amazonaswalds.

Schmuckvögel leben in feuchten Tiefland- und Bergwäldern. Die meisten Arten sind großteils auf Früchte als Nahrung angewiesen. Der Tiefland-Felsenhahn (*Rupicola rupicola*) nimmt in einem Monat nachweislich 65 Arten von Früchten zu sich, der Weißohrkotinga (*Zaratornis stresemanni*) frisst v. a. Mistelbeeren.

Viele Arten sind polygyn und die Männchen balzen in Gruppen in einer Balzarena. Dazu gehören die Felsenhähne und die Kapuzinerkotingas (*Perissocephalus tricolor*), die dabei ein Geräusch wie eine defekte Kettensäge machen. Die Graukotinga (auch Andengraupiha, *L. fuscocinereus*) zeigt eine fallschirmartige Flugshow.

⅄ Plakativ und unscheinbar
Azurkontingas in einer Illustration von 1875. Das leuchtende Blau und Violett des Männchens stehen im Kontrast zu den tristen Farben des Weibchens.

➤ Alle für einen
Zu zwei männlichen Blaubrustpipras (*Chiroxiphia caudata*) an einem Balzplatz gesellt sich noch ein dritter hinzu. Bei ihrer Gruppenbalz springt abwechselnd jeder Vogel auf und flattert über seine Tanzpartner. Nur das letztlich dominante Männchen paart sich mit dem Weibchen.

Schnurrvögel

Pipridae

Ordnung	Passeriformes
Familien	1
Arten	Mehr als 50
Länge	7–15 cm
Verbreitung	Mittel- und Südamerika

Diese Familie ist auf die amerikanischen Tropen vom Süden Mexikos bis Nordargentinien beschränkt. Die Vögel leben im Unterholz von Wäldern und sind vor allem für ihre kunstvollen Balztänze bekannt.

Schnurrvögel oder Pipras sind klein und rundlich mit großem Kopf, kurzem Schnabel und breiten, abgerundeten Flügeln. Sie huschen zwischen Zweigen umher und pflücken Früchte, fangen aber auch gelegentlich im Flug Insekten. Wie bei den Schmuckvögeln unterscheiden sich die Geschlechter deutlich: Die Weibchen haben ein mattes, unscheinbares Gefieder, während die Männchen häufig in leuchtenden Farben gemustert sind, besonders in Rot und Blau.

Rollenverteilung und Rituale

Schnurrvogel-Weibchen erledigen das gesamte Brutgeschäft allein – vom Bau einfacher Napfnester bis zur Fütterung der Jungen. Da die Männchen über die Paarung hinaus nichts beitragen, gehen die Weibchen bei der Auswahl ihrer Partner sehr wählerisch vor. Dies hat zu einem extremen Wettbewerb um ihre Aufmerksamkeit geführt, v.a. bei der Balz. Zur Brutzeit verbringen Männchen bis zu 90 Prozent ihrer Zeit an Balzplätzen. Viele suchen sogar fast ganzjährig täglich einen auf. Bei der Gruppenbalz versammeln sich die Teilnehmer dicht beieinander oder platzieren sich in einem erweiterten Balzplatz in Hörweite zueinander. Manche Arten fegen mit einem Zweig ein Stück Boden frei, andere balzen auf moosbewachsenen Baumstämmen, die sie zuvor von allen Blättern und sonstigen »störenden« Dingen befreit haben. Bei ihren Balztänzen vollführen die Schnurrvögel Purzelbäume, verbeugen sich, tänzeln auf dem Ansitz entlang, flattern, springen, rütteln und plustern ihr farbiges Gefieder auf. Das Rückwärtstänzeln des Gelbhosenpipras (*Ceratopipra mentalis*) gleicht dem berühmten »Moonwalk« von Michael Jackson. Viele Arten klatschen laut mit den Flügeln. Weibliche Keulenschwingenpipras (*Machaeropterus deliciosus*) sind besonders kritische Zuhörer und bewerten genauestens die Resonanzqualität der Klatscher.

Wegen des auffälligen Farbmusters können konkurrierende Männchen einander am Balzplatz im Unterholz gut sehen.

➤ Kitzeln als Brautwerbung
Beim Fadenpipra (*Pipra filicauda*) kitzelt das Männchen das Weibchen bei der Balz mit den fadenförmigen Schwanzfedern an der Kehle.

Ameisenpittas und Ameisendrosseln

Grallariidae, Formicariidae

Bis heute wissen Wissenschaftler nur sehr wenig über diese geheimnisvollen, betörenden Vögel, die versteckt in den dichten Wäldern Mittel- und Südamerikas leben.

Ordnung Passeriformes

Familien 2

Arten Mehr als 80

Länge
10–28 cm

Verbreitung
Mexiko, Mittel- und Südamerika

◄ **Höhenluft**
Der Grauwangen-Ameisenpitta (*Grallaria quitensis*), hier in einer Illustration aus dem Jahr 1849, lebt in offenem Gelände in bis zu 4500 m Höhe.

Mit ihrem plumpen, rundlichen Körper und kurzen Schwanz gleichen Ameisenpittas einem »Tennisball auf Beinen«. Auch die großen Augen, kurzen Flügel und die hüpfende Fortbewegung tragen zur cartoonartigen Erscheinung dieser unverkennbaren Vögel bei. Das macht Ameisenpittas zu begehrten Objekten für Vogelbeobachter. Sie zu Gesicht zu bekommen ist aber, wie bei den ebenso scheuen, »hahnenschwänzigen« Ameisendrosseln, alles andere als einfach. Meist hört man lediglich ihr lautes Pfeifen.

Die großen Augen sorgen bei den schwachen Lichtverhältnissen am Waldboden für gute Sicht.

Ameisenpittas bewegen sich hauptsächlich mit ihren langen, kräftigen Beinen hüpfend fort und fliegen nur selten.

◄ Scheuer Entdecker
Der Rostkappen-Ameisenpitta (*Grallaria ruficapilla*) erkundet auf seinen langen Beinen den Waldboden. Er versteckt sich in dichter Vegetation und wagt sich nur selten ins Freie.

Beobachtung aus der Nähe

Einige geschäftstüchtige Einheimische haben die Vögel an Handfütterung gewöhnt und so ein blühendes Geschäft aufgebaut. Ursprünglich in einem Reservat im Norden Ecuadors praktiziert, hat sich dies mittlerweile weitverbreitet, sodass man jetzt auch Arten aus nächster Nähe beim Fressen beobachten kann, die man zuvor fast nie zu sehen bekam. Mit zahlungskräftigen Touristen ist das eine Win-win-Situation: Die naturschutzbewussten Einheimischen verdienen Geld zum Schutz des Lebensraums und Vogelbeobachter bekommen das Gewünschte zu sehen.

Trotz dieser Beliebtheit sind viele Aspekte der Biologie von Ameisenpittas und Ameisendrosseln noch rätselhaft. Sie gehören zu den am wenigsten erforschten Vogelfamilien Amerikas. So hat man bisher z. B. noch nicht einmal von der Hälfte aller Ameisenpitta-Arten Nester gefunden.

Mit ihrem kräftigen Schnabel durchwühlen Ameisenpittas die Laubstreu nach Regenwürmern, Ameisen und anderen Insekten.

NEUENTDECKUNGEN

Noch immer werden neue Arten von Ameisenpittas und Ameisendrosseln entdeckt, wie etwa der erstmals 1997 gesichtete Zügelfleck-Ameisenpitta (*Grallaria ridgelyi*). Er bewohnt nur ein eng begrenztes Areal in Ecuador und im Nordosten von Peru. Zum Schutz dieses Vogels und seines Lebensraums wurde eigens ein spezielles Reservat geschaffen.

ZÜGELFLECK-AMEISENPITTA

RIESENAMEISENPITTA
Grallaria gigantea
Diese größte Art der Ameisenpittas kommt ausschließlich in den Nebelwäldern der Andenausläufer in Ecuador und Kolumbien vor.

OCKERBRUST-AMEISENPITTA
Grallaricula flavirostris
Diese sehr kleine Art ist für ihren »Tanz« bekannt, bei dem sie den Kopf stillhält und nur den Körper hin und her schwingt.

ROSTBRUST-AMEISENDROSSEL
Formicarius rufipectus
Die stämmige Art aus den Nebelwäldern von Costa Rica bis Peru hat den für die Familie typischen, kurzen, aufgerichteten Schwanz.

Ordnung Passeriformes

Familien 1

Arten Mehr als 440

Länge
6,5–40 cm

Verbreitung
Nord- und Südamerika

◄ **Schnell auf der Palme**
Der Schwefelmaskentyrann ist ebenso aggressiv wie mutig. Dieser hier fliegt auf und greift eine Gilbdrossel (*Turdus grayi*) an, die es gewagt hat, in seinen persönlichen Bereich vorzudringen.

▲ **Farbenfrohe Art**
Diese Illustration aus *Birds of La Plata* (1920) zeigt eine hervorstechende Ausnahme von der familiären Eintönigkeit. Der Vielfarben-Tachurityrann (*Tachuris rubrigastra*) wird in einigen Teilen Südamerikas *siete colores* genannt – Spanisch für »sieben Farben«.

Tyrannen

Tyrannidae

Tyrannen bilden eine der weltweit größten Vogelfamilien und kommen nur in der Neuen Welt vor. Die verschiedenen Arten sind äußerst variabel, aber alle sehr geschickt darin, Insekten und andere wirbellose Tiere zu fangen.

Die Tyrannen sind eine der dominierenden amerikanischen Vogelfamilien und umfassen z. B. fast ein Fünftel aller Landvogel-Arten Südamerikas. Viele sind leicht zu übersehende Waldbewohner, die in Dutzenden Arten versteckt in den Baumkronen leben. Zahlreiche haben ein unscheinbares Gefieder und geben für menschliche Ohren meist keine angenehmen Gesänge von sich.

Die Vielzahl der Arten erschwert die genaue Definition eines Tyrannen. Zudem werden durch DNA-Analysen die Karten bezüglich der Familienzusammensetzung ständig neu gemischt. Die Vertreter ernähren sich größtenteils von Insekten und erbeuten diese vielfach im Flug, teils von einem Ansitz aus, zu dem sie dann wieder zurückkehren. Andere schnappen ihre Beute vom Ansitz aus am Boden oder klauben sie im Flug mit dem Schnabel von Blättern und Zweigen.

Bei den meisten Arten der Familie ist der oft abgeflachte Schnabel an der Basis verbreitert und bildet eine große Fläche zum Umschließen der Beute. Die ebenfalls bei vielen vorhandenen Borsten an der Schnabelbasis könnten zum Schutz des Gesichts oder auch zum Tasten dienen.

Vielfältige Lebensräume

Vertreter der Tyrannen besiedeln fast alle Lebensräume Amerikas, vom Polarkreis bis ins Innere der feuchten äquatorialen Wälder. In einigen Tieflandgebieten des Amazonasbeckens kommen bis zu 80 Arten der Familie an einem einzigen Ort vor, jede in ihrem eigenen Kleinstlebensraum. Sie bewohnen die höchsten Baumwipfel bis zur mittleren Schicht des Walds, vom hellsten Licht bis zum tiefem Schatten, wobei manche Lianen oder andere spezifische Pflanzentypen bevorzugen. Auch anderenorts gibt es an fast jedes Habitat angepasste Arten – Grundtyrannen (*Muscisaxicola* spp.) suchen in baumlosem Gelände am Boden nach Nahrung, der Sturzbach-Kleintyrann (*Serpophaga cinerea*) von Steinen in schnell fließenden Flüssen aus, der Schwalbentyrann (*Hirundinea ferruginea*) bevorzugt felsiges Terrain und der Sierraolivtyrann (*Elaenia pallatangae*) bewohnt hoch gelegene Bergwälder im Nordwesten Südamerikas. In den Anden leben je nach Höhenlage unterschiedliche Arten.

Berühmte Tyrannen

Im Allgemeinen sind Tyrannen eher unscheinbar gefärbt, aber es sind auch einige sehr bekannte, teils farbenfrohe und auffällige Arten darunter. In Nordamerika gilt der äußerst beliebte Weißbauch-Phoebetyrann (*Sayornis phoebe*), der oft auf Bücken nistet, als Frühlingsbote. Der spektakuläre Scherenschwanz-Königstyrann (*Tyrannus forficatus*) ist der Staatsvogel von Oklahoma, USA. Der ehemalige US-Präsident Benjamin Franklin war ein großer Bewunderer des aggressiven Schieferrücken-Königstyranns (*T. tyrannus*), der zur Verteidigung seines Reviers alles angreift – von Greifvögeln bis hin zu Menschen (in mindestens einem bestätigten Fall sogar ein

▼ Wendiger Flieger
Der Scherenschwanz-Königstyrann fängt den Großteil seiner Insektennahrung in der Luft. Er zieht vom Süden der USA bis nach Mittelamerika.

Mit seinem breiten Schnabel vermag der Vogel selbst große Beutetiere wie Heuschrecken, Grillen und Käfer im Flug zu fangen.

Der lange Schwanz ist besonders bei der Partnerwahl wichtig – Weibchen bevorzugen die Männchen mit den längsten Schwanzfedern.

Lange, zugespitzte Flügel sind charakteristisch für Langstreckenzieher.

Sumpf-bewohner

Beim Weißkopf-Wassertyrann (*Arundinicola leucocephala*) sehen das Männchen (oben) und das Weibchen (unten) völlig unterschiedlich aus – das ist ungewöhnlich für Tyrannen.

Leichtflugzeug). Der Schwefelmaskentyrann (*Pitangus sulphuratus*) ist im gesamten tropischen Amerika häufig, sogar in Großstädten wie São Paulo in Brasilien. Weitere ins Auge stechende Vertreter dieser Familie sind der sehr verbreitete, grellrote Rubintyrann (*Pyrocephalus obscurus*), die strahlend weißen Schecken- oder Nonnentyrannen (*Xolmis* spp.) sowie der Kehlband-Schleppentyrann (*Gubernetes yetapa*).

Begrenztes Repertoire

Tyrannen sind keine begnadeten Sänger. Ihr Stimmkopf ist einfach gebaut und ihre Lieder sind nicht erlernt, sondern angeboren und daher entsprechend wenig vielfältig. Viele verfügen jedoch über eine beachtliche Zahl an Lautäußerungen, beim Gelbbauch-Schopftyrann (*Myiarchus crinitus*) sind es zwölf verschiedene. Fast alle haben einen speziellen Abendgesang, der nur in der Dämmerung erklingt.

Die meisten Arten sind territorial und bilden monogame Paarbindungen. Ihre äußerst vielfältigen Nester reichen vom sehr einfachen Napfnest bis zu komplexen, kugelförmigen Strukturen mit Seiteneingängen. Manche tarnen ihr Nest mit Moos oder Lianen, andere bauen sie zum Schutz in der Nähe von Kolonien stechender Insekten.

GELBBAUCH-SCHOPFTYRANN
Myiarchus crinitus

Dieser scheue Vogel findet seine Nahrung hoch oben in der Kronenschicht alter Wälder, wo er meist im Flug Insekten von Blättern und Zweigen pickt. Er brütet im Osten Nordamerikas.

SÜD-FLECKENMASKEN-TYRANN
Myiodynastes maculatus

Die in weiten Teilen Südamerikas verbreitete Art fängt mit ihrem schweren Schnabel große Insekten wie Zikaden, Käfer und Wespen, frisst aber auch Beeren.

Vor dem Zug sammeln sich **Scherenschwanz-Königstyrannen** in Schwärmen von bis zu **1000 Vögeln.**

KURIOSES NISTMATERIAL

Mehrere Arten der Gattung *Myiarchus*, z. B. der Gelbbauch-Schopftyrann, bauen in Höhlen voluminöse Napfnester und sind dafür bekannt, dazu ein ungewöhnliches Baumaterial zu verwenden: abgestreifte Schlangenhäute. Diese sammeln sie, weben sie in das Äußere des Nests ein und polstern es auch damit aus. Dieses Verhalten zeigen sie aber nicht universell, sondern Befunden zufolge in Gebieten, in denen es viele räuberische Gleithörnchen gibt.

EIER IN EINEM SCHLANGENHAUT-NEST

➤ Zum Leben erweckt
Dieses Gemälde eines prächtigen Leierschwanzpaares malte der Naturforscher John Gould im 19. Jh. anhand eines Präparats, das im Britischen Museum in London (England) ausgestellt war.

Ordnung Passeriformes

Familien 1

Arten 2

Länge
80–98 cm

Verbreitung
Östliches Australien

Scheuer Sänger
Das Areal des Braunrücken-Leierschwanzes im Bergwald über Australiens Goldküste schrumpft. Zu sehen ist er nur selten, aber zur Brutzeit erschallen dort die lauten Gesänge der Männchen.

Der wissenschaftliche Artname Menura alberti erinnert an den Gatten der britischen Königin Victoria.

Leier-schwänze

Menuridae

Die australischen Leierschwänze haben mit die am höchsten entwickelten, komplexesten Gesänge aller Vögel. Sie vermischen verschiedenste nachgeahmte Laute zu einzigartigen Liedern.

Leierschwänze sind so gute **Imitatoren,** dass sie andere **Vögel irreführen.**

Nach einer Legende der indigenen Völker Australiens fungierte der Leierschwanz in einem Streit aller Tiere als Friedensstifter. Von den Geistern erhielt er ein entsprechendes Lautvokabular. Der Frosch als Auslöser des Streits wurde dagegen auf ein einfaches Quaken reduziert.

Männliche wie weibliche Leierschwänze sind bekannt dafür, andere Vögel und Säugetiere perfekt nachahmen zu können. Selbst mechanische Geräusche imitieren sie verblüffend echt.

Der männliche Graurücken-Leierschwanz (*Menura novaehollandiae*) zeigt ein besonders komplexes Balzverhalten mit Gesang und Tanz, dabei entfaltet er mit zitternden Bewegungen seine filigranen Schwanzfedern über dem Kopf. Die Lautnachahmung wird mit zunehmendem Alter immer besser. Vögel in fragmentierten Waldresten weisen aber ein kleineres Repertoire auf. Es wurde beobachtet, wie ein Männchen einen gemischten Vogelschwarm nachahmte, der einen Räuber vertrieb – als wolle er den Weibchen mitteilen, dass er sie beschützen würde. Doch das ist keine ernsthafte Erklärung für die Fitness, die der Vogelgesang gewöhnlich vermittelt, sondern eine Form der Täuschung.

Der Graurücken-Leierschwanz ist in Teilen seines südaustralischen Areals nach wie vor häufig, der Braunrücken-Leierschwanz (*M. alberti*) auf ein kleines Waldgebiet an der Küste beschränkt.

◄ Wappenvogel
Der Graurücken-Leierschwanz ziert Wappen, Embleme und Münzen in Australien, besonders in den Bundesstaaten New South Wales und Victoria.

Laubenvögel

Ptilonorhynchidae

Laubenvögel erhielten ihren Namen nach den komplizierten Balzlauben, die die Männchen vieler Arten bauen und reichlich mit bunten Gegenständen dekorieren, um Partnerinnen anzulocken.

Ordnung Passeriformes

Familien 1

Arten Mehr als 20

Länge
22–40 cm

Verbreitung
Australasien

Die auf Australien und Neuguinea beschränkten Laubenvögel sind gedrungene Vögel mit abgerundeten Flügeln. Manche sind unscheinbar gefärbt, andere haben ein leuchtend gelbes, oranges oder glänzend schwarzes Gefieder. Die meisten erzeugen raue Klicklaute oder schnarrende und zwitschernde Geräusche. Der Seidenlaubenvogel (*Ptilonorhynchus violaceus*) pfeift jedoch ein Lied. Viele können perfekt andere Vögel, menschliche Stimmen und Maschinen nachahmen. Sie ernähren sich von Früchten, Blüten, Knospen und Blättern, zur Brutzeit auch von Insekten.

Allee-Laube
Diese Illustration aus dem Jahr 1898 zeigt, wie ein Weibchen des Graulaubenvogels (*Chlamydera nuchalis*) die Laube eines Männchens begutachtet. Diese ist mit weißen Steinen, Knochen und Muschelschalen geschmückt. Um noch attraktiver zu erscheinen, präsentiert das Männchen seine ansonsten versteckten rosa Nackenfedern.

Dekorative Schauplätze

Bei laubenbauenden Arten sind die Männchen polygyn, d.h., sie paaren sich mit so vielen Weibchen, wie sie in ihre Schauarena locken können. Man unterscheidet drei verschiedene Laubentypen: Allee, Maibaum und Tenne. Allee-Lauben bauen der Seidenlaubenvogel, die vier Goldvögel (*Sericulus* spp.) und die fünf Kragenlaubenvögel (*Chlamydera* spp.). Sie bestehen aus einer einfachen, beiderseits von einer Wand aus dünnen Zweigen begrenzten Allee. Maibaum-Lauben errichten die fünf Gärtnervögel (*Amblyornis* spp.) und der Säulenlaubenvogel (*Prionodura newtoniana*) um einen oder zwei Stämme junger Bäume herum. Einige größere ähneln einer Hütte. Eine riesige doppelte Maibaum-Laube war 2–3 m hoch, 3 m breit und wurde 40 Jahre lang genutzt. Tennen-Lauben wie die des Archbold-Laubenvogels (*Archboldia papuensis*) und Zahnlaubenvogels (*Scenopoe-etes dentirostris*) bestehen aus einer einfachen Bühne mit einer Matte aus Farnen oder Blättern. Die meist leuchtend bunte Dekoration bilden mitunter Hunderte von Früchten, Blumen, Muscheln und Knochen sowie Gegenstände wie Flaschenverschlüsse, Glas, Plastiktrinkhalme, Stifte, Zahnbürsten und Wäscheklammern. Der Graulaubenvogel (*Chlamydera nuchalis*) ordnet die größten Objekte am weitesten entfernt an, sodass sie das Männchen größer erscheinen lassen. Die Balz umfasst Elemente wie Hängenlassen oder Schlagen der Flügel, Auffächern des Schwanzes, Verstecken, Stolzieren und Posieren. Die Australier sind stolz auf ihre Laubenvögel, viele sind auch eine Touristenattraktion. Nestbau, Bebrüten der bis zu drei Eier und Jungenaufzucht übernehmen bei den Laubenbauern die Weibchen. Männliche Katzenvögel (*Ailuroedus* spp.) bauen keine Lauben, beteiligen sich dafür aber am Bau der Nester.

> »Diese üppig dekorierten Versammlungssäle müssen als die wundervollsten bisher entdeckten Beispiele der Vogelarchitektur angesehen werden.«
>
> JOHN GOULD, *Handbook to the Birds of Australia*, 1865

◄ Verlockende Lauben
Der männliche Seidenlaubenvogel verwebt zum Bau seiner Laube Zweige. Anschließend schmückt er sie mit Gegenständen, bevorzugt leuchtend blauen, aber auch gelben und weißen. Manche davon stiehlt er aus anderen Lauben.

GRÜNLAUBENVOGEL
Ailuroedus crassirostris
Diese Art kommt in den subtropischen Wäldern an der Ostküste Australiens vor und gehört zur Gattung der Katzenvögel, benannt nach ihrem katzenartigen Ruf. Beide Geschlechter sehen gleich aus.

ZAHNLAUBENVOGEL
Scenopoeetes dentirostris
Der typisch gezähnte Schnabel dieses Vogels dient zum Schneiden und Transport von Blättern: Bis zu 100 davon legt er mit der Unterseite nach oben als dekorative Matte in seiner Tennen-Laube aus.

Ausnahme
Dem Rostnacken-Staffelschwanz (*Sipodotus wallacii*) fehlt die lebhafte Färbung der anderen Familienmitglieder, wie diese Illustration von John Gould (um 1875) zeigt.

Männchen und Weibchen sehen ähnlich aus mit blau gesprenkelter, schwarzer Haube.

Neue Schwanzfedern sind leuchtend blau, werden aber allmählich braun und bei der jährlichen Mauser ersetzt.

➤ **Brillante Blautöne**
Mit seinem intensiv schwarzen, teils blau schillernden Gefieder ist der männliche Prachtstaffelschwanz (*M. cyaneus*) einer der beliebtesten Vögel Australiens.

Staffelschwänze

Maluridae

Die in ganz Australien verbreiteten und bekannten Staffelschwänze bewohnen zahlreiche Lebensräume wie Grasland, Wälder und küstennahes Buschland. Einige wenige Arten kommen auch in Neuguinea vor.

Die kleinen Staffelschwänze werden meist mit dem verblüffend bunten Gefieder der Männchen mancher Arten assoziiert – in lebhaften Farbtönen wie leuchtendem Blau, Violett und Rot. Die auffällige Färbung ist aber nur von kurzer Dauer, da sich die Männchen jedes Jahr mausern und außerhalb der Brutzeit ein Schlichtgefieder in stumpfem Braun tragen. Im Sommer trifft man erstaunlicherweise auf Gruppen überwiegend bräunlich gefärbter Individuen aus einem territorialen Brutpaar und mehreren juvenilen Männchen. Letztere helfen bei der Aufzucht der ersten Brut. Die Jungvögel dieser Brut helfen dann im Alter von sechs Wochen, die Küken nachfolgender Bruten zu füttern. Dadurch kann ein Paar innerhalb kurzer Zeit mehrere Bruten aufziehen.

Forschungen zufolge singen die Männchen den Küken schon in den Eiern vor, sodass die Jungen bereits beim Schlüpfen ihren individuellen Gesang erkennen. Auch die Weibchen beschallen ihre Eier mit einer individuellen Tonfolge. Die Küken erlernen diese spezielle Phrase, bauen sie in ihre Bettelrufe ein und stärken so die Familienbande. Diese sind besonders dann wichtig, wenn die Staffelschwänze von Fressfeinden bedroht werden oder in irgendeiner Bedrängnis sind. Artgenossen riskieren es eher, Individuen zu helfen – z. B. durch Ablenkung des

Ordnung Passeriformes

Familien 1

Arten Mehr als 30

Länge
12–16 cm

Verbreitung
Australasien

Feindes –, die die bekannten Familienrufe von sich geben.

Die meisten Staffelschwanz-Arten leben in niedriger Strauchvegetation, aber auch in Vorstädten. Dort sind sie dafür bekannt, an Fenstern ihr Spiegelbild zu »bekämpfen«. Purpurkopf-Staffelschwänze (*M. coronatus*) bleiben die meiste Zeit ihres Lebens mit einem Partner zusammen. Weitere, wie der Türkisstaffelschwanz (*M. splendens*), gehen zwar eine Paarbindung ein, paaren sich aber dennoch mit anderen Individuen. Sind Räuber in der Nähe, singen die Männchen aus »Angeberei«, um die Partnerin zu beeindrucken.

VARIATIONEN EINES THEMAS

Die lauten, schnellen Staffelschwanz-Lieder bestehen aus scheinbar einfachen Phrasen, basierend auf raschen, blechernen, trillernden Tönen. Je nach Art kann der Klang härter oder weicher, mehr oder weniger metallisch sein. Das macht die Artbestimmung herausfordernd. Ungewöhnlicherweise singen sowohl Weibchen als auch Männchen. Dabei verändern sie durch Kopfbewegungen offenbar Lautstärke und Tonhöhe.

PRACHTSTAFFELSCHWANZ-WEIBCHEN

Bisweilen halten die Männchen eine Blüte im Schnabel und sehen dann noch attraktiver aus.

Der kleine Schnabel ist ideal für die Suche nach Insekten, Samen und Früchten am Boden.

Die rundliche Körperform und der schlanke, aufgestellte Schwanz erinnern an die nicht verwandten Zaunkönige Europas und Amerikas.

PURPURKOPF-STAFFELSCHWANZ
Malurus coronatus

Diese größte Art der Gattung *Malurus* kommt im tropischen Norden Australiens in Flussuferwäldern, Dickichten und Sumpfland vor.

ROTRÜCKEN-STAFFELSCHWANZ
Malurus melanocephalus

Die kleinste *Malurus*-Art ist einzigartig schokoladenbraun bis schwarz mit feuerrotem Rücken und relativ kurzem, keckem Schwanz.

▲ Kampf oder Flucht
Weißaugen-Honigfresser (*Phylidonyris novaehollandiae*) geraten um alles in Streit – von der Nahrung bis zur Paarung. Orte mit guten Nektarquellen gleichen oft einem Schlachtfeld.

SPRECHENDER TUI

Die größte Art Neuseelands, der Tuihonigfresser oder Tui (*Prosthemadera novaeseelandiae*), hat eine ungewöhnliche Stimme. Beide Geschlechter singen sehr variabel mit vielen nachgeahmten Lauten. Maori brachten gehaltenen Tuis bei, Komplimente wie auch Beleidigungen zu imitieren.

ALTVOGEL IN DER NATUR

Ordnung Passeriformes

Familien 1

Arten Mehr als 190

Länge
9–50 cm

Verbreitung
Australasien

Nektar-Liebhaber
Diese Illustration von 1890/91 zeigt drei Arten der Familie: Elsterhonigfresser (*Certhionyx variegatus*, oben), Warzenhonigfresser (*Anthochaera phrygia*, rechts) und Dreistreifen-Honigfresser (*Caligavis chrysops*).

Die rund 80 Honigfresser-Arten Australiens sind dort sehr wichtige Bestäuber.

Honigfresser

Meliphagidae

Die Honigfresser gehören zusammen mit den Kolibris und Nektarvögeln zu den drei großen nektartrinkenden Vogelfamilien der Welt und spielen eine wichtige Rolle bei der Bestäubung vieler Arten von Blütenpflanzen.

Durch ihre einzigartige Zunge mit bürstenartiger Spitze nehmen Honigfresser Nektar mittels Kapillarwirkung auf. So können sie Nektar von einer großen Oberfläche aufsaugen und auch Absonderungen von Insekten wie Honigtau auflecken. Der Schnabel ist oft gekrümmt und die Zunge ragt über dessen Spitze hinaus – beim Rotlappen-Honigfresser (*Anthochaera carunculata*) sogar bis zu 2 cm. Der Zungengrund ist röhrenförmig und Honigfresser können 6- bis 12-mal pro Sekunde lecken. Alle Arten fressen zumindest gelegentlich Insekten, vereinzelte auch Früchte.

Honigfresser haben sich in Australasien in alle Lebensräume ausgebreitet, von der tiefen Wüste bis zum Regenwald. Sie haben einen schlanken Körper, lange Flügel und ihre kräftigen Beine sind ideal zum Umgreifen von Zweigen. Laut und streitlustig zanken sie häufig um Nektarquellen. Einige wenige Arten zeigen jedoch ein spezielles, nicht-aggressives Verhalten: Sie schließen sich mit Verbeugungen und wiederholten Lauten zu Gruppen von 2–40 Individuen zusammen. Dieses Verhalten erinnert an die als »Corroborees« bekannten Zeremonientänze der indigenen Völker Australiens.

Die meisten Arten bilden Brutreviere und sind monogam. Komplexer ist das Sozialverhalten der vier Schwatzvogel-Arten (*Manorina* spp.). Beide Geschlechter können polygam sein und viele Individuen helfen an sämtlichen Nestern mit.

KARDINAL-HONIGFRESSER
Myzomela cardinalis
Diese Art lebt auf Inselgruppen im Südwestpazifik. Die Männchen haben einen karminroten Kopf und schwarzen Körper, die Weibchen sind unscheinbarer gräulich und rötlich braun gefärbt.

LÄRMLEDERKOPF
Philemon corniculatus
Viele Honigfresser-Arten haben am Kopf nackte Hautpartien. Diese Art ist nach ihrem kahlen Kopf und der lauten Stimme benannt.

Dickköpfe, Buschwürger, Raupenfänger

Pachycephalidae, Malaconotidae, Campephagidae

Diese drei unterschiedlichen Singvogelfamilien aus Afrika, Asien und Australasien vereint eine laute Stimme und ein kräftiger Schnabel mit Hakenspitze, mit dem sie gepanzerte wirbellose Beutetiere zerteilen.

Ordnung Passeriformes

Familien 3

Arten Mehr als 200

Länge
12,5–38 cm

Verbreitung Afrika, Asien, Australasien

Die meisten Dickköpfe leben auf Inseln im Indopazifik. Die größte Vielfalt gibt es auf Neuguinea, aber auch in Australien kommen einige Arten vor – v. a. der Weißzügel- oder Graubrust-Dickkopf (*Colluricincla harmonica*), der zu den besten Sängern des Landes zählt. Dickköpfe dominieren oft den Chor in der Morgendämmerung und singen sogar im Nest sitzend. Ihren lauten, pfeifenden Gesang kann man bis zu 500 m weit hören.

Ohne ihre lauten Stimmen wären die Dickköpfe leicht zu übersehen. Die meiste Zeit verbringen sie in den Baumkronen des Walds, wo sie bedächtig und unaufgeregt nach Insekten suchen. Der Gelbbauch-Dickkopf (*Pachycephala pectoralis*) sucht typischerweise von einem Ansitz aus die Blätter methodisch nach Insekten ab. Einige Arten lauern auf einem Ansitz und stoßen sich vom Ast, wenn Beute wie nicht-fliegende Insekten oder Spinnen in Reichweite kommt. Dickköpfe haben einen breiten Kopf, kräftige Beine und abgerundete Flügel. Ihr kräftiger Schnabel eignet sich ideal zum Knacken der harten Panzer größerer Insekten. Manche Arten, besonders der Gattung *Colluricincla*, fressen auch Kleinsäuger, Frösche und Eidechsen. Der Weißbauch-Dickkopf (*P. leucogastra*) sucht in Mangroven nach kleinen Krebsen und Weichtieren.

Sänger mit Hakenschnabel

Buschwürger kommen fast ausschließlich in Afrika vor. Zu ihnen gehören einige der farbenprächtigsten Vögel des Kontinents. Von einigen Arten, wie dem treffend benannten Vielfarbenwürger (*Chlorophoneus multicolor*), gibt es auch verschiedene Farbvarianten (Morphe). Ihr dicker, gekerbter Schnabel mit hakenförmiger Spitze ähnelt dem der Würger (Fam. Laniidae) und wird zum beiläufigen Aufsammeln von Wirbellosen in Baumkronen und jeglicher dichten Vegetation eingesetzt. Anders als die Würger stürzen sich Buschwürger jedoch nicht von einem Ansitz auf ihre Beute herab.

Wie die Dickköpfe sind auch die Buschwürger für ihren bisweilen sehr lauten Gesang bekannt.

▼ »Donnervogel«
Der australische Gelbbauch-Dickkopf erzeugt besonders in der Morgendämmerung melodische Pfeiftöne, manchmal animiert durch laute Knallgeräusche wie Donnerschläge.

◄ Leuchtende Schönheiten
Die Gefiederfarbe der südasiatischen Scharlachmennigvögel (*Pericrocotus speciosus*) kann je nach Gebiet zwischen rot, orange oder gelb variieren. Bei diesem Paar ist das Männchen scharlachrot, das Weibchen goldgelb und grau.

2023 wurde in Neuguinea eine **giftige Dickkopf-Art** entdeckt, deren **Giftstoffe** hauptsächlich aus den von ihr gefressenen **Käfern** stammen.

Der bengalische Name für die Mennigvögel bedeutet »sieben Freundinnen« und nimmt Bezug auf ihre Geselligkeit.

Im Süden Afrikas wird z. B. der Graukopfwürger (*Malaconotus blanchoti*) wegen seines »gespenstischen«, eindringlichen Gesangs »Spookvoël« genannt. Mehrere Arten sind für ihre Duette berühmt, bei denen Paare eine Phrase so synchron singen, dass sie wie ein einziger Vogel klingen. Männchen und Weibchen des Schieferwürgers (*Laniarius funebris*) erlernen ihre jeweiligen Partien zunächst von einem Tutor desselben Geschlechts. Sie kombinieren diese später zu einem einzigartigen, paarspezifischen Gesang, der ihr Leben lang gleichbleibt. Vermutlich spielen die Duette eine wichtige Rolle, um den Partner selbst in dichter Vegetation nicht zu verlieren. Buschwürger sind territorial und monogam und bauen in dichtem Bewuchs kompakte, napfförmige Nester, in die sie bemerkenswert kleine Gelege von oft nur 2–3 Eiern legen.

Haarige Nahrung

Raupenfänger, auch als Stachelbürzler bekannt, haben sich – wie die Dickköpfe – von Afrika, Asien und Australien aus auf viele indopazifische Inseln ausgebreitet. Ihren Namen verdanken sie ihrer weitverbreiteten Angewohnheit, große Mengen an Raupen zu fressen, auch behaarte Raupen. Viele Arten sind grau oder weiß, die Vertreter der asiatischen Mennigvögel (*Pericrocotus* spp.) haben dagegen ein überraschend plakatives Gefieder, oft mit kräftigen Rot- oder Gelbtönen. Typischerweise schließen sich viele, selbst feste Paare bildende Arten bei der Nahrungssuche zum Schutz vor Räubern gemischten Gruppen von anderen Waldvögeln an.

➤ Gleiches Paar
Beim Goldscheitelwürger (*Laniarius barbarus*) sehen Männchen und Weibchen identisch aus und bleiben ihr Leben lang zusammen. Mit bemerkenswerten Gesangsduetten, die wie ein einziger Vogel klingen, halten sie engen Kontakt untereinander.

Wie Dickköpfe und Buschwürger bauen Raupenfänger komplexe Napfnester in Astgabeln von Bäumen und Büschen. Das häufig gestreifte oder gefleckte Gefieder der Nestlinge fügt sich erstaunlich gut in die Umgebung ein und bietet effektive Tarnung. Ausgewachsene Vögel haben zwar längere Flügel und einen kleineren Kopf als Dickköpfe oder Buschwürger, verfügen aber über denselben kräftigen Hakenschnabel und ernähren sich von großen, gepanzerten Insekten. Die Borsten an der Schnabelbasis schützen ihr Gesicht vor Verletzungen durch wehrhafte Beutetiere.

Eine Besonderheit der Familie sind versteifte, stachelartige Federn auf dem unteren Rücken und Bürzel, die aufrichtbar sind (daher der Name Stachelbürzler). Möglicherweise werden diese Federn bei Angriffen zur Abwehr abgestoßen. Zusätzlich besitzen Raupenfänger noch Puderdunen. Diese zerfallen zu einer pulvrigen Substanz, die gemischt mit dem öligen Sekret der Bürzeldrüse zur Gefiederpflege dient.

▲ **Fruchtfresser**
Raupenfänger vertilgen bekanntlich große Insekten. Dieser Dickschnabel-Raupenfänger (*Coracina caeruleogrisea*) aus Neuguinea – hier in einer Illustration von John Gould aus dem Jahr 1876 – verzehrt jedoch auch Früchte, die er in den Baumkronen pflückt.

BOKMAKIRIWÜRGER
Telophorus zeylonus
Diese südafrikanische Buschwürger-Art ist nach ihrem Ruf benannt. Männchen und Weibchen singen im Duett »bok-bok«. Oft variieren die Lieder von Ort zu Ort und lassen lokale Dialekte erkennen.

ROTBAUCHWÜRGER
Laniarius atrococcineus
Dieser Buschwürger hält sich wie viele andere Arten seiner Familie oft in dichter Vegetation versteckt – in seinem Fall in Dornengestrüpp im Süden Afrikas.

SCHLICHTMANTEL-DICKKOPF
Pachycephala rufiventris
Diese Art ist – ungewöhnlich für die Familie – ein Zugvogel. Die ostaustralischen Populationen ziehen im Frühjahr nach Süden, im Winter wieder nordwärts.

Würger

Laniidae

Würger sind von Natur aus territoriale Fleischfresser. Mit ihrem robusten Schnabel mit greifvogelähnlicher Hakenspitze können sie Insekten, kleine Reptilien, Vögel und Säugetiere zerteilen.

Ordnung Passeriformes

Familien 1

Arten Mehr als 30

Länge
16–50 cm

Verbreitung
Nordamerika, Europa, Asien, Afrika

Für ihre Größe sind Würger bemerkenswerte Räuber. Sie jagen große Insekten und kleine Nagetiere, aber auch Reptilien und Vögel. Meist halten sie von einem erhöhten Ansitz aus nach Beute Ausschau. Ein drosselgroßer, etwa 18 cm langer Würger kann einen halb so großen Laubsänger erbeuten. Die Beute wird rasch getötet und anschließend oft in einem Dornenbusch oder an einem Stacheldrahtzaun aufgespießt. Das Aufspießen hilft den Würgern, die Beute in kleinere Stücke zu reißen, denn trotz der scharfen Krallen haben ihre Füße nicht die Kraft von Greifvogelklauen. Würger sind bekannt für diese Form der Lagerung ihrer Beute für künftige Mahlzeiten. Studien zufolge ist eine derartige »Speisekammer« besonders vorteilhaft, wenn bei schlechter Witterung Küken zu füttern sind.

Ins Auge fallend, aber scheu

Die meisten Würger lassen sich in zwei Gruppen einteilen. Größere Arten, wie der Raubwürger (*Lanius excubitor*) aus Eurasien und Afrika haben oft ein markant schwarz, weiß und grau gefärbtes Gefieder. Sie sitzen häufig auf Dräh-

▲ Sherborne-Messbuch
In diesem Manuskript (um 1400) steht neben den englischen Vögeln vermutlich ein spanischer Würger.

> »Der Würger … ist todesmutig und greift selbst Vögel wie Krähen an, die viel größer sind als er selbst …«
>
> THOMAS BEWICK, *A History of British Birds*, 1797

◄ Geselliges Beisammensein
Die afrikanischen Rüppellwürger (*Eurocephalus ruppelli*) schließen sich manchmal zu kleinen Gruppen zusammen, die Hornraben folgen und von diesen aufgescheuchte Insekten erbeuten.

Das Aufspießen der Eidechse erleichtert dem Würger, sie zu zerlegen.

ten oder hohen Zweigen, halten sich aber auch längere Zeit unauffällig am Rand von Sträuchern auf. Kleinere Arten wie der Neuntöter (*L. collurio*) bevorzugen meist Dickicht und stacheligen Stechginster. Sie sind oft schwer zu finden, aber Ausdauer lohnt sich, denn auch sie sind wunderschön gemustert. Altägyptische Wandmalereien, die das Grabmal von Chnumhotep II. in Beni Hasan zieren, zeigen einen Neuntöter und einen Maskenwürger (*L. nubicus*) mit ihren charakteristischen Augenstreifen. Andere Arten wie der afrikanische Gelbschnabelwürger (*L. corvinus*) und der Elsterwürger (*L. melanoleucus*) sind für ihre außergewöhnlich langen, abgestuften Schwänze bekannt.

Würger bilden Paarbindungen und verteidigen ihr Revier gegen andere Paare. Die Weibchen werden oft von einer gut gefüllten Speisekammer angezogen, die Männchen überreichen als Teil ihres Balzrituals Futtergeschenke. Die Jungenaufzucht erfolgt gemeinsam. Bei den afrikanischen Rüppell- und Weißscheitelwürgern (*Eurocephalus* spp.) helfen die Jungvögel der ersten Brut ihren Eltern bei der Fütterung der zweiten.

Der breite schwarze Augenstreif kennzeichnet das Männchen.

➤ Metzgervogel
Dieses Neuntöter-Männchen hat den perfekten Dornenzweig gefunden, um seinen Schmetterlings- und Eidechsen-»Spieß« für den späteren Verzehr zu lagern.

Große Perlmuttfalter (*Speyeria aglaja*) lieben den gleichen buschigen Lebensraum wie dieser Würger.

Wie Falken besitzen Würger an der Schneidekante des Schnabels einen »Falkenzahn« zum Töten der Beute.

TIBETWÜRGER
Lanius tephronotus
Diese Art ernährt sich größtenteils von Insekten. Sie bewohnt hoch gelegene Waldlichtungen in Süd- und Südostasien und zieht im Winter hinunter in Kulturlandschaften.

LOUISIANAWÜRGER
Lanius ludovicianus
Dieser vorwiegend nordamerikanische Würger erbeutet kleine Vögel, Nagetiere, Reptilien und Insekten. Sein Gesang ist leise und rhythmisch.

Fächerschwänze

Rhipiduridae

Ordnung	Passeriformes
Familien	1
Arten	Mehr als 60
Länge	11,5–21 cm
Verbreitung	Asien, Australasien, Ozeanien

Es ist eine Freude, diese kleinen Vögel dabei zu beobachten, wie sie auf der Suche nach Insekten durch das Laub huschen und ihren langen Schwanz auffächern, sodass die weißen Spitzen aufblitzen.

▼ Fächer aus Federn
Der Fuchsfächerschwanz (*Rhipidura rufifrons*) findet seine Nahrung in Wäldern und sitzt nur selten still, denn er ist auf der Suche nach Insekten ständig im Geäst unterwegs.

Zur Verteidigung ihrer Küken greifen Gartenfächerschwänze sogar Menschen, Katzen, Hunde, Adler, Schildkröten und Tigerottern an.

Fächerschwänze sind meist einzeln oder paarweise anzutreffen, recht neugierig und wenig scheu. Selbst im Sitzen halten sie selten still, wippen mit dem Schwanz, drehen sich im Kreis oder wiegen hin und her. Die meisten Arten sind blau, schwarz, rötlich und weiß, schlank und langschwänzig. Meist sehen beide Geschlechter gleich aus – nur beim Rabenfächerschwanz (*Rhipidura atra*) in Neuguinea ist das Männchen ganz schwarz und das Weibchen rötlich gefärbt.

Abgesehen von einfachen Liedern und quietschenden Lauten verhalten sich Fächerschwänze gewöhnlich ruhig. Angeblich soll es Glück bringen, ihren Gesang zu hören. In der Folklore der indigenen Völker Australiens gilt der Gartenfächerschwanz (*R. leucophrys*) als Überbringer guter wie schlechter Nachrichten, als Klatschtante, Lügner und Geheimnisdieb. In Teilen Neuguineas werden Fächerschwänze als die Geister von Verwandten angesehen. In der Mythologie der Maori weckte der Fächerschwanz durch sein Lachen die Todesgöttin, als der Volksheld Maui vorbeischlich, und verursachte damit dessen Tod.

Ihre napfförmigen Nester mit schwanzartigem Anhängsel bauen Fächerschwänze meist in einer Astgabel aus feinen Gräsern, Wurzeln oder anderen Pflanzenteilen, die mit Spinnweben verwoben werden. Den Neststandort wählt das Weibchen aus, Nestbau und Jungenaufzucht übernehmen das Paar gemeinsam. Um Räuber vom Nest wegzulocken, täuscht das Weibchen eine Verletzung vor. Auch außerhalb der Brutzeit verteidigt es sein Revier erbittert und greift Vögel bis zur Größe eines Jägerliests (*Dacelo* spp.) an.

Die meisten Fächerschwänze sind Insektenfresser und gehen häufig in gemischten Schwärmen mit anderen Vögeln auf Nahrungssuche. Dabei fangen sie aufgestöberte Insekten, stehlen manchmal aber auch die Beute anderer. Die Borsten um den Schnabel schützen ihr Gesicht, wenn sie Insekten im Flug erbeuten oder von Blättern picken. Mit flinken Wendungen umherflatternd scheuchen die Vögel ihre Beute auf. Die meisten finden ihre Nahrung in der Kronenschicht, manche auch tief im schattigen Unterholz in Bodennähe. Den Gartenfächerschwanz sieht man häufig über den Rasen von Parks und Gärten hüpfen oder auf Weidetieren sitzen.

Neue Familienmitglieder

Zwei ungewöhnliche Arten sind die auf den Fidschi-Inseln endemischen Seidenfächerschwänze (*Lamprolia* spp.). Die kleinen blauschwarzen Vögel mit strahlend weißem Bürzel ähneln den anderen Fächerschwänzen nicht. Wie DNA-Analysen ergaben, gehören sie aber – wie auch der nah verwandte Drongofächerschwanz (*Chaetorhynchus papuensis*) – ebenfalls dieser Familie an.

BLAUMONARCH
Eutrichomyias rowleyi
Dieser Fächerschwanz ist auf der indonesischen Insel Sangihe endemisch und wegen der Zerstörung seines Lebensraums vom Aussterben bedroht.

DRONGO-FÄCHERSCHWANZ
Chaetorhynchus papuensis
Diese glänzend blauschwarze Art lebt in den Bergwäldern Neuguineas. Sie geht oft mit anderen Arten auf Nahrungssuche und schlägt beim Anblick eines Räubers Alarm.

➤ Streit am Wasser
An einem See in Australien streiten sich ein Gartenfächerschwanz (links) and ein Weißbürzel-Honigfresser (*Ptilotula penicillatus*) um einen begehrten Ansitz. Zwischen diesen beiden Arten kommt es oft zu Auseinandersetzungen um Reviere und Nahrung.

◄ Skrupelloser Mitflieger
Drongos sind für ihre Aggressivität berüchtigt, besonders bei der Verteidigung ihres Nests oder Territoriums. Hier drangsaliert ein Königsdrongo (*Dicrurus macrocercus*) im Flug eine Schlangenweihe (*Spilornis cheela*).

Drongos

Dicruridae

Die Vertreter dieser Familie sind meist schwarze, kräftig gebaute Singvögel mit langem Schwanz und unbändigem Auftreten. Zu Hause sind sie in Asien, Afrika und Australasien.

Als Ansitzjäger halten Drongos aus erhöhter Position Ausschau nach Beute – meist Insekten wie Heuschrecken, Käfer oder Fliegen –, stürzen sich dann auf sie und fangen sie im Flug oder am Boden. Zumeist findet man sie auf Lichtungen oder in Baumkronen – geeigneten Orten zur Beutejagd. Mit ihrem verstärkten Gaumen können sie gut die Panzer großer Insekten knacken. Daneben fangen Drongos auch kleine Vögel und sogar wendige Fledermäuse, die sie mit ihrem kräftigen Schnabel packen. Die Borsten an der Schnabelbasis dienen dabei als Gesichtsschutz.

Die äußerst anpassungsfähigen Jäger suchen gezielt Buschbrände auf und fangen davor fliehende Beutetiere. Zum besseren Überblick nutzen sie dabei oft den Rücken von Antilopen oder Zebras als Ansitz. Drongos sind bekannt dafür, den Alarmruf von Schwarmmitgliedern nachzuahmen, diese so abzulenken und deren Beute zu stehlen. Auch Räuber imitieren sie. Ihre einfallsreichen, lauten Gesänge erklingen oft früh morgens und spät abends in der Dämmerung.

► Markante Schwänze
Drongo-Arten kann man anhand ihrer Schwanzform sowie am Vorhandensein einer Haube bestimmen. Die arttypischen Schwanzfedern des Flaggendrongos (*Dicrurus paradiseus*) können bis zu 70 cm lang sein.

Ordnung	Passeriformes
Familien	1
Arten	Mehr als 20
Länge	18–65 cm
Verbreitung	Australien, Afrika, Asien, Neuguinea

➤ Pretty in Pink
Der australische Rosa- oder Rosenbrust-Schnäpper (*Petroica rodinogaster*) lebt im Regenwald und in feuchten Eukalyptuswäldern mit dichtem Unterholz. Nach dem Brüten ziehen manche Vögel in Gebiete mit lichterem Bewuchs.

Der Ruf dieser Art ist ein charakteristisches »Tik-tik-tik«, der Gesang ein kurzes, plapperndes Trillern.

Nur erwachsene Männchen sind an Brust und Bauch leuchtend pink gefärbt, die Weibchen sind überwiegend graubraun.

Ordnung Passeriformes

Familien 1

Arten Mehr als 50

Länge 10–22 cm

Verbreitung Australasien, Ozeanien

AUSTRALSCHARLACH-SCHNÄPPER
Petroica boodang
Häufige Art im Buschland Ost-Australiens. Paare bleiben das ganze Jahr in ihrem Revier und ziehen vereinzelt nachweislich fünf Bruten in Folge auf.

WEISSSCHWANZ-SCHNÄPPER
Microeca fascinans
Die weitverbreitete Art kommt als eine von wenigen der Familie in trockenen, offenen Gebieten vor. Sie ist in weiten Teilen Australiens zu Hause.

Südseeschnäpper

Petroicidae

Mit ihrer farbigen Brust ähneln diese kleinen, rundlichen Singvögel zwar dem so beliebten europäischen Rotkehlchen, sind aber nicht mit diesem verwandt.

Südseeschnäpper ernähren sich von Insekten und Würmern, die sie auf verschiedene Weise erbeuten. Meist stürzen sie sich von einem erhöhten Ansitz aus auf die am Boden erspähte Beute. Sie hüpfen aber auch am Boden umher oder fangen Insekten im Flug. Mit Vorliebe klammern sie sich an Baumstämmen fest und schlagen dabei mit Flügeln und Schwanz.

Viele Arten leben in Wäldern, einige haben Lebensräume wie die Strauchregion im Gebirge oder schnell fließende Bäche erschlossen. So erbeutet z. B. der in Neuguinea und Neubritannien heimische Uferschnäpper (*Monachella muelleriana*) Fluginsekten über dem Wasser. Die meisten Südseeschnäpper errichten zarte Napfnester aus Pflanzenfasern und Spinnweben. Der Limonenbauch- oder Gelbbrustschnäpper (*Microeca flavigaster*) baut das verhältnismäßig kleinste Nest aller Vögel Australiens und legt nur ein Ei – familientypisch sind eigentlich 2–3 Eier.

Erfolgreicher Artenschutz

Mehrere Arten dieser Familie sind selten oder haben ein kleines Verbreitungsgebiet. Der auf der gleichnamigen neuseeländischen Insel heimische Chathamschnäpper (*Petroica traversi*) war einst mit nur noch fünf Individuen der seltenste Vogel der Welt, darunter ein geschlechtsreifes Weibchen. Dank Schutzmaßnahmen hat sich die Gesamtzahl auf etwa 300 Vögel auf zwei Inseln erhöht.

Pirole

Oriolidae

Die oft leuchtend gefärbten Pirole bezaubern mit ihren flötenden Gesängen und stehen wegen ihrer Schönheit weltweit seit Langem hoch im Kurs.

Die Pirole sind eine vielfältige Gruppe von Vögeln in oft leuchtenden Farben. Die meisten gehören zur Gattung *Oriolus*, die Familie umfasst aber zudem drei Feigenpirole (*Sphecotheres* spp.) aus Asien und Australien sowie vier Pitohuis (*Pitohui* spp.) aus Neuguinea. Trotz ähnlichen Aussehens und Verhaltens sind sie nicht mit den neuweltlichen Trupialen verwandt.

Die scheuen Pirole leben häufig versteckt im Laub der Bäume. Sie haben wunderbar flötende Gesänge und mit Glück kann man einen Blick auf ihr leuchtendes Gefieder erhaschen. Eine Ausnahme bilden sechs braune Arten aus Indonesien, Australien und Neuguinea. Sie scheinen in Gefieder, Haltung und Flug die größeren Fregattvögel (*Philemon* spp.) zu imitieren. Je größer der Unterschied in Größe oder Gewicht ist, desto ähnlicher ist das Gefieder: Der Grauhals- oder Forstenpirol (*Oriolus forsteni*) ist fast identisch

Ordnung Passeriformes

Familien 1

Arten Mehr als 30

Länge
17,5–32 cm

Verbreitung Europa, Afrika, Asien, Australasien

◄ Asiatische Art
Diese Darstellung eines Schwarznackenpirols (*O. chinensis*) über einer Clematis wurde um 1840 von dem japanischen Holzschnittmeister Utagawa Hiroshige gefertigt.

Das Gefieder des Weibchens ist grünlich gelb und bietet im Laub eine gute Tarnung.

Das Männchen ist goldgelb gefärbt, Schwanz und Flügel sind schwarz. Beide Geschlechter haben einen rosa Schnabel.

▲ Insektenjäger
Pirole (*O. oriolus*) füttern zwar ihre Nestlinge mit Insekten, außerhalb der Brutzeit bilden jedoch Beeren und Früchte den größten Teil ihrer Nahrung.

◄ Grüner Pirol
Der im Osten Indonesiens und im Norden Australiens heimische Mangrovepirol (*Oriolus flavocinctus*) lebt in immergrünen tropischen Regenwäldern, aber auch in Parks und Gärten.

»Die Gottesanbeterin pirscht sich an die Zikade, ohne den Pirol hinter sich zu bemerken.«

CHINESISCHES SPRICHWORT

mit dem rund 75 Prozent schwereren Seramlederkopf (*P. subcorniculatus*). Vermutlich entgehen die Pirole wegen dieser Mimikry Angriffen der größeren Fregattvögel.

Speise, Glaube, Giftigkeit

Eine 4500 Jahre alte Reliefschnitzerei an einem antiken ägyptischen Grabmal in Sakkara zeigt, wie Menschen Pirole mit an Feigenbäumen befestigten Netzen fangen. Sehr zum Ärger vieler Naturschütze werden selbst heute noch von Malta bis Südostasien Pirole zum Verzehr gejagt.

Einen Zweifarbenpirol (*Pitohui dichrous*) zu essen wäre jedoch nicht gesund. Die Bewohner Neuguineas bezeichnen ihn als »Drecksvogel«, denn ihre Zunge wird taub, wenn sie an seinen Federn lecken. Auch Ornithologen litten beim Umgang mit den Vögeln an Brennen in Mund und Nase. Wie Untersuchungen ergaben, wiesen die Federn der Pirole hohe Konzentrationen eines Nervengifts auf, das man zuvor nur von Pfeilgiftfröschen aus dem tropischen Amerika kannte. Der Zweifarbenpirol nimmt das Gift mit seiner Nahrung auf: Wollhaarkäfer (Fam. Melyridae). Das Gift schützt ihn vermutlich vor Parasiten wie Milben und Zecken sowie vor Räubern.

Der **Australische Feigenpirol** sucht nicht nur **im Regenwald** nach **Feigenbäumen,** sondern auch in Städten.

AUSTRALISCHER FEIGENPIROL
Sphecotheres vieilloti
Wie die anderen Feigenpirole ist auch diese Art sehr gesellig und bildet Gruppen von mehr als 100 Vögeln. Die Männchen sind viel leuchtender gefärbt als die Weibchen.

ZWEIFARBENPIROL
Pitohui dichrous
Dieser giftige Pirol aus Neuguinea lebt in Familiengruppen und ernährt sich von Früchten und Insekten. Mehrere andere Arten ahmen sein schwarz-orangefarbenes Gefieder nach.

ROTBRUST-PIROL
Oriolus consanguineus
Die meisten Pirole sind gelb oder grün gefärbt, aber fünf asiatische Arten haben ein rotes Federkleid. Der Rotbrustpirol kommt in Indonesien und Malaysia vor.

Ordnung Passeriformes

Familien 1

Arten Mehr als 40

Länge
16–110 cm

Verbreitung Australasien

➤ **Faszinierende Formen**
Diese Illustration (1883) von Joseph Smit zeigt zwei balzende Männchen des Königsparadiesvogels (*Cicinnurus regius*) über einem Weibchen. Damals wurden Bälge dieser Vögel als Kuriositäten und Museumsexponate nach Europa exportiert.

Paradiesvögel

Paradisaeidae

Nur wenige Vögel regen die Fantasie so an wie die Paradiesvögel mit ihrem prächtigen Gefieder, den plakativen Farben und der lebhaften Balz. Sie kommen überwiegend auf Neuguinea vor.

Männliche Paradiesvögel haben mit die extravagantesten Gefieder der Vogelwelt. Ihre Federn weisen mehr strukturelle Variationen auf als die fast jeder anderen Vogelfamilie: Sie präsentieren fließende Federn an den Flanken, bandförmige Schwänze, bizarre Hauben, verlängerte Nackenfedern und drahtähnliche Federn – zudem in leuchtenden Farben wie Rot, Orange, Rosa, Blau und Gelb. Und fast jede Art besitzt auch noch irisierende Federn, die im Licht schimmern.

Daher ist es nicht verwunderlich, dass diese verschwenderischen Schmuckfedern tief in den Kulturen der ländlichen und waldbewohnenden Völker Neuguineas verwurzelt sind. Vermutlich werden Paradiesvogelfedern seit mehr als 10 000 Jahren für Zeremonien und Rituale verwendet. Die Federn werden zu Kopfschmuck verarbeitet, es gibt der Balz der Vögel nachempfundene Tänze und bisweilen dienen die Federn sogar als Zahlungsmittel. Paradiesvögel kommen in vielen lokalen Mythen und Legenden vor, sind

➤ **Zurschaustellung**
Auf dem Höhepunkt der Balz stellt ein männlicher Raggiparadiesvogel (*Paradisaea raggiana*) sein prächtiges Gefieder zur Schau. Einige Männchen dieser Art balzten nachweislich 20 Jahre in Folge am selben Balzplatz.

Staatssymbol von Papua-Neuguinea und zieren das Logo der nationalen Fluggesellschaft.

Eindrucksvolle Tänze

Die traditionellen Tänze der Bewohner Neuguineas sind Spiegelbild der aufwendigen Balztänze der Vögel. Die Choreografie der Vögel ist außerordentlich vielfältig – sie springen und laufen, flattern, sträuben ihr Gefieder und verbeugen sich. Die Balz des Carolaparadiesvogels (*Parotia carolae*) setzt sich aus 58 verschiedenen Elementen zusammen. Mehrere Arten, z. B. der Blauparadiesvogel (*Paradisornis rudolphi*), hängen sich kopfüber an Zweige und plustern ihr Gefieder auf.

Jede Darbietung wird von komplexen Rufen begleitet. Die oft durchdringenden Laute machen die Weibchen auf den Standort des Männchens aufmerksam. Bei den fünf Arten der Manukoden oder Paradieskrähen (*Manucodia* spp.) liegt die stark verlängerte Luftröhre in Schlingen um die Brustmuskeln. Das senkt die Tonhöhe ihres Rufs ab, sodass er weiter durch den Wald dringt.

Einige Paradiesvogel-Männchen balzen allein, andere in losen Ansammlungen an Balzplätzen, sogenannten Leks. Die Schautänze können am Boden, knapp über dem Boden oder in den Baumkronen stattfinden. Manche Arten bereiten ihren »Tanzboden« vor, indem sie vor der Darbietung den Waldboden säubern und Blätter von Lianen streifen. Die besten Männchen erobern stets den bestmöglichen Balzplatz, oft mit einem erhöhten Ansitz. Um eine Chance auf Erfolg zu haben, kämpfen die Männchen vehement darum, sich am Lek präsentieren zu können. Junge

Als die ersten Bälge von Paradiesvögeln nach Europa gelangten, hielten Ornithologen sie wegen der bizarren Federn für raffinierte Fälschungen.

Die Männchen sind sehr plakativ gefärbt, mit leuchtend blauem, kahlem Scheitel, gelbem Kragen und roten Partien an Rücken und Flügeln.

Solche drahtartig eingerollte, an der Basis überkreuzte Schwanzfedern besitzt nur diese Art.

Beim ersten Anblick einer potenziellen Partnerin »erstarrt« das Männchen oft auf seinem bodennahen Ansitz.

◄ Plakativ und dennoch fast unsichtbar

Der extravagante Nacktkopf-Paradiesvogel (*Diphyllodes respublica*) lebt ausschließlich an bewaldeten Bergen der beiden nördlich von Neuguinea gelegenen Inseln Waigeo und Batanta.

Männchen benötigen teils mehrere Jahre, um die Bewegungen für ihre Balztänze zu erlernen, und es dauert etwa sieben Jahre bis das prächtige Erwachsenengefieder ausgebildet ist.

Gleich und doch verschieden

Trotz ihrer großen Vielfalt haben Paradiesvögel auch mehrere Merkmale gemeinsam. Es sind allgemein recht große, lebhafte Singvögel mit kräftigen Beinen und Füßen. Mit ihrem geraden oder abwärts gebogenen, kräftigen Schnabel können sie ihre Nahrung festhalten. Die meisten Paradiesvögel bewegen sich hüpfend am Boden und streuen beim Fliegen auch Gleitphasen ein.

Einige Arten bilden dauerhafte Paare, die sich die elterlichen Aufgaben teilen. Bei den meisten paaren sich die Männchen allerdings zur Brutzeit mit mehreren Weibchen und Letztere erledigen Brutgeschäft und Jungenaufzucht allein. Die Weibchen bauen ihre becherförmigen Nester aus Lianen, den Stängeln von Orchideen, Farnen, Moos und Blättern. Gelegentlich wird auch eine abgestreifte Schlangenhaut verarbeitet – womöglich eine Methode, um das Nest vor Räubern zu schützen.

Kopfschmuck aus Federn

Bei einem Sing Sing, einer festivalähnlichen Zusammenkunft von Völkern in Papua-Neuguinea, tragen die Tänzer traditionelle, mit den roten und orangen Federn des Raggiparadiesvogels geschmückte Kleidung. Die Federn für dieses gesellschaftliche Ereignis werden oft getauscht oder ausgeliehen.

BRAUNBAUCH-PARADIESHOPF
Epimachus meyeri

Diese im zentralen Hochland von Neuguinea lebende Art stochert mit ihrem gebogenen Schnabel nach Wirbellosen, frisst aber auch Früchte.

WIMPELTRÄGER-PARADIESVOGEL
Pteridophora alberti

Neben ihren verblüffenden Halsfedern, die sie bei der Balz aufstellt und spreizt, hat diese einzigartige Art auch einen ungewöhnlichen Ruf – er klingt wie eine Störung im Radio.

BLAU-PARADIESVOGEL
Paradisornis rudolphi

Diese große, seltene Art singt zunächst von einem hohen Ansitz aus. Danach folgt an einem niedrigeren Ansitz kopfüber hängend die Balzdarbietung.

Ordnung Passeriformes

Familien 1

Arten Mehr als 100

Länge
9–30 cm

Verbreitung Afrika, Asien, Australasien, Ozeanien

▲ **Polymorphes Gefieder**
Die Männchen des Hainparadiesschnäppers (*T. paradisi*) gibt es in zwei Farbmorphen: Eine ist rötlich braun mit grauweißer Unterseite, wie hier, die andere ist überwiegend weiß.

Monarchen

Monarchidae

Die **Schwanzfedern** männlicher **Paradiesschnäpper** können mehr als **doppelt so lang** sein wie ihr Körper.

Zur dieser Familie gehören viele farbenprächtige Arten mit teils spektakulär langen zentralen Schwanzfedern. Viele fangen mit ihrem breiten, abgeflachten Schnabel Insekten im Flug.

Die Monarchen sind eine große, vielfältige Familie, haben aber auch viele gemeinsame Merkmale. Zumeist handelt es sich um kleine oder mittelgroße Vögel mit schlankem Körper und aufrechter Haltung. Auch ihr Nahrungserwerb ist recht einheitlich. Normalerweise bleiben sie lange Zeit reglos sitzen und stürzen sich dann auf vorbeifliegende Insekten oder klauben mit ihrem breiten, flachen Schnabel kriechende Insekten von Pflanzen. Ihr Gefieder ist im Allgemeinen oberseits dunkel und unterseits hell. Mehr als ein Drittel der Arten – vom Weißhalsmonarch (*Carterornis pileatus*) aus Indonesien bis zum Elstermonarch (*Arses kaupi*) aus Australien – ist schwarz-weiß. Andere haben rötliche Federn, männliche Schwarznackenmonarchen (*Hypothymis azurea*) sind leuchtend blau. Viele Vertreter der Familie haben eine Haube, aber nur bei den 17 Paradiesschnäpper-Arten (*Terpsiphone* spp.) besitzen die Männchen auffällig lange Schwanzfedern.

Mancherorts sind Paradiesschnäpper eine lokale Einnahmequelle, weil sie zahlungskräftige Vogelbeobachter anlocken. So besuchen viele Touristen auf La Digue das Reservat zum Schutz der Brutplätze des Seychellenparadiesschnäppers (*T. corvina*). Seit dessen Einrichtung 1982 hat sich der Bestand erholt.

◄ Vorsicht Stelzenmonarch!
Dieser aggressive Vogel kommt in fast ganz Australien vor. Er greift ständig sein eigenes Spiegelbild an Fenstern an und vertreibt mutig Vögel bis Adlergröße oder sogar Menschen, die sich dem Nest nähern.

Zuverlässige Geister

Monarchen leben großteils in bewaldeten Lebensräumen, von Savannen und Mangroven bis hin zum dichten tropischen Regenwald. Drei Viertel der Arten kommen nur auf einzelnen Inseln oder Inselgruppen vor. In einem solch kleinen Areal ist die Bedrohung durch Lebensraumverlust und eingeführte Räuber wie Ratten besonders hoch. Einige Arten, wie z. B. die Würgermonarchen (*Clytorhynchus* spp.) und Vertreter der Gattung *Myiagra*, bewohnen Pazifikinseln. Auf Hawaii wurden *Elepaios* genannte Monarchen (*Chasiempis* spp.) als Schutzgeister der Kanubauer verehrt. Wenn man für den Bau eines Kanus eine Koa-Akazie fällte, beobachteten die Bootsbauer das Verhalten dieser Vögel. Pickten sie auf der Suche nach Insekten am Holz, so war der Baum zu weich und damit nicht seetauglich.

Der Schwarznackenmonarch verfängt sich manchmal im Netz großer Spinnen.

Gemeinsame Fürsorge
Brutpaare des hübschen asiatischen Schwarznackenmonarchen teilen alle elterlichen Pflichten wie das Bebrüten der Eier und die Fütterung der Jungen untereinander auf.

STELZENMONARCH
Grallina cyanoleuca
Der unverkennbare schwarz-weiße Stelzenmonarch ist einer der bekanntesten Vögel Australiens. Im Gegensatz zu den meisten anderen Arten der Familie findet er seine Nahrung gewöhnlich nicht in Bäumen, sondern am Boden.

KAUAIMONARCH
Chasiempis sclateri
Zu dieser Gattung gehören drei eng verwandte Arten, die auf den Hawaii-Inseln endemisch sind (dort *Elepaios* genannt). Es sind die einzigen in den USA vorkommenden Monarchen. Der Kauaimonarch lebt ausschließlich auf der Insel Kauai.

RENNELLMONARCH
Clytorhynchus hamlini
Diese Art kommt auf der Salomonen-Insel Rennell vor. Wegen ihres ungewöhnlichen langen Schnabels mit Hakenspitze wird sie auch Rennellwürgermonarch genannt.

Ordnung Passeriformes

Familien 1

Arten Mehr als 130

Länge
21,5–65 cm

Verbreitung Weltweit, außer in der Antarktis

▲ **Zauber der Berge**
Der Inkablaurabe (*Cyanocorax yncas*), auch als Grünhäher bekannt, lebt in den Wäldern der Anden. Der schillernde Vogel produziert viele unterschiedliche Rufe.

◄ **Farbeffekte durch Licht**
Der nordamerikanische Blauhäher (*Cyanocitta cristata*) hat ein fantastisch blaues Gefieder. Seine Federn enthalten keine blauen Pigmente, sondern zeigen je nach Lichtstreuung verschiedene Blautöne.

Rabenvögel

Corvidae

Rabenvögel, zu denen neben Raben und Krähen auch Häher und Elstern zählen, sind für ihre Neugierde und ihren Einfallsreichtum bekannt. Sie spielen in der Folklore und im Aberglauben vieler Kulturen weltweit eine besondere Rolle.

Studien zufolge können sich **Raben** an die Gesichter von **Menschen** erinnern, die sie **schlecht behandelt** haben.

Rabenvögel unterscheiden sich in vielem von den meisten Singvögeln. Trotz der stimmlichen Begabung mancher Arten singen sie nicht melodisch. Sie kommunizieren über eine Vielzahl von Rufen und können beeindruckend gut Laute nachahmen. Die Arten werden überwiegend deutlich größer als typische Singvögel. Kolk- und Erzrabe (*Corvus corax* bzw. *C. crassirostris*) sind mit rund 1,5 kg die größten aller Sperlingsvögel. Die meisten Krähen und Raben sind einfarbig (oft gänzlich schwarz). Dagegen sind manche Häher und Elstern, v. a. waldbewohnende, lebhaft gefärbt. Einige Häher haben eindrucksvolle Hauben.

In der Mehrzahl sind Rabenvögel Allesfresser und zeichnen sich durch ihre Intelligenz und Neugierde aus. Einige haben sich neue Wege des Nahrungserwerbs erschlossen, z. B. eine Gruppe Aaskrähen (*C. corone*) in Japan an Straßenkreuzungen. Wenn der Verkehr an der Ampel steht, legen sie Nüsse auf die Straße. Sobald in der Grünphase passierende Fahrzeuge diese geknackt haben, sammeln sie die Kerne bei der nächsten Rotphase ein. Studien an Kolkraben und Geradschnabelkrähen (*C. moneduloides*) in Gefangenschaft brachten deren beeindruckende Fähigkeiten bezüglich Lernen, Planung und Innovation ans Licht. Sie lösten komplexe Aufgaben, stellten Werkzeuge her, nutzten diese und zeigten Teamwork, um Leckerbissen zu erlangen.

Viele Rabenvögel haben starke soziale Bindungen. Elstern (*Pica pica*) haben als eine von nur wenigen Tierarten den »Spiegeltest« bestanden – d.h., sie erkennen ihr Spiegelbild als Abbild ihrer selbst und halten es nicht für ein anderes Individuum. Sie sind sich bewusst, dass andere Vögel die Welt anders wahrnehmen (z.B., dass ein Leckerbissen für sie sichtbar ist, aber nicht für einen Artgenossen aus einem anderen Blickwinkel). In wild lebenden Rabenvogel-Populationen werden Kenntnisse und Fähigkeiten von den Eltern an ihre Nachkommen weitergegeben. Das hat zur Folge,

▲ **Echte Krähen**
Die in Eurasien weitverbreitete Nebelkrähe (*Corvus cornix*) lebt auf Ackerland und in natürlichen offenen Landschaften, aber auch in städtischer oder dörflicher Umgebung.

◄ **Odins Raben**
Der nordische Gott Odin hat zwei sprechende Raben, die die Welt bereisen und Informationen sammeln: Hugin (»Gedanke«) und Munin (»Erinnerung«). Sie werden oft auf seinen Schultern sitzend dargestellt wie in diesem isländischen Manuskript aus dem 18. Jh.

Der robuste Kopf und der kräftige Mehrzweckschnabel, der sich auch gut zum Graben im Boden eignet, sind typisch für die Gattung *Corvus* (Raben und Krähen).

Mit den kräftigen Flügeln vollführen die Krähen eine stetige Ruderbewegung ohne oder nur mit vereinzelten Gleitphasen.

dass jede Population ihre eigene reichhaltige und komplexe Kultur aufweist.

Gedächtniskünstler

Eine andere, aber ebenso beeindruckende geistige Fähigkeit zeigt der kleine nordamerikanische Kiefernhäher (*Nucifraga columbiana*). Den ganzen Herbst über versteckt er riesige Mengen Kiefernsamen in Tausenden von Verstecken. Den schneereichen Winter überlebt er nur, weil er sich diese Verstecke merken kann und die Samen wieder ausgräbt. Sein Gehirn weist wie das anderer Rabenvögel eine hohe Dichte an Nervenzellen auf und eignet sich daher gut für solche Gedächtnisleistungen. In ähnlicher Weise hortet der Meisenhäher (*Perisoreus canadensis*) Nüsse, steht aber im Wettbewerb mit dem Diademhäher (*Cyanocitta stelleri*), der ihm mit der Aussicht folgt, seine Vorräte stehlen zu können. Auch hat sich der Meisenhäher angewöhnt, an Campingplätzen herumzulungern, um Nahrungsreste zu stibitzen. Sein Spitzname ist »Whisky Jack« – nach dem Gestaltwandler und Schwindler Wisakedjak in der Folklore der Indigenenstämme der Cree und Algonkin. 2016 wurde der Meisenhäher zum Nationalvogel Kanadas erklärt – eine

Die rote Scheibe im Schnabel des Raben steht für das von ihm gestohlene Licht.

▲ Zeremonienrassel
Hölzerne Rasseln in Rabengestalt wie diese aus dem 19. Jh. wurden vom Volk der Haida in Westkanada bei schamanischen Tänzen und Heilungszeremonien verwendet. Sie wurden mit Steinen oder Samen gefüllt.

KIEFERNHÄHER
Nucifraga columbiana
Um mit seinem langen, spitzen Schnabel die Samen aus Kiefernzapfen zu holen, hält der stämmige Vogel die Zapfen mit dem Fuß fest. Zudem frisst er Insekten, Eier und Jungvögel.

GLANZKRÄHE
Corvus splendens
Diese gattungstypisch neugierige und opportunistische Krähe ist in Südasien ein vertrauter Stadtbewohner. Als »blinde Passagiere« auf Schiffen haben sich auch in Hongkong, Florida und anderswo neue Populationen angesiedelt.

ALPENDOHLE
Pyrrhocorax graculus
Diese akrobatische Art brütet nicht nur in den Alpen, sondern auch im Himalaja. Bergsteiger am Mount Everest haben sie bei der Nahrungssuche in 8200 m Höhe beobachtet.

◄ Vertreiben eines Eindringlings
Die größeren Rabenvögel dulden keinerlei Greifvögel in ihrem Luftraum und vertreiben diese gnadenlos. Hier verscheucht eine Amerikakrähe (*Corvus brachyrhynchos*) einen jungen Rotschwanzbussard (*Buteo jamaicensis*).

»Dieses Wort nur sprach der Rabe
dumpf und hohl, wie aus dem Grabe,
Als ob seine ganze Seele
in dem einen Worte wär' ... «

EDGAR ALLAN POE, »Der Rabe«, 1845

CLEVERE KRÄHEN

Eine Hawaiikrähe (*Corvus hawaiiensis*) erkundet mit einem Stöckchen eine Holzspalte, die zu tief und zu eng ist, um darin mit dem Schnabel nach Nahrung zu suchen. Diese in der Natur ausgestorbene Krähen-Art ist nah mit der Geradschnabelkrähe verwandt, einer ebenfalls hochintelligenten Inselart. Letztere fertigt ihre eigenen Werkzeuge, indem sie von einem Zweig die Blätter entfernt und diesen dann hakenförmig zurechtbiegt.

HAWAIIKRÄHE

angemessene Wahl, da er in Kanada weitverbreitet ist, sein Areal sich aber kaum auf die nördlichen USA erstreckt.

Viele Kulturen preisen in Volksmärchen und Mythologie die Klugheit und den Schalk von Krähen und Raben. Ein häufiges Thema in den Erzählungen der indigenen Völker Australiens und Nordamerikas ist, dass die Krähe einst weiß war, ihr Gefieder aber durch ein Missgeschick – oder als Bestrafung für Diebstahl oder Betrug – schwarz versengt wurde. Ein Mythos der Haida und Tinglit im Westen Kanadas beschreibt, wie sich der Rabe (in ihren Mythen eine Trickbetrügerfigur) in ein Baby verwandelt, um dem Häuptling des Himmels das Licht zu stehlen. Er entkommt mit dem Licht, lässt die Hälfte davon aber als Sterne und Mond fallen und der Rest wird zur Sonne. Im Koran und in der Bibel tauchen Raben als Boten auf. Die chinesische Mythologie assoziiert die Krähe mit der Sonne, wobei dreibeinige »Sonnenkrähen« die Sonne auf ihrer Reise am Himmel geleiten.

Pech vermeiden

In einigen Kulturen sind Elster und Hudsonelster (*Pica pica* bzw. *P. hudsonia*) eng mit Aberglauben verbunden. So bringt z. B. im Vereinigten Königreich eine einzelne Elster Unglück, wenn man sie nicht »grüßt« – wer sie sieht, muss sagen, »Good morning, Mr. Magpie«, und sich nach dem Wohlergehen seiner »Ehefrau« erkundigen. Zum Glück sind die geselligen Elstern nur selten einzeln anzutreffen. Zur Brutzeit bewachen die Männchen ihr Weibchen gewissenhaft und bleiben stets in seiner Nähe, um jeden potenziellen Rivalen zu vertreiben. Der in Europa weitverbreitete Glaube, Elstern seien unverbesserliche Diebe funkelnder Schmuckstücke, wurde 2014 durch eine britische Studie widerlegt. Tatsächlich verhalten sie sich einem unbekannten glänzenden Gegenstand gegenüber eher misstrauisch, obwohl Rabenvögel ansonsten neugierig sind und neue Orte erkunden.

Einige Krähen-Arten sind in vielen Ländern verbreitet und fühlen sich dank ihrer Anpassungsfähigkeit auch in stark vom Menschen veränderten Landschaften wohl. Aber es gibt auch spezialisierte Insel-Arten, von denen die Guamkrähe (*Corvus kubaryi*) auf Rota (Marianen) und die Floreskrähe (*C. florensis*) auf Flores (Indonesien) gefährdet sind, ebenso der Inselhäher (*Aphelocoma insularis*) auf Santa Cruz (der als einziger nordamerikanischer Landvogel auf nur einer einzigen Insel vorkommt). Die Azurelster (*Cyanopica cyanus*) Ostasiens ähnelt stark der Blauelster (*C. cooki*) aus Spanien und Portugal, obwohl die beiden rund 8000 km trennen. Vermutlich stammen sie von einem gemeinsamen Vorfahren ab, dessen Population in der letzten Eiszeit aufgespalten wurde.

► Tengu-Maske
Die Tengu der japanischen Shinto-Religion sind übernatürliche Wesen, die monströse, vogelähnliche Formen annehmen können. Diese Holzmaske (18./19. Jh.) stellt einen Krähen-Tengu dar.

Der übertriebene Schnabel ist Merkmal vieler künstlerischer Darstellungen von Tengu-Vögeln.

Ein weiteres Extrem der Familie ist die Alpendohle (*Pyrrhocorax graculus*) Eurasiens. Im Himalaja lebende Individuen brüten wahrscheinlich in höheren Lagen als jede andere Vogelart. Jede Berghütte im entsprechenden Gebiet zieht Schwärme dieser kleinen, gelbschnäbeligen Art an, die das gleiche unerschütterliche Selbstvertrauen besitzt wie ihre Vettern im Flachland. Aber auch Rabenvögel können ausgenutzt werden. Einige Arten fungieren regelmäßig als Wirte für Brutparasiten und ziehen unwissentlich deren Küken auf. Elstern werden z.B. vom Häherkuckuck (*Clamator glandarius*) parasitiert und in Südamerika lässt sich der Inkablaurabe (*Cyanocorax yncas*) vom Riesenkuhstärling (*Molothrus oryzivorus*) ausnutzen.

▼ Der Dieb
Im europäischen Volksglauben gelten Elstern oft als Schmuckdiebe. Dieses Aquarell von Clementina Margaret Hull aus dem 19. Jh. zeigt eine Elster, die eine Halskette aus dem Palast eines Adligen stiehlt.

➤ Akrobatische Turner
Schwarzkopfmeisen sind mit ihren akrobatischen Fähigkeiten typische Vertreter ihrer Familie – so erreichen sie alles Essbare, vom Samen in einem Fruchtstand bis zu einer Raupe auf einem Blatt in der Baumkrone.

Mit dem kurzen, konischen Schnabel lassen sich gut Samen schälen und Insekten aufpicken.

Die äußerst kräftigen Füße verschaffen der Meise stets festen Halt – ganz gleich, ob sie aufrecht sitzt oder kopfüber hängt.

Die relativ kurzen, abgerundeten Flügel sind hilfreich beim Manövrieren durch so unübersichtliche Lebensräume wie Wälder.

Meisen

Paridae

Diese aparten, lebhaften kleinen Singvögel turnen mit ihren kräftigen Beinen und Füßen auf der Suche nach Nahrung akrobatisch durch Bäume und Sträucher. In vielen Ländern sind die kecken, neugierigen Vögel beliebte Besucher an Futterhäuschen.

Die Meisen bilden eine äußerst bezaubernde und doch außergewöhnlich einheitliche Familie. Praktisch alle Vertreter sind kleine, sehr aktive Baumbewohner. Mit ihren spezialisierten Beinmuskeln und kräftigen Füßen können sie sich ausgezeichnet festhalten und an einem Baum fast überall nach Nahrung suchen: von den kleinsten Zweigen in der Baumkrone (oft kopfüber hängend) bis hin zum Stamm und dem Boden darunter. Ihr kurzer Schnabel ist eine Anpassung an eine gemischte Kost. In gemäßigten Regionen verzehren sie zur Brutzeit gewöhnlich Insekten, v. a. Raupen, und stellen sich dann im Winter auf Samen und Nüsse um. Meisen haben ein weiches Gefieder, vielfach mit auffälligen Partien wie schwarzen Kappen und Kehlen. Manche sind leuchtend gefärbt, etliche besitzen Federhauben. Zumindest aus menschlicher Sicht unterscheiden sich die Geschlechter kaum.

In Nordamerika und Eurasien sind Meisen sehr verbreitet und gehören zu den beliebtesten Vögeln. Millionen von Menschen hängen Futter-

Ordnung	Passeriformes
Familien	1
Arten	Mehr als 60
Länge	8,5–21 cm
Verbreitung	Nordamerika, Eurasien, Afrika

spender auf und erfreuen sich an den possierlichen Vögeln. In Europa sind Blau- und Kohlmeise (*Cyanistes caeruleus* und *Parus major*) am häufigsten. Fast auf dem gesamten nordamerikanischen Kontinent anzutreffen ist die Schwarzkopfmeise (*Poecile atricapillus*), im Südosten der USA wird sie abgelöst von der Carolinameise (*P. carolinensis*) und nach Westen in den Rocky Moutnains von der Gebirgsmeise (*P. gambeli*). Die Grauhäubchenmeise (*Baeolophus bicolor*) hat ihr Areal in den letzten 70 Jahren vom Südosten der USA nordwärts nach Neuengland und Südkanada ausgedehnt, teils bedingt durch das Nahrungsangebot an Futterstellen.

Vorratslager

Eine faszinierende Eigenschaft einiger Arten der Familie ist ihr Geschick im Anlegen von Nahrungsverstecken. Die Lagerung erfolgt für ein paar Stunden oder Tage, in manchen Fällen aber auch für Monate. In der Laubstreu, in Spalten von Baumrinde oder unter Moos werden Dinge wie Nüsse versteckt, aber auch wirbellose Tiere (manchmal geköpft und damit bewegungsunfähig gemacht) – und später bei Bedarf wieder hervorgeholt. Manche Arten legen unglaublich große Vorräte an: Weidenmeisen (*P. montanus*) können in einem Herbst bis zu 150 000 Nahrungsobjekte einlagern und merken sich die Verstecke. Der für die räumliche Wahrnehmung zuständige Teil des Gehirns, der Hippocampus, ist bei der Sumpfmeise (*P. palustris*) um 31 Prozent größer als bei der Kohlmeise, die keine Nahrung versteckt. Gewöhnlich werden die ältesten Verstecke zuerst geleert. Die bemerkenswerte Lapplandmeise (*P. cinctus*) betreibt ebenfalls Vorratshaltung. Mit ihrem ausgesprochen dichten Gefieder kann sie arktische Temperaturen von –45 °C aushalten und zudem ihre Körpertemperatur nachts um mindestens 10 °C absenken, um Wärme zu sparen. Als einzige Meisen-Art kommt sie in Europa und auch in Nordamerika vor.

Zwar verbindet man Meisen v. a. mit Eurasien und Nordamerika, aber auch in Afrika südlich der Sahara kommen 15 Arten vor. Viele davon haben ein schwarzes Gefieder, oft mit weißen Partien an den Flügeln. Bei der in Kenia und Tansania beheimateten Rostkehl-Rußmeise (*Melaniparus fringillinus*) sind – wie ihr Name schon andeutet – Kopf und Brust rostrot gefärbt. Wie ihre nördlichen Vettern fressen auch diese Arten kleine Wirbellose und Larven sowie Samen und Früchte, legen aber keine Nahrungslager an. Ihre kleinen Gelege bestehen meist aus 3–4 Eiern.

Kohlmeisen erbeuten und fressen nachweislich sogar überwinternde Fledermäuse.

➤ Charmeur mit Haube
Die Haubenmeise (*Lophophanes cristatus*) ist in weiten Teilen Europas ein häufiger Waldbewohner. Im Norden des Kontinents ist sie stark an Kiefernwälder gebunden, im Süden aber auch in Laubwäldern anzutreffen.

▲ Spitzenreiter
Die prächtige Sultansmeise (*Melanochlora sultanea*) ist mit 21 cm Länge die bei Weitem größte Meise und fast doppelt so groß wie eine Kohlmeise.

Die meisten Meisen sind monogam und territorial. Ihre Reviere grenzen sie überwiegend gesanglich ab. Neueren Erkenntnissen zufolge singen männliche Kohlmeisen, die in Gegenden mit dichter Belaubung leben, tiefere Töne als Artgenossen in offeneren Lebensräumen. Grund dafür ist, dass sich tiefe Töne besser ausbreiten und nicht im Unterholz gedämpft werden. Wie zudem festgestellt wurde, singen Kohlmeisen in Städten in einer höheren Tonlage und werden so trotz des Verkehrslärms gehört – ein weiteres Beispiel für die Anpassung von Arten dieser Familie an anthropogene Umgebungen.

Farbe als Zeichen für Fitness

Das Gefieder von Meisen gibt Aufschluss darüber, wie gesund und leistungsfähig ein Individuum ist. So reflektieren z.B. die Federn auf dem Scheitel männlicher Blaumeisen ultraviolettes Licht – aber individuell unterschiedlich. Die Weibchen bevorzugen die Männchen mit dem hellsten Scheitel. Die Gelbfärbung der Brust einer Blau- oder Kohlmeise beweist ihre Fähigkeit, aus erbeuteten Raupen Karotinoide (gelbe oder rote Pigmente) aufzunehmen. Eine leuchtende Färbung kann ein Beleg sein für die allgemeine Fitness, die Qualität des Lebensraums oder Reviers sowie für Geschick beim Nahrungserwerb.

»Die Meise ist ein nettes Tier. Gar zierlich ist ihr Leibesbau,
Auch ist sie schwarz, weiß, gelb und blau.
Hell flötet sie und klettert munter
Am Strauch kopfüber und kopfunter.«

WILHELM BUSCH, »Die Meise«, 1904

SAMBESI-RUSSMEISE
Melaniparus niger
Diese Meise lebt im südlichen Afrika in Savannen und lichten Wäldern. Ihr Nahrungsspektrum umfasst Früchte, Nektar, Wespen und andere Insekten.

BUNTMEISE
Sittiparus varius
Diese häufige japanische Art wurde einst für Schreine gefangen und musste dort Zettel mit Wahrsagungen ziehen, die den Besuchern ihr Schicksal verkündeten.

BRILLENMEISE
Baeolophus wollweberi
Der Waldvogel aus Mexiko und den südlichen USA bildet oft den Kern von artgemischten Schwärmen auf Nahrungssuche. Oft stößt er bei Gefahr als Erster Alarmrufe aus.

Der Scheitel des Männchens reflektiert große Mengen an ultravioletter Strahlung.

Meisen sind ausnahmslos Höhlenbrüter, meist in Baumhöhlen. Interessanterweise lassen sich zwei Gruppen unterscheiden: Arten, die Vorratslager anlegen, schaffen sich ihre eigenen Nisthöhlen, meist in altem, verrottendem Holz, während sich die übrigen einfach einen geeigneten Hohlraum suchen. Das Weibchen baut in der Höhle ein napfförmiges Nest aus Moos, mit unterschiedlichen Anteilen an Gräsern, Federn und Blättern. Blaumeisen und wohl noch weitere andere Arten fügen Pflanzenteile hinzu, die ätherische Öle enthalten und vielleicht Bakterien abtöten und das Wachstum der Küken fördern. Blaumeisen-Gelege umfassen im Schnitt 11 Eier, mitunter sogar bis zu 16. Während des Nestbaus und Brutgeschäfts wird das Weibchen vom Männchen mit Nahrung versorgt. Die Sambesi-Rußmeise (*M. niger*) ist insofern ungewöhnlich, als sie bei der Aufzucht der Küken Helfer hat – normalerweise Jungtiere früherer Bruten. Nach dem Schlüpfen der Küken kann es am Nest hektisch zugehen. Bei mehreren Arten versorgen beide Eltern ihre großen Bruten mit unzähligen Raupen – teils bis zu 1000 pro Tag. Oft beißen die Altvögel größeren Raupen die Kiefer ab, damit sie nicht den Schlund der Nestlinge verletzen. Außerhalb der Brutzeit sind Meisen oft sehr gesellig und bilden im Winter zur Nahrungssuche häufig den Kern gemischter Schwärme.

◄ Blaues Wunder
Die Blaumeise ist eine von Europas häufigsten Meisen-Arten. Typischerweise kommt dieser vorwitzige, neugierige Vogel in Eichenwäldern vor, ist aber auch in Parks und Gärten ein vertrauter Anblick.

▼ Dem Frost trotzend
Die Weidenmeise vermag das ganze Jahr über jenseits des Polarkreises zu leben. Nachts schläft sie in einer selbst gegrabenen Höhle im Schnee, in der es etwas wärmer ist als draußen.

WÜSTENLÄUFER-LERCHE
Alaemon alaudipes
Diese Art lebt in den Wüsten Nordafrikas, des Nahen Ostens und Asiens. Im Flug wird ihre schwarz-weiße Flügelzeichnung sichtbar. In sehr trockenen Jahren verzichtet sie aufs Brüten.

ROTNACKENLERCHE
Mirafra africana
Von dieser häufig in afrikanischen Savannen vorkommenden Lerche werden mehr als 20 Unterarten unterschieden. Nacken- und Schwungfedern sind rötlich braun. Wie für viele Lerchen-Arten typisch, besitzt sie eine kurze Federhaube.

◄ **Singflug**
Diese Illustration aus dem Jahr 1884, inspiriert von einem italienischen Renaissance-Gemälde, zeigt eine singende Feldlerche hoch über eine Landschaft. Mit ihrem Singflug verkünden Feldlerchen ihren Revieranspruch und versuchen, eine Partnerin anzulocken.

Lerchen

Alaudidae

Die meisten Lerchen sind klein und unscheinbar, nur manche haben eine Haube oder Federohren. Viele singen jedoch ausdauernd wunderschöne, komplexe Melodien aus Zwitschern, Trillern und Pfeifen.

Ordnung Passeriformes

Familien 1

Arten Mehr als 90

Länge
12–24 cm

Verbreitung Weltweit, außer in der Antarktis

Lerchen sind bodenbewohnende Singvögel mit schlanken Beinen und langen Hinterklauen. Man findet sie in vielerlei offenen Lebensräumen wie Wüsten, Ackerland, Mooren und sogar auf Berggipfeln. Der moderne Ackerbau kann nachteilig für sie sein und hat z. B. in Westeuropa zum Rückgang der Feldlerche (*Alauda arvensis*) geführt. Die meisten Arten meiden Bäume, einige sitzen aber auf Büschen und manche, wie die Heidelerche (*Lullula arborea*), singen auf hohen Bäumen oder starten von dort ihre kreisenden Singflüge.

Unendliche Vielfalt

Lerchen haben zumeist ein unscheinbares, braunes Gefieder. Von einigen Arten haben sich lokal verschiedene Formen herausgebildet. Bei der Stein- oder Wüstenlerche (*Ammomanes deserti*) unterscheidet man 22 Unterarten, von der Haubenlerche (*Galerida cristata*) sogar 33. In Anpassung an die örtlichen Böden kann ihr Gefieder dunkler, blasser, rötlicher oder grauer sein.

In einigen Kulturen tauchen Lerchen häufig im alltäglichen Sprachgebrauch auf. Der Ausdruck »mit der Lerche aufstehen« (z. B. bei Shakespeare) spielt auf ihre Aktivität bei Tagesanbruch an. Leider sind sie mancherorts auch als Nahrung von Bedeutung. Im alten Rom galten Lerchenzungen als Delikatesse. Weil sie so klein sind, wurden für ein einziges Gericht 1000 Zungen benötigt. In einigen Mittelmeerländern werden Lerchen immer noch in großer Zahl verzehrt.

Das **fließende Lied** der **Feldlerche** erklingt im hohen Schwirrflug oft **ununterbrochen 30 Minuten** lang.

Die schwarzen Federohren der Männchen sind im Frühjahr am deutlichsten ausgeprägt und bei anderen Unterarten kürzer.

Die breite schwarze Gesichtsmaske unterscheidet die Kaukasische Ohrenlerche von den anderen Unterarten.

➤ **Mit schwarzer Gesichtsmaske**
Von der Ohrenlerche (*Eremophila alpestris*) gibt es mehr als 40 Unterarten. Diese Unterart, die Kaukasische Ohrenlerche (*E. a. penicillata*), ist von der Türkei bis zum Iran verbreitet.

»Gegrüßet seist du, du Himmelsschwinge,
Des Frühlings Bote, du Liederfreundin,
Sei mir gegrüßet, geliebte Lerche …«

JOHANN GOTTFRIED HERDER, »Die Lerche«, 1787

Ordnung Passeriformes

Familien 1

Arten Mehr als 60

Länge
12–21 cm

Verbreitung Weltweit

Stelzen und Pieper

Motacillidae

Diese eleganten, charaktervollen Vögel leben in Graslandschaften auf allen sieben Kontinenten der Erde. Manche Arten bevorzugen aber auch Wälder und Flusstäler.

GELBKEHLPIEPER
Macronyx croceus
Der Gelbkehlpieper hat unterseits ein leuchtend gelbes oder orangefarbenes Gefieder und ist die am weitesten verbreitete der acht Arten seiner Gattung. Alle leben in Savannen in Afrika südlich der Sahara.

Die kleinen, schlanken Stelzen und Pieper zeigen eine breite Palette an Gefiedermustern. Das Gefieder von Stelzen zeichnet sich oft durch kontrastierende Kombinationen aus Schwarz und Weiß oder leuchtenden Gelb-, Orange- oder Grüntönen aus. Pieper sind meist unauffälliger in Brauntönen gestrichelt. Die äußeren Federn ihrer schmalen, unterschiedlich langen Schwänze sind jedoch bei allen weiß.

Schwanzwippen

Die meisten Arten zucken oder wippen beim Laufen ständig mit dem Schwanz. Besonders auffällig ist das bei den langschwänzigen Stelzen. Auf diesem Verhalten beruht der wissenschaftliche Name der Familie (der Gattungsname *Motacilla* leitet sich von einem Wort ab, das »sich bewegen« bedeutet). Den Grund für dieses Verhalten kennt man noch nicht: Es könnte zum Aufscheuchen von Beute dienen, ein soziales Signal sein oder ein Hinweis auf die Wachsamkeit des Vogels. Ein anderes, wenn auch weniger auffälliges Merkmal ist die sehr lange Kralle an der nach hinten gerichteten Zehe. Diese verleiht den Vögeln mehr Stabilität und Halt, wenn sie sich im Gras auf unebenen Gelände bewegen.

Stelzen und Pieper fressen primär Insekten, jagen aber – je nach Verfügbarkeit – auch Spinnen, Würmer, Krustentiere und sogar manche kleinen Wirbeltiere. Wenn bei kälterer Witterung kaum noch Insekten zu finden sind, verzehren sie auch Samen und Beeren.

Die Bachstelze ist der Nationalvogel von Lettland und kommt in vielen lettischen Volksliedern vor.

Das gestrichelte Gefieder bietet in grasbewachsenen Lebensräumen eine ausgezeichnete Tarnung – das ist sehr wichtig für diesen Bodenbrüter.

◄ Einzigartig
Der unscheinbare Riesenpieper (*Anthus antarcticus*) kommt nur in Südgeorgien vor und lebt als einziger Singvogel in der Antarktis.

Um eine Partnerin anzulocken, vollführen Pieper-Männchen einen in Ablauf und Länge artspezifischen Balzflug. Typischerweise schraubt sich das Männchen dabei singend in die Luft, rüttelt oder zieht Kreise und gleitet dann mit gleitschirmartig ausgebreiteten Flügeln schnell wieder zu Boden. Auch einige Stelzen zeigen Balzflüge, andere singen jedoch einfach von einem markanten Ansitz aus.

Die meisten Arten findet man in unberührten natürlichen Lebensräumen, manche fühlen sich jedoch auch in städtischer Umgebung wohl. Die Bachstelze (*Motacilla alba*) ist in ihrem gesamten Verbreitungsgebiet von Westeuropa bis Alaska in Städten zu finden und ein vertrauter Anblick in

Im Gegensatz zu anderen Stelzen wippt die Baumstelze mit ihrem Schwanz nicht auf und ab, sondern wackelt hin und her.

▲ Ungewöhnlicher Vogel
Die Baumstelze (*Dendronanthus indicus*) hat charakteristische schwarz-weiße Flügelbinden. Sie lebt in bewaldeten Gebieten Ost- und Südostasiens und nistet als einzige Stelze auf Bäumen.

Parks und Gärten. Im Winter nutzen Bachstelzen die städtische Wärme und bilden in Stadtzentren oft große, unübersehbare Schlafgemeinschaften.

Kulturelle Kontraste

Diese enge Koexistenz der Stelzen mit dem Menschen führte in ihrem Verbreitungsgebiet zu einer reichen Kulturgeschichte. In einem Schöpfungsmythos der Ainu in Japan erschafft eine Bachstelze das erste Land. Die britische Gypsy Lore Society hatte früher eine Bachstelze als Emblem. Einem gälischen Aberglauben zufolge steht jedoch beim Anblick einer Gebirgsstelze (*M. cinerea*) in der Nähe des Hauses schlechtes Wetter bevor. Befindet sie sich zwischen einer Person und deren Haus, so bedeutet dies, dass die Bewohner bald vertrieben werden.

➤ Stelze und Lotos
Dieser aus dem frühen 20. Jh. stammende Druck von Ohara Koson, einem Meister der »Blumen-und-Vögel-Kunst«, zeigt Lotosblätter mit einer Japanstelze (*M. grandis*). Die große Stelzen-Art ist in Japan und Korea heimisch.

Ordnung Passeriformes

Familien 3

Arten Mehr als 170

Länge
9–20 cm

Verbreitung Europa, Asien, Afrika, Nordamerika

Der Unterschnabel ist leicht rosa gefärbt, der Oberschnabel schwarzbraun.

Laub- und Rohrsängerartige, Seidensänger

Phylloscopidae, Acrocephalidae, Cettiidae

Die Vertreter dieser Familien zeigen eine große stimmliche Bandbreite, von einfachen Trillern bis zu komplexen, melodiös zwitschernden Phrasen. Das Gefieder der schlanken, schmalschnäbeligen Vögel ist recht dezent.

Einige wenige Arten dieser drei Familien sind in weiten Teilen ihres Verbreitungsgebiets eindeutig an ihrem typischen Gesang zu erkennen. Ein Beispiel aus Europa ist der Zilpzalp (*Phylloscopus collybita*), benannt nach seinem wiederholten Gesang, der in Wäldern, Parks und Gärten erschallt. Die meisten Arten sind jedoch weniger bekannt, bewohnen nur spezielle Lebensräume oder verhalten sich sehr unauffällig. Viele legen beim Zug beträchtliche Strecken zurück, wobei einzelne gelegentlich vom Kurs abkommen. So ziehen z. B. mehrere sibirische Arten im Herbst nach Südosten, aber vereinzelte starten in entgegengesetzte Richtung und landen in Westeuropa. Für Vogelbeobachter ist das zwar spannend, kann die Art-Bestimmung jedoch erschweren.

Laubsänger bewohnen zumeist Wälder oder Strauchvegetation. Viele Arten sind oberseits grün, unterseits heller und haben gewöhnlich einen fahlen Überaugenstreif und einen dunklen Augenstreif. Manche machen mit markanten Gesichtszeichnungen und hellen Flügelbinden auf sich aufmerksam. Sie huschen behände durchs Laub und picken Insekten und Spinnen von Blättern.

▲ Schnellfeuer-Laute
Der Seggenrohrsänger singt abwechselnd ein kurzes Schnarren und melodiöse Strophen. Er ist auf einen Lebensraum angewiesen, der in seinem gesamten Areal weitgehend verschwunden ist: bis 80 cm hohe Sumpfvegetation.

◄ Quartett im Schilf
Diese Illustration aus dem 18. Jh. zeigt zwei Seggenrohrsänger (*Acrocephalus paludicola*, links), einen Schilfrohrsänger (*A. schoenobaenus*, oben rechts) und einen Teichrohrsänger (*A. scirpaceus*) am Nest.

GESICHTSBEHANDLUNG IN JAPAN

Der in weiten Teilen Japans verbreitete Japanseidensänger (*Horornis diphone*) wird dort *Uguisu* genannt und ist ein beliebter Singvogel. Schon seit mindestens 1200 Jahren wird er in Käfigen gehalten. Seine Exkremente enthalten ein Enzym, das für Gesichtscreme verwendet wird – zur Aufhellung der Haut und Reduktion von Falten. Ursprünglich entfernten Geishas mit dieser *uguisu no fun* genannten Behandlung ihr Make-up.

HOLZSCHNITT, KITIGAWA UTAMARO, UM 1800

Der Gesang mancher ist heiter und lyrisch, bei anderen weniger melodiös und nur ein einfaches, rasches Trillern. Rohrsänger sind i. d. R. ein wenig stämmiger, brauner und meist ebenfalls klein. Arten wie der Drosselrohrsänger (*Acrocephalus arundinaceus*) erreichen jedoch die Größe einer mittelgroßen Drossel. Ihre rhythmisch melodischen oder schnell schnarrenden Strophen singen sie bisweilen von einem exponierten Ansitz, bleiben ansonsten aber tief im Röhricht verborgen. Mit ihren kräftigen Füßen können sie hervorragend durch das Dickicht aus senkrechten Halmen klettern. Seidensänger sind überwiegend braun oder rötlich braun, aber nur schwer zu beobachten, da sie ihre Nahrung meist in Dickichten und Sumpfvegetation suchen.

In westlichen Kulturen tauchen Laubsänger weniger in Geschichten und Legenden auf als Singvögel wie etwa die Nachtigall (*Luscinia megarhynchos*). In manchen asiatischen Kulturen werden sie aber mit Glück und Neubeginn assoziiert. Wenn z. B. Zugvögel nach ihrer Rückkehr vom selben Baum aus singen wie im Vorjahr, gilt das als starkes Anzeichen für den Neubeginn im Frühling – ähnlich wie der Ruf des Kuckucks.

◄ Hell und frisch
Von den westeuropäischen Arten der Gattung *Phylloscopus* hat der Waldlaubsänger (*P. sibilatrix*) das hellste Gesicht und die am hellsten gerandeten Flugfedern. Bei seinem Gesang wechseln sich ein liebliches Pfeifen und helles Trillern ab.

Die Redewendung »Schimpfen wie ein Rohrspatz« geht vermutlich auf den Drosselrohrsänger zurück.

WANDER-LAUBSÄNGER
Phylloscopus borealis
Die kleine, grünlich weiße Art mit dem langen Überaugenstreif brütet in Birkenwäldern und in der Strauchtundra im Norden Eurasiens und überwintert in Südostasien.

GELBSPÖTTER
Hippolais icterina
Der Gelbspötter ist schwerer und hat einen kräftigeren Schnabel als Laubsänger. Er sitzt bevorzugt auf erhöhten Wipfeln in Waldgebieten und singt sein schnelles Lied mit vielen Imitationen.

SEIDENSÄNGER
Cettia cetti
Der rötlich braune Seidensänger ist im dichten Gebüsch an seiner Stimme zu orten: einem plötzlichen, metallischen Ruf und explosiven Gesang. Er frisst Insekten, Spinnen, Schnecken und Samen.

Ordnung Passeriformes

Familien 1

Arten 6

Länge
8–11 cm

Verbreitung Europa, Asien, Nordamerika, Afrika

Seine rote Haube stellt das Männchen bei der Balz auf.

Der zarte, spitze Schnabel ist perfekt zum Aufpicken winziger Insekten.

➤ **Ständig in Bewegung**
Wie alle Vertreter dieser Familie ist auch das nordamerikanische Rubingoldhähnchen (*Corthylio calendula*) äußerst aktiv und flattert auf der Suche nach Nahrung von einem Zweig zum nächsten.

Goldhähnchen

Regulidae

Die breiten Flügel ermöglichen ein schnelles Flattern und gelegentlich ein kurzes Schwirren.

▲ **Klein, aber oho!**
Das eurasische Wintergoldhähnchen wiegt kaum mehr als ein Teelöffel Zucker. Doch die nördlichen Populationen ziehen Tausende von Kilometern, um dem strengen Winter zu entgehen, und überqueren dabei regelmäßig die Nordsee.

Goldhähnchen gehören in ihrem Verbreitungsgebiet in Nordamerika und Eurasien zu den kleinsten Singvögeln. Oft lassen sie sich an ihrer hohen Stimme lokalisieren.

Der Gattungsname *Regulus* bedeutet »kleiner König« und nimmt Bezug auf den leuchtenden Federkamm auf dem Scheitel der männlichen Goldhähnchen. Normalerweise liegt er als schmaler, schwarz umrandeter Streifen flach an. Beim Singen und Balzen wird er aber wie ein Fächer aufgestellt und bildet die »Königskrone«.

Goldhähnchen sind kleiner als die meisten Laubsänger, sehr geschäftig und stets akrobatisch unterwegs. Kopfüber hängend oder im Schwirrflug fangen sie hoch zwischen den dünnsten Zweigen im lichtesten Laub ihre Insektenbeute. Sie erkunden auch dichteres Gestrüpp und v. a. immergrüne Vegetation. In einem Mischwald findet man die eurasischen Arten häufig auf Nadelbäumen, Stechpalmen oder in Efeubewuchs an alten Eichen. Häufig nehmen sie die Anwesenheit des Menschen gar nicht wahr und lassen sich aus nächster Nähe beobachten.

Ihre zarten Rufe und kurzen Gesänge können aufgrund der Tonhöhe von älteren Menschen leicht »überhört« werden. Dennoch lassen sich Goldhähnchen im Sommer immer noch am besten anhand ihres Gesangs orten. Er ist auch ein probates Mittel, um das Wintergoldhähnchen (*Regulus regulus*) vom ähnlichen Sommergoldhähnchen (*R. ignicapilla*) zu unterscheiden: Ersteres hat einen ausgeprägt rhythmischen Gesang, Letzteres trillert eher gleichmäßig.

◄ Predigt an die Vögel
Dieses Gemälde aus dem 20. Jh. zeigt Franz von Assisi, wie er vor einer Schar Vögel predigt. Der Legende nach antworteten ihm die Vögel, darunter Mönchs- und Gartengrasmücken, indem sie für ihn sangen.

Grasmückenartige

Sylviidae

Diese Familie kleiner, schlanker Vögel war früher deutlich umfangreicher. Aufgrund der Ergebnisse von DNA-Untersuchungen ist sie nun erheblich kleiner, weil viele Arten ausgegliedert wurden.

Die Vögel der Gattung *Sylvia* bestechen durch ihren wunderschönen Gesang. In England erhielt die Mönchsgrasmücke (*S. atricapilla*) daher den Spitznamen »nördliche Nachtigall«. Arten der Gattung *Curruca* haben dagegen eher kratzige Stimmen und vollführen vielfach Singflüge.

Grasmückenartige fressen v. a. Insekten, verzehren im Winter aber auch Früchte wie kleine Beeren oder picken größere wie Datteln und Feigen an. Besonders vor dem Zug sind Früchte für ihre Ernährung wichtig. Die Wüsten- und die Saharagrasmücke (*C. nana* und *C. deserti*) schließen sich zur Nahrungssuche oft Steinschmätzern (*Oenanthe* spp.) aus der Familie Fliegenschnäpper an, die als Wächter auf Räuber achten. Die meisten Arten sind Zugvögel, einige Populationen Standvögel. Der antike griechische Philosoph Aristoteles vermutete, dass sich im Sommer brütende Garten- in Mönchsgrasmücken verwandeln und den Winter im Mittelmeerraum verbringen.

Evolution in Aktion

Das Zugverhalten mitteleuropäischer Mönchsgrasmücken ist zweigeteilt: Westliche Vögel ziehen nach Südwesten Richtung Westafrika, östliche über den Nahen Osten bis nach Ostafrika. Um 1960 etablierte sich zudem eine neue Winter-Zugroute von Deutschland Richtung Nordosten nach Großbritannien. Diese Population brütet jetzt früher als andere und unterscheidet sich vermehrt genetisch durch unterschiedliche Flügel- und Schnabelformen sowie Schnabelfarbe.

Ordnung Passeriformes

Familien 1

Arten Mehr als 30

Länge
11,5–19 cm

Verbreitung Europa, Afrika, Asien

Bei diesem Jungvogel kann man schon die dunkle Maske und weiße Kehle des Adultgefieders erkennen.

»Die Mönchsgrasmücke singt lieblich, aber eher leise: Sie ist ein erstklassiger Sänger.«

GILBERT WHITE, Tagebuch, 19. Mai 1770

▲ Warten auf Nahrung
Junge Klappergrasmücken (*C. curruca*) werden von ihren Eltern v. a. mit Raupen, Blattläusen und Fliegen gefüttert. Schon 12–13 Tage nach dem Schlüpfen werden die Jungvögel flügge.

ROSTSTEISS-GRASMÜCKE
Sylvia galinieri
Die in Äthiopien endemische Art hat einen der schönsten Vogelgesänge Afrikas. Das Männchen singt ein laut tönendes Lied, in das das Weibchen mit einem Schnarren einstimmt.

GARTENGRASMÜCKE
Sylvia borin
Diese recht unscheinbare Art reist als Langstreckenzieher von Nordeuropa und Zentralasien nach Afrika südlich der Sahara – sogar bis nach Südafrika.

PROVENCEGRASMÜCKE
Curruca undata
Im Norden ihres Areals, in Großbritannien, war die Art fast verschwunden: 1963 gab es nur noch 11 Paare. Inzwischen ist der Bestand dort wieder auf mehr als 3000 Paare angewachsen.

Im Flug erinnern die gerundeten, karminroten **Flügel** des **Mauerläufers** an die eines **Schmetterlings.**

◄ Gut getarnt
Die braune Sprenkelung auf Flügeln und Rücken bietet dem Waldbaumläufer (*Certhia familiaris*) in seinem Waldlebensraum eine ausgezeichnete Tarnung und Schutz vor Räubern.

Kleiber, Mauerläufer und Baumläufer

Sittidae, Tichodromidae, Certhiidae

Ordnung	Passeriformes
Familien	3
Arten	Mehr als 40
Länge	10–20 cm
Verbreitung	Nordamerika, Eurasien, Afrika

Mit ihrem langen, spitzen Schnabel suchen diese aktiven Vögel – gewöhnlich festgeklammert an Bäume oder Felsen – nach Nahrung wie Nüssen, Samen und Insekten.

Die Vertreter dieser drei Familien bewegen sich auf ähnliche Art und Weise in ihrem Lebensraum, aber bezüglich des Nahrungserwerbs nehmen die Kleiber eine Sonderstellung ein. Arten wie der nordamerikanische Rotbrust- oder Kanadakleiber (*Sitta canadensis*) verstecken gesammelte Nüsse, Samen und Insekten in Ritzen in der Baumrinde. Bei Bedarf hämmern sie die Nüsse mit ihrem robusten Schnabel auf. Die Baumläufer und der Mauerläufer (*Tichodroma muraria*) gehen behutsamer vor. Sie sondieren erst wählerisch und zupfen dann ihre bevorzugte Beute, Insekten und Spinnen, aus den Spalten in Ästen und Felswänden. Wie bei vielen anderen kletternden Vögeln sorgen auch bei Baumläufern versteifte Schwanzfedern für Stabilität und Halt. Kleiber besitzen dieses Merkmal nicht, sondern stattdessen eine kräftige, rückwärts gerichtete Zehe mit einer langen gebogenen Kralle. Damit können sie sich kopfüber an Ästen festklammern und an Baumstämmen hinauf und hinunter laufen. Baumläufer können dagegen nur am Stamm hochlaufen, hinunter müssen sie fliegen.

Die meisten Baumläufer und Kleiber sind Baumbewohner, der einzigartige Mauerläufer bewohnt felsige Gebirgslebensräume. Er brütet nachweislich in Höhen von 6000 m oder mehr, zieht in den Wintermonaten aber in tiefere Lagen.

PHILIPPINENKLEIBER
Sitta oenochlamys
Die Art mit dem leuchtend gelben Schnabel kommt nur auf den Philippinen vor. Um ihre Augen herum ist die Haut unbefiedert.

MAUERLÄUFER
Tichodroma muraria
Er ist die einzige lebene Art der Familie Tichodromidae. Seine Heimat sind die Gebirge Eurasiens.

AFRIKASTAMMSTEIGER
Salpornis salvadori
Diese afrikanische Art ist in lichten Wäldern südlich der Sahara weitverbreitet. Ihr Napfnest baut sie auf einem Ast.

◄ **Akrobatische Kleiber**
Diese Illustration von Robert Havell aus dem Jahr 1832 nach John James Audubon veranschaulicht die hervorragenden Kletterkünste des Weißbrust- oder Carolinakleibers (*Sitta carolinensis*).

Schwalben

Hirundinidae

Schwalben sind für ihre geschickten Flugfertigkeiten bekannt. Dabei fangen sie unermüdlich kreisend in wendigen Manövern ihre fliegende Insektenbeute.

Da sich Schwalben von fliegenden Insekten ernähren, können sie in kühleren, gemäßigten Regionen nur in den milderen Monaten überleben. Zum Überwintern ziehen sie in wärmere Gefilde. Ihr alljährliches Zugverhalten ist ein viel beachtetes Zeichen für den Wechsel der Jahreszeiten. Doch die Ankunft der Schwalben im Frühjahr bildete auch die Grundlage für einige warnende Geschichten, darunter Äsops Fabel *Der verschwenderische Jüngling und die Schwalbe*. Darin verkauft ein junger Mann seinen Mantel, als er im Frühjahr die erste Schwalbe heimkehren sieht, und erfriert dann wie die Schwalbe selbst bei einem anschließenden Kälteeinbruch. Die gleiche warnende Quintessenz beinhaltet das Sprichwort »Eine Schwalbe macht noch keinen Sommer«.

Welch riesige Entfernungen manche Schwalben auf ihrem Zug zurücklegen, wurde 1911–12 von dem britischen Naturfreund John Masefield enthüllt. Er hatte auf seinem Grundstück junge Schwalben beringt. Monate später kontaktierte ihn ein Farmer in Südafrika, der einen der Vögel gefunden hatte.

Wie viele Vögel, die auf der Suche nach Nahrung weite Gebiete durchstreifen, sind auch

Der gegabelte Schwanz ist im Flug deutlich erkennbar.

▲ Symbol der Freiheit Fliegende Schwalben sind ein beliebtes Motiv. Sie zieren etwa diesen italienischen Seidenfächer (um 1900) oder die tätowierten Arme von Seeleuten.

◄ Hochhaus-Bewohner Fahlstirnschwalben (*Petrochelidon pyrrhonota*) bauen ihre Schlammnester oft direkt angrenzend an die ihrer Nachbarn hoch oben an Wänden.

Däumelinchen In Hans Christian Andersens Märchen von 1835 rettet eine freundliche Schwalbe Däumelinchen vor der ungewollten Heirat mit einem Maulwurf.

Ordnung	Passeriformes
Familien	1
Arten	Mehr als 80
Länge	10–24 cm
Verbreitung	Weltweit, außer in der Antarktis

MIT DEN FISCHEN SCHLAFEN

Frühe europäische Naturforscher wie Aristoteles fragten sich, ob Rauchschwalben und andere Zugvögel wie Frösche unter Wasser in Teichen überwintern. Erst später ergaben Beobachtungen, dass sie im Winter nach Süden fliegen. Hier holen zwei Fischer ein Netz voller Schwalben aus einem See.

HOLZSCHNITT, UM 1555

Mit ihren **relativ langen Augäpfeln** können Schwalben ihre winzigen Beutetiere **besser fixieren.**

Schwalben gewöhnlich nicht sehr territorial. Sie nisten oft in Kolonien an Klippen oder hohen Felsvorsprüngen, aber zunehmend auch an Häusern oder anderen Gebäuden. Als vertraute Stadt- und Dorfbewohner sind sie Hauptdarsteller in Geschichten wie dem 200 Jahre alten koreanischen Volksmärchen über zwei Brüder: Heungbu rettet ein Schwalbenkükenund erhält einen Samen, der zu mit Schätzen gefüllten Kürbissen heranwächst. Sein grausamer und eifersüchtiger älterer Bruder Nolbu erhält einen Samen, aber die daraus wachsenden Kürbisse bringen nur Zerstörung. Der irische Schriftsteller Oscar Wilde schreibt in seiner Erzählung *Der glückliche Prinz* (1888) von einer goldenen Statue, die sich mit einer Schwalbe verbündet, um eine Stadt vor Armut und Hungersnot zu retten.

Die Brutkolonien von Schwalben werden i.d.R. aus nur einer Art gebildet. Zur Nahrungssuche können sich aber mehrere Arten zusammenschließen. Dabei praktizieren sie ein als »Nischentrennung« bezeichnetes Verhalten: Damit alle existieren können, sucht jede Art in einer separaten Höhenzone nach Nahrung. Das enge Zusammenleben führt in einer Kolonie jedoch zu einer starken Konkurrenz um Partner. So kann z.B. in einem Nest der Anteil der Küken, die nicht Nachkommen des fütternden Männchens sind, bei Weißbürzel-, Veilchen- und Sumpfschwalben (*Tachycineta leucorrhoa*, *T. thalassina* und *T. bicolor*) mehr als 50 Prozent betragen.

▼ Stattliche Schwalbe

Die kräftig gebaute Purpurschwalbe (*Progne subis*) zieht zum Überwintern von Nord- nach Südamerika.

Die langen, spitz zulaufenden Flügel erreichen eine Spannweite von bis zu 38 cm.

Das Erwachsenengefieder schimmert irisierend blau, grün oder violett.

RAUCHSCHWALBE

Hirundo rustica

Diese weitverbreitete, sehr bekannte Art brütet in der gesamten nördlichen Hemisphäre und überwintert in der südlichen.

KAPRÖTELSCHWALBE

Cecropis cucullata

Die große Schwalbe brütet im südlichen Afrika und zieht zum Überwintern nach Tansania und in die daran angrenzenden Länder.

UFERSCHWALBE

Riparia riparia

Diese recht kleine Schwalben-Art gräbt ihre teilweise mehr als 1 m langen Brutröhren in sandige oder kiesige Steilufer.

▲ **In Alarmbereitschaft**
Die Langschnabel-Spottdrossel (*Toxostoma longirostre*) frisst in Sträuchern und Bäumen sitzend Beeren, sucht aber auch am Boden nach Nahrung.

Spottdrosseln

Mimidae

Zu diesen anmutigen, lautstarken Singvögeln mit langem Schwanz gehören mehrere Arten, die besonders häufig in nordamerikanischen Gärten vertreten sind.

Die Gartenspottdrossel (*Mimus polyglottos*) ist in den USA ein äußerst beliebter Vogel – wegen ihres wunderschönen Gesangs und ihrer Gabe, artfremde Laute zu imitieren. Thomas Jefferson, der dritte Präsident der USA, war von dieser Spottdrossel-Art sogar so sehr angetan, dass er Ende des 18. Jh. mehrere Exemplare als Haustiere hielt, um sich an deren Gesang zu erfreuen.

Lautstarkes Spotten

Eine weitere, weithin bekannte nordamerikanische Art ist die eher scheue Katzenspottdrossel (*Dumetella carolinensis*), benannt nach ihrem lauten, miauenden Ruf. Sie imitiert die Stimmen anderer Vögel, Frosch-Laute sowie mechanische Geräusche und fügt willkürliche Strophen zu einem lang andauernden Lied zusammen. Die Rotspottdrossel (*Toxostoma rufum*) zieht das Augenmerk auf sich, weil sie besonders geräuschvoll die Laubstreu durchwühlt.

Auch in der Karibik ist die Familie der Spottdrosseln stark vertreten. Auf den Galapagosinseln hat sich die eine Spottdrossel-Art, die sich vor 0,6–5,5 Mio. Jahren dort angesiedelt hatte, seitdem in vier verschiedene Arten aufgespalten. Mit ihrem furchtlosen und aggressivem Verhalten erregen diese rasch die Aufmerksamkeit von Besuchern der Inseln. Die Beobachtungen an diesen Spottdrosseln und an den Galapagos- oder Darwinfinken inspirierten Charles Darwin im 19. Jh. zur Entwicklung seiner Theorie der Evolution durch natürliche Auslese (Selektion).

▲ **Schlangen-Drama**
Robert Havells Gemälde aus den Jahren 1827–30 zeigt Gartenspottdrosseln, die ihr Nest energisch gegen eine Klapperschlange verteidigen.

Ordnung Passeriformes

Familien 1

Arten Mehr als 30

Länge
20–33 cm

Verbreitung Nord- und Südamerika

Überlebensstrategie

Auf einem Ast über dem Yukon River im Nordwesten Kanadas hat sich Mitte Mai eine Gruppe von Sumpfschwalben versammelt. Dicht aneinandergeschmiegt wärmen sich die aufgeplusterten Vögel gegenseitig. Nach ihrer Rückkehr aus Mittelamerika im Frühjahr wurden sie hier nach Tausenden Kilometern Flugstrecke von einem Schneesturm überrascht. Glücklicherweise half ihnen das »Gruppenkuscheln«, die Temperaturen unter dem Gefrierpunkt zu überstehen, und sie überlebten den Kälteeinbruch.

DUNKELBÜLBÜL
Andropadus importunus

Bei dieser wie viele Bülbül-Arten schlicht und unauffällig gefärbten Art stechen die markanten weißen Augen hervor. Sie kommt in Küstenregionen im Osten und Süden Afrikas vor.

GRÜNFLÜGELBÜLBÜL
Ixos mcclellandii

Dieser waldbewohnende Bülbül mit der buschigen Haube und dem silbrigen »Kinnbart« lebt meist in Höhen von über 800 m. Er ist in neun verschiedenen Unterarten in einem breiten Streifen Südostasiens beheimatet.

ROTSCHWANZ-BORSTENBÜLBÜL
Bleda syndactylus

Dieser Borstenbülbül bewohnt dichte Wälder in West- und Zentralafrika und sucht vorwiegend am Boden nach Insekten.

»Indische Nachtigall«
Dieser Kupferstich von James Forbes, veröffentlicht in seinem Werk *Illustrations to Oriental Memoirs* (1835), zeigt einen Rotsteißbülbül. Diese lieblich singende Art wird in Indien noch immer häufig als »Nachtigall« in Käfigen gehalten.

In manchen asiatischen Kulturen wird der Name Bülbül synonym zu Singvogel verwendet.

Bülbüls

Pycnonotidae

Ordnung Passeriformes

Familien 1

Arten Mehr als 160

Länge 13–29 cm

Verbreitung Afrika, Naher Osten, Asien

Zu dieser großen Familie gehören einige auffällige Arten, deren lieblicher, melodiöser Gesang häufig in den Städten und Gärten vieler afrikanischer und asiatischer Länder zu hören ist.

Die meisten Bülbüls sind zwar nicht besonders bunt, aber lebhaft und laut. In einer persischen Version des Volksmärchens *Die drei goldenen Kinder* kommt der *Bulbul-i-hazár-dástán* (Vogel der tausend Märchen) vor, der immer die Wahrheit singt. Manche schön singende Arten sind beliebte Haustiere. Aus Nachkommen entflogener Käfigvögel etablierten sich in einigen Teilen der Welt invasive Populationen von Rotsteiß- und Rotohrbülbül (*Pycnonotus cafer* und *P. jocosus*). Viele andere sind als seltene, scheue Waldbewohner nur schwer zu beobachten und noch schwerer zu bestimmen. Bülbüls sind wichtige Samenverbreiter. Im Nahen Osten korreliert die Verbreitung der auf Akazien wachsenden Mistel-Art *Plicosepalus acaciae* mit dem Vorkommen des Schwarzzügelbülbüls (*P. goiavier*). Durch ihre Intelligenz und Anpassungsfähigkeit haben einige Bülbüls Wege gefunden, dem Brutparasitismus von Kuckucken zu entgehen. In China meidet der Braunbrustbülbül (*P. xanthorrhous*) gemeinsame Lebensräume mit dem Himalajakuckuck (*Cuculus saturatus*), der Halsbandbülbül (*Spizixos semitorques*) erkennt ein Kuckucksei und wirft es aus dem Nest.

◄ Sichtbare Signale
Rotohrbülbüls signalisieren mit ihren aufgestellten Hauben Aufregung oder Alarm. Die in Asien beheimatete Art ist heute in Florida, Hawaii und Mauritius eingebürgert.

▼ Nationalheiligtum
Der Graubülbül (*P. barbatus*) ist der Nationalvogel Liberias. Er ist dort auch als »Paprikavogel« bekannt, weil er mit Vorliebe Paprika frisst.

Briefmarke
von etwa 1953

Stare

Sturnidae

Stare sind kaum zu übersehen, wenn sie mit ihrem schillernden Gefieder umherstolzieren, krächzen und zanken – zumal sich viele schon lange ihren Lebensraum mit dem Menschen teilen.

▲ Detailansicht
Dieses Detail eines Manuskripts aus dem 16. Jh. über die Vögel von Hindustan (ein Name für den indischen Subkontinent) zeigt zwei Bergbeos (*Gracula religiosa*) auf einem Baum.

In der Abenddämmerung versammeln sich riesige Starenschwärme zum synchronisierten Formationsflug, bevor sie einen gemeinsamen Schlafplatz aufsuchen. Diese Formationen sind wohl einer der überwältigendsten Anblicke in der Natur. Die alten Römer glaubten, in den Flugmustern der Stare Prophezeiungen zu erkennen, heutigen Ornithologen ist die Bedeutung der Bewegungen aber immer noch rätselhaft. Vermutlich verwirrt die schillernde, unvorhersehbare Massenbewegung Feinde und stärkt zudem den Zusammenhalt. Die Art, der (Gemeine) Star (*Sturnus vulgaris*), ist in Eurasien heimisch, wurde aber vielfach eingebürgert – u. a. in Nordamerika, Südafrika und Australien – und gilt dort teilweise als invasive Art. Er ist einer der bekanntesten der lebhaften, lauten und oft farbenfrohen Vertreter dieser Familie.

Ordnung Passeriformes

Familien 1

Arten Mehr als 120

Länge
35–51 cm

Verbreitung Europa, Afrika, Asien, Australasien, Ozeanien

MOZARTS STAR

Im Jahr 1784 erwarb Wolfgang Amadeus Mozart in einer Wiener Zoohandlung einen Star. Er brachte dem Vogel das Pfeifen bestimmter musikalischer Phrasen bei – u. a. den Beginn des dritten Satzes seines eigenen 17. Klavierkonzerts in G-Dur, den dieser fast exakt wiedergab. Als der Star drei Jahre später starb, zelebrierte Mozart ein aufwendiges Begräbnis, bei dem verhüllte Trauernde ein Requiem sangen.

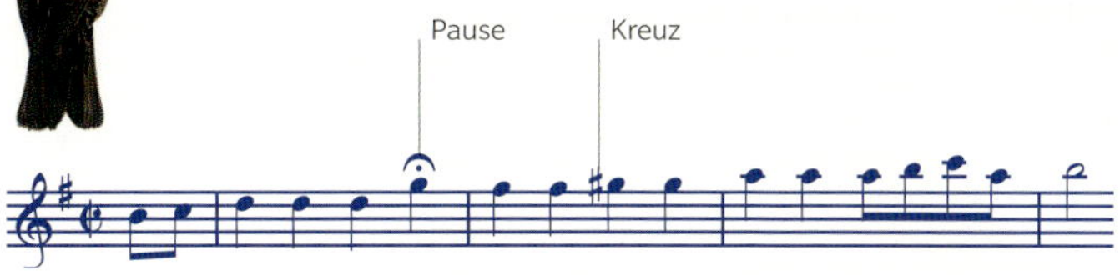

DIE WIEDERGABE DES STARS, AUFGESCHRIEBEN VON MOZART

17. KLAVIERKONZERT IN G-DUR

AMETHYST-GLANZSTAR
Cinnyricinclus leucogaster
Diese Art bewohnt Waldgebiete in Afrika südlich der Sahara und sucht nur selten am Boden Nahrung. Nur das Männchen ist lebhaft gefärbt, das Weibchen hat ein braun gestricheltes Gefieder.

»Hier ruht ein lieber Narr,
Ein Vogel Staar.«

WOLFGANG AMADEUS MOZART, Gedicht für seinen toten Star, 1787

Meister der Nachahmung

Die meisten Stare und Beos suchen stochernd am Boden nach wirbellosen Tieren und leben außerhalb der Brutzeit eher gesellig. Viele Arten sind begabte Imitatoren und bauen die imitierten Laute in ihren Gesang ein – abwechslungsreiche Gesänge sind attraktiv für potenzielle Partnerinnen. Die oft als Haustiere gehaltenen Beos (*Gracula* spp.) sind dafür bekannt, täuschend echt die menschliche Sprache zu imitieren. Allerdings gibt es noch keine Beweise dafür, dass sie ihre eigenen Äußerungen auf demselben Niveau verstehen, wie es für einige sprechende Papageien dokumentiert ist. Dennoch tauchen sprechende Beos in Legenden und Volksmärchen auf und täuschen darin meist eine Autoritätsperson. In einem alten chinesischen Volksmärchen bewahrt Liu Shans Hausbeo seinen Besitzer vor dem Schuldgefängnis und erniedrigt auch noch den Richter, indem er die Identität eines der lokalen Götter annimmt.

Der Handel mit Käfigvögeln hat zur Gefährdung mehrerer Arten geführt, darunter die verschiedenen Glanzstare aus dem südlichen Afrika mit ihrem schillernden Gefieder und der rein weiße Balistar (*Leucopsar rothschildi*), von dem es in der Natur heute nur noch weniger als 50 Exemplare gibt. Umgekehrt haben sich entflogene Hirtenmainas (*Acridotheres tristis*), ursprünglich in Südasien zu Hause, in vielen Regionen der Welt als invasive Arten etabliert. Die wohl ungewöhnlichsten Vertreter der Familie sind die auf den Philippinen beheimateten Trugbaumläufer (*Rhabdornis* spp.). Diese Waldbewohner sind gut getarnt und suchen an Baumstämmen kletternd die Rinde nach Nahrung ab – ähnlich wie Baumläufer, die auf den Philippinen nicht vertreten sind.

Glanzstare schillern in verschiedenen Schattierungen von Grün, Blau und Violett.

◄ Farbenrausch
Der in Afrika häufige Dreifarben-Glanzstar (*Lamprotornis superbus*) ist ebenso im Umfeld von Städten und Dörfern anzutreffen wie in großen Schwärmen in der weiten Savanne.

BALISTAR
Leucopsar rothschildi
Dieser hübsche Vogel ist auf der Insel Bali endemisch und brütet häufig in verlassenen Spechthöhlen. Seine Beliebtheit als Käfigvogel hat zu einem katastrophalen Bestandseinbruch geführt.

ROSENSTAR
Pastor roseus
Dieser auffällige Star mit hellem Gefieder und langer Federhaube bildet beim Zug oft riesige Schwärme. Er brütet in Zentralasien und überwintert weiter südlich, taucht aber oft auch anderenorts auf.

Modellhafter Formationsflug
Tausende von Staren wirbeln im Gleichklang über Lough Ennell in Irland, bevor sie sich im Schilfgürtel entlang des Seeufers an ihrem Schlafplatz niederlassen. Wenn ein solcher Schwarm mit hoher Geschwindigkeit die Richtung ändert, könnte man meinen, es gäbe eine Art »Steuerzentrale«. Anfang der 2000er-Jahre konnte der Nobelpreisträger Giorgio Parisi mithilfe von 3-D-Modellen den Effekt jedoch dadurch erklären, dass jeder Star sehr rasch auf die Richtungsänderungen der wenigen direkt neben ihm fliegenden Vögel reagiert.

Ordnung Passeriformes

Familien 1

Arten Mehr als 170

Länge
12–32 cm

Verbreitung Weltweit, außer in der Antarktis

◄ Erdbeerdiebe
Dieser faszinierende Wandteppich nach einem Entwurf des britischen Künstlers William Morris stammt aus dem Jahr 1883. Inspiration dazu war der unwillkommene Anblick von Drosseln, die in seinem Garten die Erdbeeren plünderten.

Der weiße Augenring gilt bei einigen indigenen Stämmen als Zeichen für Weisheit und die Fähigkeit, die Zukunft vorherzusehen.

Bei Männchen ist der Bauch heller rötlich gefärbt als bei Weibchen, sie sind auch etwas größer und schwerer.

▲ Reserven auffüllen
Vor einer langen Zugstrecke muss eine Wanderdrossel (*T. migratorius*) vermehrt Nahrung zu sich nehmen (und ihre Aktivität reduzieren). Auf diese Weise baut sie zusätzliches Körperfett für den kräftezehrenden Herbstzug auf.

Drosseln

Turdidae

Diese melodischen Sänger sind in allen Lebensräumen zu finden, einschließlich Gärten. Viele sind beeindruckende Langstreckenzieher, andere scheue, farbenfrohe Waldbewohner.

Eine typische Drossel ist wohlgenährt rundlich und hüpft entspannt über den Boden. Ihre gemischte Kost bilden Früchte und wirbellose Tiere. Ihr Gefieder ist überwiegend braun, teils mit einigen roten oder blaugrauen Akzenten und Sprenkeln – es gibt aber auch Ausnahmen wie die atemberaubend blauen Männchen der Grandala (*Grandala coelicolor*). Zudem ist die Typus-Drossel ein guter Sänger mit einem Repertoire aus sanften und vollkehligen, flötenden Strophen. Drosseln sind größer als die meisten anderen Sperlingsvögel in ihrem (meist bewaldeten) Lebensraum. Gewöhnlich sind sie territorial, aber manche Arten bilden im Winter große Schwärme.

Inspiration für Poeten

Die treffend benannte Singdrossel (*Turdus philomelos*) aus Eurasien und Nordafrika ist wahrscheinlich die Hauptfigur des Gedichts »The Darkling Thrush« (»Drossel im Dunkel«) von Thomas Hardy aus dem Jahr 1900. Durch den fröhlichen Gesang der »alten Drossel dürr und in zerzaustem Federkleid« hellt sich die bedrückte

Entgegen ihres **Namens** ziehen **Wanderdrosseln** bei ausreichendem **Nahrungsangebot** nicht weg.

Stimmung des Poeten an einem trostlosen Wintertag wieder auf. Das Lied der Singdrossel ist für seine wiederholten, wohlklingenden Phrasen bekannt. Der Dichter William Ernest Henley war ähnlich bewegt vom Gesang der Amsel (*Turdus merula*, ebenfalls zu den Drosseln zählend), deren Lied »die ganze Lebensfreude« ausdrückt.

Per Anhalter unterwegs

Nordamerikanische Vertreter sind die Musendrosseln (*Catharus* spp.): mehrere eher kleine, gesprenkelte, waldliebende Arten mit auffallend schönem Gesang. Besonders berühmt ist das Lied der Einsiedler-Musendrossel (*C. guttatus*) – erfüllt von träumerischer Schönheit hat es zu mehreren Volksmärchen inspiriert. Nach einem Märchen des indigenen Stamms der Oneida erlangte sie ihren Gesang bei einem Wettbewerb im Hochfliegen. Der Preis für den siegreichen Vogel sollte ein wunderschöner Gesang sein. Zur Teilnahme schmuggelte sich die Einsiedler-Musendrossel auf den Rücken eines ahnungslosen Adlers und gewann dank dieser Taktik. Ihr Freiflug trug sie in ein Geisterreich, erfüllt von schöner Musik. Die Drossel schämte sich, den Weg zu diesem höheren Ort erschwindelt zu haben, und fürchtete zudem die Vergeltung des Adlers. Deshalb singt sie ihr himmlisches Lied nun immer nur aus einem sicheren Versteck.

Die wohl beliebteste und zugleich größte Drossel Nordamerikas ist die Wanderdrossel (*T. migratorius*). Berühmt ist ihr Auftritt (in Form einer Puppe) in dem Musical-Film *Mary Poppins* aus dem Jahr 1964 (der Film spielt allerdings auf der anderen Seite des Atlantiks in London). Wanderdrosseln sind wie ihre Vettern, die Hüttensänger (*Sialia* spp.), oft Langstreckenzieher innerhalb des amerikanischen Kontinents. Die nördlichsten Brutpopulationen legen zu ihren Winterquartieren weit im Süden Hunderte Kilometer zurück.

Seit einigen Jahren leiden die drei Hüttensänger-Arten unter dem Verlust ihres Lebensraums durch Zersiedelung der Landschaft. Hinzu kommen Konkurrenz durch invasive Vogelarten und Angriffe von Hauskatzen. Deshalb haben viele Menschen auf Initiative von Naturschützern Nistkästen aufgehängt, in denen nun viele Hüttensänger brüten.

➤ Fünf für den Topf
Dieses römische Mosaik aus Thysdrus (dem heutigen El Djem) in Tunesien zeigt zum Verzehr gefangene Drosseln. Bei antiken römischen Festen und Feiern wurden regelmäßig gerupfte, ganze Drosseln und andere Singvögel serviert.

Wacholderdrosseln wurden auch Krammetsvögel genannt und gerne vom Menschen gegessen.

Die blaue Farbe entsteht durch die Lichtbrechung an winzigen Lufteinschlüssen in den dunklen Federn, nicht durch Pigmentierung.

▲ Prächtig gefärbt
Der Rotkehl-Hüttensänger (*S. sialis*) ist im Osten Nordamerikas ein häufiger Gartenbesucher und brütet oft in aufgehängten Nistkästen.

➤ Überlebenskampf
Sowohl die Wacholderdrossel (oben) als auch die Misteldrossel (*T. viscivorus*, unten) verteidigen eine im Winter bei eisiger Witterung gefundene Nahrungsquelle. Da die Vögel ähnlich groß sind, können solche Streitigkeiten manchmal nur durch einen Kampf entschieden werden.

TASMANERDDROSSEL
Zoothera lunulata
Diese große australische Drossel lebt in feuchten Waldgebieten. Dort ist sie mit ihrem braun gesprenkelten Gefieder gut getarnt und durchwühlt die Laubstreu nach Wirbellosen.

GRANDALA
Grandala coelicolor
Die leuchtend blaue Art bewohnt Wälder in großen Höhen im Himalaja. Ihre Nahrung, Insekten und Früchte, findet sie in Bäumen. Das Weibchen ist bräunlich mit weißer Flügelbinde.

ELSTERDROSSEL
Geokichla wardii
Die Heimat dieser auffällig gezeichneten Drossel ist Indien. Erwachsene Männchen haben ein schwarz-weißes Gefieder, die Weibchen sind ähnlich gemustert, aber in Brauntönen.

Eine weitere nordamerikanische Art, die zum Überwintern nach Süden zieht, ist die Zwergmusendrossel (*C. ustulatus*). Wie viele andere Zugvögel zieht sie nachts, wenn die Gefahr durch Greifvögel geringer ist. Zudem könnte ein sternenklarer Himmel beim Navigieren helfen. Nachts zu fliegen und tags die Reserven auffüllen zu müssen führt zu einem massiven Schlafdefizit – wobei ein langer Schlaf bei Tageslicht wegen jagender Greifvögel ohnehin riskant wäre. Wie Gehirnuntersuchungen an Zwergmusendrosseln zeigten, meistern die Vögel das Problem durch Hunderte über den Tag verteilte »Mikroschlafphasen«, die jeweils nur Sekunden dauern.

In Eurasien ist die Rotdrossel (*T. iliacus*) ein bekannter Zugvogel. Auf der Suche nach reichhaltigen Beeren zieht sie im Herbst von Skandinavien, Island und Russland aus nach Süden oder Westen. Die fliegenden Schwärme erzeugen mit ihren Flügeln ein unheimliches Rauschen. Dieses galt bei den Heringsfischern der Nordsee als gutes Omen für einen erfolgreichen Fang, jagte ihnen aber auch Angst ein. Ein weiterer eurasischer Zugvogel, die Wacholderdrossel (*T. pilaris*), ist dafür bekannt, das Nest bei drohender Gefahr erbittert zu verteidigen. Mehrere Paare brüten dicht beieinander. Sobald ein Vogel bei Annäherung eines Feinds Alarm schlägt, fliegen alle auf und bespritzen diesen mit Kot. Dieses Bombardement verscheucht die meisten – angreifende Vögel kann es sogar flugunfähig machen.

Tropische Vielfalt

Auch in den Tropen sind Drosseln präsent. So kommt z.B. die Südseedrossel (*T. poliocephalus*) auf vielen Inseln Malaysias und Indonesiens vor. Die einzelnen Populationen sind schon so lange getrennt, dass sie viele verschiedene Merkmale aufweisen und heute als Unterarten klassifiziert werden – insgesamt sind fast 50 anerkannt. Ihre Färbung variiert von schwarz über Kombinationen von grau und rötlich braun, teils mit rein

▲ Bergbewohner
Diese Briefmarke von St. Vincent zeigt einen Bartklarino (*Myadestes genibarbis*). Diese Drossel-Art bewohnt Hochgebirgswälder auf mehreren karibischen Inseln.

Mehr als **50 Vogelarten** sammeln als **Kalzium-Quelle** die **Schalenstücke** von Singdrossel-Schmieden.

DROSSELSCHMIEDE
Singdrosseln haben gelernt, Schneckenhäuser zu zertrümmern. Dazu halten sie diese am Rand fest und schlagen sie mit einer raschen Kopfbewegung kräftig gegen einen geeigneten Stein. Manche Individuen nutzen bestimmte Lieblingssteine als »Amboss«. Eine häufig genutzte Drosselschmiede kann man leicht an den herumliegenden Schalenbruchstücken erkennen.

SINGDROSSEL AN IHREM AMBOSS

◄ Verschiedene »Drosseln«
Dieses Gemälde aus John James Audubons *Birds of America* von 1835 zeigt ein Paar Halsbanddrosseln (*Ixoreus naevius*) in einem Strauch und darüber eine auf den ersten Blick drosselähnliche, aber nicht mit dieser Familie verwandte Beifuß-Spottdrossel (*Oreoscoptes montanus*).

weißem Kopf. Weitere asiatische Vertreter sind die markant gefärbten Schnäpperdrosseln (*Cochoa* spp.) mit leuchtend grünem, blauem oder violettem Gefieder und die sehr gesellige, marineblaue Grandala aus dem Himalaja.

Auch in Afrika ist die Familie gut vertreten. Einige, wie die Gattung *Stizorhina*, sind dort sogar endemisch. Einem kenianischen Volksmärchen zufolge betraute Ngai, eine oberste Gottheit, die Drossel mit der täglichen Aufgabe, die menschlichen Bewohner der Erde zu wecken. Darum beginnen Drosseln morgens früher zu singen als andere Vögel. In diesem Fall könnte es sich um die weitverbreitete Afrikadrossel (*T. pelios*) oder eine verwandte Art handeln – aber auch um den Tropfenrötel (*Cichladusa guttata*), der heute zur aus den Drosseln ausgegliederten Familie der Fliegenschnäpper (Muscicapidae) gezählt wird.

Auch Schmätzer ähneln Drosseln in Aussehen und Gewohnheiten und wurden daher früher ebenfalls in diese Familie gestellt. DNA-Untersuchungen haben jedoch ergeben, dass dies ein Irrtum war (heute bilden die Schmätzer die Unterfamilie Saxicolinae der Fliegenschnäpper).

Spezialauftrag
Diese naturkundliche Studie des indischen Künstlers Scheich Zainuddin zeigt eine Damadrossel (*Geokichla citrina*). Sie sitzt in einer Schmetterlings-Bauhinie (*Bauhinia purpurea*), auf der Blüte darunter ist ein Totenkopfschwärmer der Art *Acherontia styx*. In Auftrag gegeben wurde dieses Bild 1778 von Lady Mary Impey in Kalkutta (dem heutigen Kolkata in Indien). Es war eines von 326 Gemälden mit einheimischen Vögeln und anderen Tieren in ihrer Sammlung.

Ordnung Passeriformes

Familien 1

Arten Mehr als 350

Länge
10–30 cm

Verbreitung
Nordamerika, Europa, Afrika, Asien

➤ **Ganz in Rot**
Der Gartenrotschwanz (*Phoenicurus phoenicurus*) ist in Eurasien Brutvogel und überwintert in Afrika. Sein treffender Name ist sehr einprägsam.

Fliegenschnäpper

Muscicapidae

Zu dieser großen und vielfältigen Familie kleiner Insektenfresser zählen auch die Schmätzer sowie einer der bekanntesten und beliebtesten Singvögel Europas, das zutrauliche Rotkehlchen.

Vertreter der Fliegenschnäpper leben in so unterschiedlichen Lebensräumen wie der arktischen Tundra, feuchten tropischen Regenwäldern, trockenen Halbwüsten und Hochgebirgshängen. Die perfekte Anpassung an diese unterschiedlichen Habitate gelang ihnen durch die Spezialisierung auf eine wirklich reichhaltige Nahrungsquelle. Der wissenschaftliche Familienname Muscicapidae leitet sich von lateinisch *musca* (»Fliege«) und *capere* (»fangen«) ab. Wie er schon sagt, sind diese Vögel auf den Fang von Insekten spezialisiert. Viele Arten fangen ihre Beute von einem Ansitz aus im Flug, schnappen ihr Opfer dabei hörbar mit dem Schnabel und kehren dann wieder zu ihrem Ansitz zurück. Andere erbeuten Insekten am Boden hüpfend oder sammeln sie von Zweigen und Blättern.

Die in der Alten Welt sehr **erfolgreiche** Familie ist in der **Neuen Welt** nur mit **zwei Brutvogel-Arten** vertreten.

Gefiederte Rätsel

Die Fliegenschnäpper bilden eine der größten Familien innerhalb der Sperlingsvögel. Wissenschaftler waren sich lange Zeit über ihre Klassi-

➤ Gegabelter Schwanz Der Fleckenscherenschwanz (*Enicurus maculatus*) – hier eine Illustration von John Gould aus dem Jahr 1850 – lebt in Süd- und Ostasien und findet seine Nahrung an schnell fließenden Bächen.

fizierung uneinig (z. B. wurden die Schmätzer zur Familie der Drosseln gestellt). Dies liegt v. a. daran, dass die Vertreter kein einziges gemeinsames Merkmal haben, das sie von anderen Vogelfamilien unterscheidet. Mit ihrer beträchtlichen Bandbreite hinsichtlich Gefieder, Gestalt, Verhalten und bevorzugtem Lebensraum bilden die Fliegenschnäpper eine der vielfältigsten Familien der Vögel. Manche Vertreter, wie z. B. die Heckensänger (*Cercotrichas* spp.), halten sich überwiegend am Boden oder in Bodennähe im Dickicht auf. Viele andere sind vornehmlich Bewohner der mittleren Etage oder des Kronenbereichs von Bäumen und wagen sich nur selten weiter hinab.

Einige Gattungen, etwa die Höhlenschnäpper (*Ficedula* spp.), zeigen einen ausgeprägten Geschlechtsdimorphismus – das Federkleid von Männchen und Weibchen ist also sehr unterschiedlich –, während bei den nah verwandten Schnäppern der Gattung *Muscicapa* die Geschlechter gleich aussehen. Zudem haben viele Arten ein unverwechselbar buntes oder sogar schillerndes Gefieder, andere hingegen sind mit dezent erdbraunen oder grauen Farbtönen unscheinbarer.

▲ Von Feen umringt
Im britischen Volkstum spielt das Rotkehlchen eine bedeutende Rolle. Auf diesem Bild des Kunstmalers John Anster Fitzgerald (*Cock Robin Defending his Nest*, um 1850) verteidigt der Vogel sein Nest gegen zahlreiche Feen.

Eine ganze Reihe von Arten der Familie ist für ihren wunderschönen Gesang berühmt, andere sind weitgehend stumm oder äußern kaum mehr als einfache piepsende oder klickende Laute. Viele sind Standvögel und verlassen ihr begrenztes Revier ihr Leben lang nicht, andere ziehen Tausende von Kilometern zwischen ihren Brutgebieten und Winterquartieren.

Selbst die Nistgewohnheiten variieren innerhalb der Familie. Die meisten Vertreter bauen napfförmige Nester aus Gras, Moos und Zweigen, aber an unterschiedlichen Stellen. Die Höhlenbrüter nutzen kleine Hohlräume in Bäumen, Baumstümpfen oder Felsvorsprüngen, andere verlassene Nester oder brüten sogar am Boden.

In dieser Familie der Gegensätze gibt es viele besondere Vögel. Der auf der gesamten Nordhalbkugel brütende Steinschmätzer (*Oenanthe oenanthe*) hat den längsten Zugweg aller Singvögel. Einige Populationen aus Alaska legen bis zu 15 000 km in ihre afrikanischen Überwinterungsgebiete südlich der Sahara zurück – eine unglaubliche Leistung für einen nur 25 g wiegenden Vogel. Die Nachtigall (*Luscinia megarhynchos*), ein in Afrika überwinternder Brutvogel aus Europa und Zentralasien, wird indessen seit Langem für ihren wohlklingenden, komplexen Gesang verehrt, der seit Jahrtausenden in Poesie, Musik und Literatur thematisiert wird. Dichter der Antike wie Homer schrieben ebenso über ihn wie später Shakespeare und Goethe. Von dieser Art gab es auch die erste im Handel erhältliche Aufnahme einer Tierstimme, aufgenommen im Jahr 1910 von Karl Reich in seiner Voliere in Bremen.

Freund des Gärtners

Viele Arten der Familie sind scheu und im dichten Bewuchs ihrer Lebensräume nur schwer zu beobachten, nicht wenige sind in Gegenwart von Menschen aber auch furchtlos und zutraulich. Für kaum eine Art gilt das mehr als für das Rotkehlchen (*Erithacus rubecula*). In vielen Gärten des Kontinents ist es ein regelmäßiger Gast, lebt dort gern in der Nähe des Menschen und baut sein Nest oft an denkbar unwahrscheinlichen Stellen in oder an Häusern. Seit der viktorianischen Ära ist das Rotkehlchen im Vereinigten Königreich auch ein beliebtes Symbol für Weihnachten und taucht häufig auf Dekorationen und Karten auf. Wohl auch aufgrund dieser Vertrautheit wurde es im Jahr 2015 zum Nationalvogel auserkoren.

In Bedrängnis

Aufgrund von Eingriffen des Menschen sind mehr als 15 Prozent aller Arten dieser Familie vom Aussterben bedroht. Bedeutendster Faktor ist der Verlust von Lebensraum, er betrifft rund 60 Arten. Viele Arten sind zwingend auf dichten Bewuchs angewiesen, etwa alte Wälder, die in vielen Teilen der Welt Abholzung und Rodung zum Opfer fallen. Ein Beispiel ist die Rotkopfnachtigall (*Larvivora ruficeps*), ein wunderschöner, schiefergrauer Vogel mit prächtig orangerotem Kopf, weißer Kehle und kräftigem Gesang. Sie brütet nur in einem sehr begrenzten Gebiet in der Provinz Sichuan (China). Der Lebensraumverlust durch Abholzung und den Bau von Staudämmen wird ihre ohnehin schon kleine Population an den Rand des Aussterbens bringen.

Anderen Arten, wie dem Weißbürzelschama (*Copsychus malabaricus*), wird ihr wunderschöner Gesang zum Verhängnis. Der erbarmungslose illegale Fang, nur damit Menschen sich an ihrem Gesang erfreuen können, stellt für viele Populationen dieser einst häufigen Vögel eine ernsthafte Gefahr dar. Von einigen seltenen, auf Inseln endemischen Arten haben eingeführte Raubtiere wie Ratten ihren Tribut gefordert.

LAZULI-SCHNÄPPER
Eumyias thalassinus
Diese Art ist im Himalaja, in Südostasien, auf Borneo und Sumatra heimisch. Sie ist nach dem leuchtend blauen Gefieder des Männchens benannt, die Weibchen sind blasser blau.

NACHTIGALL
Luscinia megarhynchos
Wegen ihres wunderschönen Gesangs ist die Nachtigall sehr bekannt. Tagsüber singt das Männchen zur Kommunikation mit Rivalen, nachts, um Weibchen anzulocken.

Das Rotkehlchen war 1992 und 2021 Vogel des Jahres.

◄ Unermüdlichsingend
Die Weißbürzelschama ist in Indien und Südostasien weithin für ihr reiches Gesangsrepertoire bekannt. Das Männchen ist farbenfroh, das Weibchen schlichter gefärbt.

Das Repertoire von **Nachtigall-Männchen** umfasst bis zu **200 Gesänge.**

Ordnung Passeriformes

Familien 2

Arten Mehr als 90

Länge
9–23 cm

Verbreitung Nord- und Südamerika, Eurasien, Nordafrika

➤ Inspektion des Nests
Dieser Stich von 1833 zeigt Seggenzaunkönige (*Cistothorus stellaris*) an einem Nest. Das Männchen baut mehrere solcher Nestkugeln, von denen das Weibchen dann eine auswählt und auspolstert.

PALLASWASSERAMSEL
Cinclus pallasii

Diese ostasiatische Art kommt vom Himalaja bis nach Japan und Ostrussland vor. Wie andere Wasseramseln lebt sie an schnell fließenden Bächen und ernährt sich von im Wasser lebenden Wirbellosen.

WEISSKOPF-WASSERAMSEL
Cinclus leucocephalus

Diese Art findet ihre Nahrung an schnell fließenden Bächen mit Felsen. Sie watet und schwimmt, taucht aber im Gegensatz zu ihren Verwandten nicht vollständig unter Wasser.

Männchen des Sumpfzaunkönigs (*Cistothorus palustris*) **bauen** in einer Brutsaison bis zu **22 Nester.**

➤ Jagd nach Gehör?
Dieser Einsiedlerzaunkönig (*Henicorhina leucophrys*) lauscht auf der Jagd nach Insekten vermutlich nach Geräuschen durch Bewegungen unter dem Laub. Diese Technik hat man auch bei anderen Sperlingsvögeln beobachtet.

Zaunkönige und Wasseramseln

Troglodytidae, Cinclidae

Die Vertreter der beiden Familien sind rundliche, rundflügelige Vögel mit kurzem Schwanz und lauter Stimme. Zaunkönige leben in Bodennähe in dichtem Gebüsch, Wasseramseln am Wasser.

Auf dem amerikanischen Kontinent gibt es 93 Zaunkönig-Arten, im Rest der Welt nur eine – den Zaunkönig (*Troglodytes troglodytes*) in Eurasien. Die Arten dieser Familie haben überwiegend braunes Gefieder, oft mit Streifen, gefleckt oder gesprenkelt. Mit ihren kurzen Flügeln können sie sich gut auf engem Raum in dichtem Bewuchs bewegen, wo sie mit ihrem schmalen Schnabel Insekten aus Ritzen picken. Weil sie so zurückgezogen leben, benötigen sie zur Verständigung eine laute Stimme. Viele Zaunkönige sind für ihr vehement vorgetragenes, umfangreiches Repertoire bekannt. Bei mehreren Arten singen Männchen und Weibchen im Wechselgesang ein Duett. Herrlich bizarr ist der Gesang des Orpheuszaunkönigs (*Cyphorhinus arada*).

Wasseramseln sind sie einzigen aquatischen Singvögel der Welt und an schnell fließenden Bächen und Flüssen zu Hause. Sie suchen im Wasser nach Beute wie Insektenlarven und sogar kleinen Fischen und paddeln dabei oft mit untergetauchtem Kopf. Die nördlichen Arten tauchen vollständig ab und bleiben bis zu 30 Sekunden unter Wasser. Dabei benutzen sie ihre Flügel als Paddel. Wie Eisvögel haben auch Wasseramseln ein zusätzliches Augenlid, die Nickhaut, damit sie ihre Beute unter Wasser sehen können. Ihr dichtes Gefieder pflegen sie mit dem wasserabweisenden Öl ihrer großen Bürzeldrüse. Sogar unter einer Eisdecke suchen die äußerst robusten Vögel nach Nahrung.

Der kurze, aufgestellte Schwanz ist ein typisches Familienmerkmal.

➤ Lautstark für seine Größe
Der Zaunkönig ist berühmt für die Komplexität und Intensität seines Gesangs – für einen so kleinen Vogel ist dieser erstaunlich laut.

Wachposten
An einem Wasserfall in Levanger (Norwegen) hält ein Männchen der Wasseramsel (*Cinclus cinclus*) von seinem bevorzugten Aussichtspunkt auf einem Felsen aus Wache. Das Nest mit seiner Partnerin und ihren Jungen befindet sich hinter dem Wasserfall. Das Männchen bewacht es nicht nur vor Räubern wie Nerzen und Ratten – sondern auch vor unverpaarten Rivalen, die versuchen könnten, dieses erstklassige Revier zu übernehmen.

Mistelfresser

Dicaeidae

Heimisch in Asien und Australasien ernähren sich die Mistelfresser von Nektar und Beeren. Sie sind wichtige Bestäuber vieler Bäume und Sträucher und verbreiten deren Samen.

Die **Mistelfresser** sind auch unter dem Namen **Blütenpicker** bekannt.

▲ **Notfall-Plan**
Dieser Kupferstich von William Matthew Hart für John Goulds Buch *Birds of Asia* (1850–1883) zeigt Scharlachmistelfresser (*D. cruentatum*). Bei Nahrungsknappheit verfällt diese Art in einen Torpor genannten Starrezustand – ein bei Sperlingsvögeln seltenes Verhalten.

▲ Gedeckte Farben
Der 2009 auf Borneo entdeckte Dayakmistelfresser wurde erst 2019 offiziell beschrieben. Seinen wissenschaftlichen Artnamen *dayakorum* erhielt er zu Ehren des Volks der Dayak, das den Wald beschützt, in dem er lebt.

Ordnung Passeriformes

Familien 1

Arten 50

Länge 7–13 cm

Verbreitung Asien, Australasien

Mistelfresser leben in bewaldeten Lebensräumen von Meereshöhe bis in 3700 m Höhe. Manche Arten sind recht unscheinbar, bei anderen sind die Männchen leuchtend gefärbt, mit markanten Mustern in Grau, Schwarz, Weiß, Rot, Gelb und Orange. Meist leben sie einzeln oder paarweise, versammeln sich aber häufig in großer Zahl an einem fruchttragenden Baum, wo dann mitunter mehrere Arten anzutreffen sind.

Die Arten haben ein breites Spektrum an hohen Rufen, die als Schnattern, Surren, Zwitschern oder Trillern beschrieben werden. Ihr Gesang besteht aus wiederholten aufsteigenden oder absteigenden Phrasen. Der Rotsteiß-Mistelfresser (*Dicaeum hirundinaceum*) ist dafür bekannt, die Laute anderer Vögel nachzuahmen. Als erste Art wurde 1747 der Scharlachmistelfresser (*D. cruentatum*) beschrieben. Die zuletzt beschriebene Art, der Dayakmistelfresser (*D. dayakorum*), wurde erst 2009 entdeckt. Die seltenste Art ist der nur auf der Philippinen-Insel Cebu vorkommende Vierfarben-Mistelfresser (*D. quadricolor*). Er galt schon als ausgestorben, wurde aber 1992 wiederentdeckt. Jedoch ist zu befürchten, dass es keine 100 Individuen mehr gibt.

Mistelfresser scheinen monogam zu sein. Das hängende Beutelnest mit seitlichem Eingang wird gewöhnlich vom Weibchen, vereinzelt auch von beiden Geschlechtern aus Moosen, Spinnweben, Gräsern und kleinen Wurzeln gebaut.

Mistelproduzenten

Neben Beeren und Pollen ist Nektar ein wichtiger Teil ihrer Ernährung. Manche Arten fressen auch Samen. Wegen ihrer geringen Größe und der kurzen Beine können sich die aktiven, wendigen Vögel an dünne Zweige klammern, um an ihre Nahrung zu gelangen. Viele Arten der parasitischen Misteln sind für die Verbreitung ihrer Samen auf die Mistelfresser angewiesen. Die Mistelbeeren gelangen unter Umgehung des Magens direkt in den kurzen, spezialisierten Darm der Mistelfresser, sodass die klebrigen Samen rasch den Verdauungstrakt passieren, unversehrt ausgeschieden werden und an einem Zweig haften bleiben. Viele Arten fressen auch Insekten, die sie von einem Ansitz aus erbeuten.

> Der Vierfarben-Mistelfresser lebt nur auf der philippinischen Insel Cebu. Da sein Bestand stark gefährdet ist, wurde dort im Nationalpark eine geschützte Zone für ihn geschaffen.

MENNIGBRUST-MISTELFRESSER
Prionochilus percussus
Diese farbenprächtige Art zerquetscht mit ihrem kräftigen Schnabel Beeren, sticht größere Früchte an und saugt daran oder beißt Stücke heraus.

ROTSTEISS-MISTELFRESSER
Dicaeum hirundinaceum
Bei dieser einzigen Mistelfresser-Art auf dem australischen Kontinent passiert ein Mistelsamen den Darm in nur vier Minuten.

NEKTARSAMMLER

Mistelfresser-Arten, die sich vorwiegend von Nektar ernähren, besitzen eine spezialisierte Zunge zur Aufnahme der klebrigen Flüssigkeit. Ihre Form ist artspezifisch. Die hier abgebildete Zunge des Olivkopf-Mistelfressers (*D. nigrilore*) hat eine flache Basis und rollt sich dann zu einer Röhre auf, die sich am Ende in sechs gefranste Lappen aufspaltet und so eine pinselartige Spitze bildet.

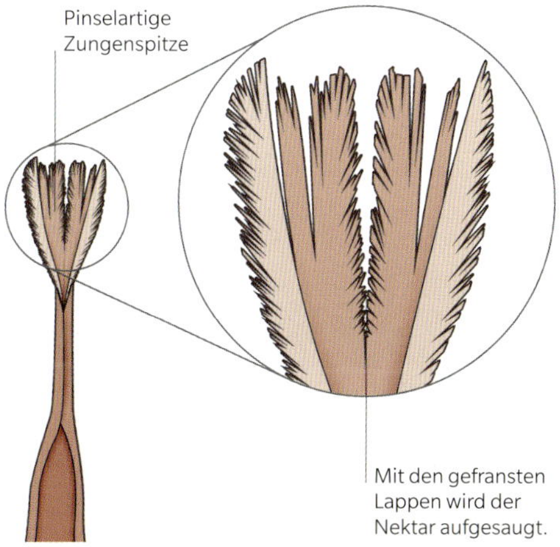

ZUNGE EINES MISTELFRESSERS

Ordnung Passeriformes

Familien 1

Arten Mehr als 150

Länge
8–22 cm

Verbreitung Afrika, Asien, Australasien

Nektarvögel

Nectariniidae

Die meisten Vertreter dieser hauptsächlich in Afrika und Asien vorkommenden Familie machen mit ihren leuchtenden Farben und dem schillernden Gefieder den Kolibris Konkurrenz. Wie diese lieben sie alle Nektar.

▼ Auf Nektarsuche
Auf einer Königs-Protea in der südafrikanischen Fynbos-Vegetation sitzt ein männlicher Doppelband-Nektarvogel (*Cinnyris afer*) und schillert in der Sonne.

Die Nektarvögel sind in vielerlei Hinsicht das altweltliche Äquivalent zu den Kolibris in Amerika, haben sich aber völlig unabhängig von diesen entwickelt. Wie Kolibris ernähren sie sich von Nektar, aber nur einige wenige Arten können diesen im kolibriähnlichen Schwirrflug aus Blüten saugen. Die meisten Nektarvögel müssen sich dazu – ebenso wie alle Spinnenjäger – auf einen Zweig bei der Blüte setzen. Sie sind aber ebenfalls hochgradig an diese Ernährung angepasst: durch einen langen, spitzen, abwärts gebogenen Schnabel und eine lange, über diesen hinausragende Zunge. Diese ist an der Spitze gespalten und hat gefranste Ränder, sodass der Nektar durch Kapillarwirkung aufgesaugt wird. Zur Zungenbasis hin rollen sich die Zungenränder zu einer Röhre, durch die der Nektar gesaugt wird.

Sowohl Nektarvögel als auch Spinnenjäger haben kräftige Beine und scharfe Krallen, mit denen sie sich festklammern und zur Nektaraufnahme vor den Blüten in Position bringen können. Zwei Klappen schützen die Nasenlöcher an der Schnabelbasis vor dem Eindringen von Pollen.

Bedeutende Bestäuber

Alle Vertreter der Familie sind kleine, äußerst aktive Vögel, die sich sehr schnell fortbewegen. Innerhalb ihres Verbreitungsgebiets haben sie sich an sämtliche blühenden Lebensräume angepasst, von städtischen Gärten bis in die Strauchregion oberhalb der Baumgrenze in 4900 m Höhe. Überall, wo sie vorkommen – auch in Australasien und auf Madagaskar –, sind diese

Auf **Borneo** gilt ein von **rechts nach links** fliegender **Spinnenjäger** als **gutes Omen** für die Jagd.

▲ **Vertikales Klettern**
Ein Strichelspinnenjäger (*Arachnothera magna*) klammert sich an die noch junge Blüte einer wilden Bananenstaude.

Vögel wichtige Bestäuber. Schätzungen zufolge werden zwei Prozent der gesamten Flora Südafrikas von Nektarvögeln bestäubt – u.a. die Proteen oder Zuckerbüsche in der als Fynbos bezeichneten Strauchvegetation der Kap-Region. Alle Arten ergänzen ihre Ernährung mit einer Vielzahl von wirbellosen Tieren, sie fangen z.B. Insekten im Flug. Außerdem picken sie Spinnen aus deren Netzen – das ist bislang für 70 Arten erwiesen, darunter die treffend benannten Spinnenjäger.

Zuschauer-Attraktion

Das für die Familie typische, attraktiv schillernde Gefieder ist auf die Männchen beschränkt, die Weibchen sind viel matter gefärbt. Bei einigen Arten haben jedoch beide Geschlechter ein recht unscheinbares, identisch aussehendes Gefieder. Hierzu gehören auch die Spinnenjäger. Sie sind im Vergleich zu den Nektarvögeln relativ groß und haben tendenziell längere Schnäbel.

Die Verteidigung des Reviers durch Gesang und Zurschaustellung obliegt i.d.R. den Männchen, die Weibchen sind für Nestbau und Brüten zuständig. Um das Füttern der Jungen kümmern sich beide gemeinsam. Bei vereinzelten Nektarvogel-Arten versammeln sich die Männchen an einem gemeinschaftlichen Balzplatz und bei ein oder zwei Arten erfolgt die Jungenaufzucht in Kooperation mit Bruthelfern. Das kugelförmige Nest mit Seiteneingang besteht aus Gras, Rinde, Blättern und Flechten und hängt meist an einem niedrigen Ast. Häufig macht es durch herunterhängende Pflanzenteile einen unordentlichen Eindruck, ist so aber besser vor Räubern getarnt.

Spinnenjäger teilen sich das Brutgeschäft. Ihre becherförmigen Nester befestigen sie mit Spinnweben, Gras oder Zweigen oft gut versteckt an der Unterseite großer Blätter oder Palmwedel.

BRAUNKEHL-NEKTARVOGEL
Anthreptes malacensis
Diese Art kommt in ganz Südostasien in lichten Wäldern und Siedlungsgebieten vor und wird regelmäßig von Kuckucken parasitiert.

PURPURNEKTARVOGEL
Cinnyris asiaticus
In weiten Teilen Indiens und Südostasiens ist diese häufige Art ein vertrauter Anblick. Sie hält sich oft in Gärten auf und brütet auch dort.

LANGSCHNABEL-SPINNENJÄGER
Arachnothera robusta
Diese südostasiatische Art hat den längsten Schnabel der Familie. Er ist dreimal so lang wie der Kopf und dringt tief in die Vegetation ein.

Webervögel

Ploceidae

Weber sind für ihre kunstvoll geflochtenen und gewebten Grasnester bekannt. Das Männchen baut das kuppelförmige Nest, das unten oder an der Seite eine Öffnung hat, und lockt damit ein Weibchen an.

Ein frisches, grünes Nest wird eher von einem Weibchen ausgewählt – mitunter muss das Männchen mehrere bauen, bis es eine Partnerin findet.

➤ Geschäftiger Weber
Wenn ein männlicher Textor oder Dorfweber (*Ploceus cucullatus*) sein Nest weitgehend fertiggestellt hat, klammert er sich daran fest und flattert mit den Flügeln, um die Aufmerksamkeit eines Weibchens zu erregen. Hat er damit Erfolg, fügt er noch eine Eingangsröhre hinzu und das Weibchen polstert das Nest dann aus.

Erwachsene Männchen haben eine dunkle Gesichtsmaske.

Unter lautem Gezwitscher wird das Nest durch heftiges Flügelflattern zum Schwingen gebracht.

Ordnung Passeriformes

Familien 1

Arten Mehr als 120

Länge
11–28 cm

Verbreitung Afrika südlich der Sahara, Inseln im Indischen Ozean (einschl. Madagaskar), Asien

Die meisten Webervögel ähneln in Größe und Form den mit ihnen verwandten Sperlingen (Fam. Passeridae). Vereinzelte Arten kommen auf Madagaskar und in Südasien vor, aber die meisten besiedeln Savannen und lichte Wälder Afrikas südlich der Sahara, wo reichlich Nistmaterial verfügbar ist. Die waldbewohnenden Arten mit schlanken, spitzen Schnäbeln sind Insektenfresser, die Savannenbewohner haben kleine, kräftige Schnäbel, wie sie für Samenfresser typisch sind.

Wunderwerke der Webkunst

Wie der Name schon sagt, weben die meisten Arten der Familie ihre Nester aus Pflanzenteilen wie Gräsern, Schilf oder Palmenblättern – manche sind groß und unordentlich, andere klein und adrett. Einige Arten hängen das Nest an eine vertikale Stütze, andere flechten es zwischen zwei Stützen. Der Nestbau durch die Männchen erfolgt instinktiv, wird aber durch Übung optimiert. Viele flechten zunächst eine hängende Schlaufe, die sie auf einer Seite zu einer Wand und auf der anderen zu einer Eingangsröhre erweitern. Andere weben zunächst eine hängende Nestschale, der sie dann noch Dach und Eingang hinzufügen. Für die Außenhülle können 300 Grashalme verarbeitet werden. Einfache Nester sind oft innerhalb eines Tages fertig, bei komplexeren kann die Fertigstellung 1–2 Wochen dauern. Oft werden die Nester an einem über Wasser hängenden Ast gebaut – vermutlich zum Schutz vor Räubern. Trotzdem können die Küken Schlangen wie der Boomslang zum Opfer fallen. Von Afrikanischen Elefanten wurde schon beobachtet, dass sie komplette Webervogelnester fraßen.

Ausgesprochen gesellig

Die meisten Weber sind äußerst gesellig, der Blutschnabelweber (*Quelea quelea*) bildet sogar riesige Schwärme. Die Kolonien in einem Gemeinschaftsnest des Siedelwebers (*Philetairus socius*) können 300 Paare umfassen, jedes mit seiner eigenen Nistkammer. Beginnend mit dem Dach wird es von oben nach unten gebaut. Mit bis zu 1 t Gewicht und 4 m Tiefe ist es das weltweit größte Vogelnest und mitunter 100 Jahre lang in Gebrauch. Neben Nistkammern enthält es auch ganzjährige Schlafkammern. In unbewohnte Kammern ziehen manchmal Halsband-Zwergfalken (*Polihierax semitorquatus*) ein.

▲ Hampelmann
Dieses undatierte Gemälde zeigt einen balzenden männlichen Leierschwanzweber (*Euplectes jacksoni*). Mit zurückgeworfenem Kopf springt er auf, biegt die mittleren Schwanzfedern nach vorn und lässt die seitlichen hängen.

MADAGASKARWEBER
Foudia madagascariensis
Auf anderen Inseln im Indischen Ozean eingeführt, entwickelte er sich dort zum Schädling. Auf Mauritius und Rodrigues konkurriert er mit bedrohten Arten derselben Gattung.

WEISSSTIRNWEBER
Amblyospiza albifrons
Mit seinem kräftigen Schnabel kann der Weißstirnweber auch harte Samen knacken. Seine aufwendigen Nester webt er aus feinen Streifen von Gräsern oder Seggen.

Schwärme von Blutschnabelwebern können aus 30 Mio. Vögeln bestehen.

Riesenschwärme
Der Blutschnabelweber ist der weltweit individuenreichste Wildvogel. Nach der Brutzeit kann die Population mehr als 1,5 Mrd. Vögel umfassen. Kolonien können mehrere Quadratkilometer bedecken und Schwärme fünf Stunden brauchen, um vorbeizufliegen. Als Samenfresser verursachen sie immense Schäden an Nutzpflanzen.

▲ **Vielfarbiges Antlitz**
Gouldamadinen kommen in drei genetischen Varianten vor. Die meisten (75 Prozent) haben ein schwarzes Gesicht, bei den übrigen ist es meist rot, bei nur ganz wenigen gelb.

Prachtfinken

Estrildidae

Diese Familie finkenartiger Vögel ist nach dem prachtvollen, bunten Gefieder vieler Arten benannt. Das attraktive Aussehen und ihre einfache Haltung machen Prachtfinken zu beliebten Ziervögeln.

Diese Familie ist sehr vielgestaltig: Es gibt unscheinbar braune und graue Arten, aber auch leuchtend rote oder blaue, plakativ mehrfarbige oder solche mit Streifen- oder Fleckenmuster. Etwa 30 Arten besitzen einen roten Schnabel, bei den meisten ist er jedoch schwarz oder silbrig. Überwiegend bevorzugen sie warme, tropische Lebensräume, einige leben an kühleren Orten, etwa im Hochland von Neuguinea. Im Allgemeinen sind Prachtfinken Samenfresser, nur wenige ernähren sich großteils von Insekten und deren Raupen sowie von Früchten.

Die Populationen einiger Arten waren über die Jahrhunderte hinweg starken Schwankungen unterworfen, teils wegen ihrer Ernährung von Samen. Die Reisamadine (*Padda oryzivora*) trägt ihren Namen, weil sie Reisfelder plündert, und wurde deshalb von Reisbauern verfolgt. Andere

Ordnung Passeriformes

Familien 1

Arten Mehr als 130

Länge 8–17 cm

Verbreitung Afrika, Asien, Australasien

WELLENASTRILD
Estrilda astrild

Der rote Brustfleck des Wellenastrilds zeigt den Status eines Vogels an. Die ranghöchsten Individuen weisen als Zeichen ihrer Dominanz die leuchtendsten Flecken auf.

SCHMETTERLINGS-ASTRILD
Uraeginthus bengalus

Dieser attraktive, farbenfrohe Prachtfink wird häufig als Käfigvogel gehalten. In der Natur kommt er von West- bis nach Ostafrika vor. Auf Hawaii wurde er eingebürgert.

ZEBRAAMADINE, ZEBRAFINK
Taeniopygia castanotis

Dieser beliebte Ziervogel ist auch ein verbreitetes Forschungsobjekt der Wissenschaft für Studien zum Vogelgesang, Brutgeschäft und sonstigen Verhalten.

Arten, wie der Tüpfelastrild (*Amandava amandava*), haben außerhalb ihres natürlichen Areals in Asien durch entflogene Käfigvögel verwilderte Populationen gebildet, etwa in Spanien und Hawaii. Die Gouldamadine (*Chloebia gouldiae*) litt im 20. Jh. in Australien durch den Fang für den Ziervogelhandel und Lebensraumverluste an die Landwirtschaft. Maßnahmen zur Wiederherstellung ihres Lebensraums und zur Bewahrung hohler Bäume, in denen sie nistet, haben erreicht, dass sich die zwischenzeitlich stark gefährdete Art wieder erholt.

➤ Reisfink
Die Reisamadine ist durch Fallenfang selten geworden, in Gefangenschaft aber weit verbreitet. Sie wird in verschiedenen Farben gezüchtet. Eine rein weiße Form ist hier (Lithografie, 1899) neben einem Wildvogel dargestellt.

Sperlinge

Passeridae

Sperlinge sind die typischen »kleinen braunen Vögel« in Städten, Gärten und Ackerland. Fröhlich zirpend und zankend suchen sie auf belebten Straßen Nahrung und nisten oft in oder an Gebäuden.

Der Sperling symbolisiert Wohlstand.

▲ Wertvolle Ikonen
Feldsperlinge (*P. montanus*) zieren dieses japanische Lack-Inrō (kleine Geldbörse oder Etui) von Hara Yōyūsai aus dem frühen 19. Jh.

Die Sperlinge (lat. *passer*) wurden als Namensgeber für die gesamte Ordnung der Sperlingsartigen (Passeriformes) erkoren – vermutlich wegen der tiefen Vertrautheit mit diesen Vögeln und der langen gemeinsamen Geschichte. Die Vertreter der Familie suchen in Scharen nach Samen und – v. a. in der Brutzeit – auch Insekten. Sobald der Mensch irgendwo Ackerbau betrieb, stellten sich Sperlinge ein, um sich ihren Anteil der Ernte zu sichern, machten sich dadurch aber nicht selten unbeliebt. Der in Eurasien und Nordafrika heimische Haussperling (*Passer domesticus*) wurde um 1850 in Amerika eingeführt und etablierte sich dort gut. Ab 1880 initiierten einige US-Bundesstaaten Kampagnen zu seiner Ausrottung. Die Bürger Michigans erhielten für jeden getöteten Spatz ein kleines Kopfgeld, was einige besonders Gewiefte veranlasste, die Vögel zu züchten, um zusätzliche Belohnungen zu kassieren. Im 20. Jh. wurden die Haussperlinge weiterhin bekämpft, weil sie Ernten schmälerten und zudem heimische Arten wie Hüttensänger, Sumpf- und Purpurschwalben von deren Nistplätzen verdrängten. Dennoch umfasst die nordamerikanische Population heute mehr als 80 Mio. Vögel.

Sperlinge leben in offenen Lebensräumen, einschließlich Savannen und Wüsten, sowie in der Nähe menschlicher Behausungen, Schneesperlinge der Gattung *Montifringilla* in verschneiten Gebirgsregionen. Bei Letzteren haben beide Geschlechter ein gut getarntes grau-weißes Gefie-

Ordnung	Passeriformes
Familien	1
Arten	Mehr als 40
Länge	11,5–18 cm
Verbreitung	Europa, Asien, Afrika, Australien, Nordamerika

Mit ihrem grauen Kopf sind die Weibchen weniger auffällig als die Männchen.

Beide Geschlechter haben ein leuchtend kastanienbraunes Gefieder.

Obsthain-Plünderung
Auf diesem Gemälde an einem ägyptischen Grabmal in Luxor (11. Jh. v. Chr.) stiehlt ein kleiner Vogel Feigen – vermutlich ein Haussperling der lokalen Unterart *P. d. niloticus*.

der, während die Männchen der anderen Sperlingsarten gewöhnlich markante schwarze, weiße, graue und rötliche Partien aufweisen. Die Mehrzahl der Arten lebt ganzjährig in Schwärmen. Zur Brutzeit singen die Männchen an den Nistplätzen ihr oft monotones, lautes Tschilpen, um Weibchen anzulocken und Rivalen fernzuhalten. Die Paare nisten aber eng benachbart und verteidigen nur ein kleines Revier um sich herum. Die besonders geselligen Braunrücken-Goldsperlinge (*Passer luteus*), deren Männchen ein leuchtend gelbes Gefieder haben, bilden Kolonien aus Tausenden von Nestern.

Unkonventionelle Arten

Die meisten Sperlinge sind sesshaft und leben in dauerhaften Kolonien. Einige, wie die afrikanischen Steinsperlinge (*Gymnoris* spp.), ziehen nomadisch umher und wandern zwischen Trocken- und Regenzeit über weite Strecken. Als intelligente, neugierige Vögel nutzen Sperlinge bereitwillig neue Gelegenheiten zum Nahrungserwerb und unkonventionelle Nistplätze. Manche bauen ihr Nest sogar als »Untermieter« in die riesigen Zweignester von Störchen und anderen großen Vögeln.

SCHNEESPERLING
Montifringilla nivalis
Der große, hübsch gemusterte Schneesperling ist die am weitesten verbreitete Art seiner Gattung. Er lebt in den Gebirgen Eurasiens und brütet teilweise in Höhenlagen von mehr als 1 500 m.

> »Kauft man nicht zwei Sperlinge um einen Pfennig? Dennoch fällt deren keiner auf die Erde ohne euren Vater.«
> *Die Bibel*, Matthäus 10:29

ZIMTSPERLING
Hypocryptadius cinnamomeus
Die laubsängerähnliche Art ist ein atypischer Sperling und wurde erst vor Kurzem aufgrund von DNA-Analysen neu in diese Familie gestellt. Sie lebt in dichten Bergwäldern der Philippinen-Insel Mindanao.

▼ Gruppenaktivität
In weiten Teilen des südlichen Afrikas schließen sich Kapsperlinge (*P. melanurus*) auf der Suche nach Nahrung oder Wasser zu großen Schwärmen zusammen.

WÜSTENSPERLING
Passer simplex
Der Wüstensperling gilt bei den mosambikischen Berbern in Algerien als Glücksbringer. In ihren Lehmziegelbauten lassen sie gezielt Hohlräume, in denen diese Vögel brüten können.

Finken

Fringillidae

Die »echten Finken« sind eine große, weit verbreitete Familie kleiner Singvögel mit lieblicher Stimme und robusten Schnäbeln zum Knacken von Samen. Viele haben ein markant gemustertes, buntes Gefieder.

Ordnung Passeriformes

Familien 1

Arten Mehr als 230

Länge 9,5–25 cm

Verbreitung Weltweit außer der Antarktis

Mit dem Begriff »echte Finken« werden die Vertreter dieser Familie von anderen, auf den ersten Blick ähnlichen, aber nicht nahe verwandten Gruppen abgegrenzt, wie Kardinälen, Tangaren, Webervögeln und Prachtfinken, die ehemals alle fälschlicherweise der Familie Fringillidae zugeordnet wurden. Genetischen Analysen zufolge umfasst die Familie jedoch die hawaiianischen Kleidervögel, obwohl sie ganz anders aussehen und lange, schlanke Schnäbel haben, mit denen sie in Blüten nach Nektar suchen.

Nahrungsspezialisten

Die meisten Finken fressen zumindest während eines Teils des Jahres Sämereien. Arten wie der Kernbeißer (*Coccothraustes coccothraustes*) und die Kreuzschnäbel entwickeln mit ihren stattlichen Schnäbeln eine enorme Beißkraft – der Kernbeißer kann sogar Kirschkerne knacken. Viele stellen jedoch im Frühjahr und Sommer auf eine insektenbasierte Ernährung um. Aufgrund dieser Flexibilität sind die meisten Finken in gemäßigten Regionen ganzjährig anzutreffen und bringen Farbe in den winterlichen Garten, wenn die reinen Insektenfresser unter den Vögeln längst in wärmere Gefilde abgewandert sind. Kreuzschnäbel haben sich auf Kiefernsamen spezialisiert, die sie mit den überlappenden Spitzen ihres Schnabels aus den Zapfen herauslösen. Wie andere Spezialisten ziehen sie bei Nahrungsmangel weiter.

Das markante Flügelmuster erleichtert den Zusammenhalt in fliegenden Schwärmen.

Mit dem zierlichen Schnabel lassen sich gut die Samen aus ährigen Fruchtständen herauslösen.

STATUSSYMBOL

Dieser handgenähte Umhang (um 1821) gehörte Königin Kaahumanu, der Lieblingsfrau von König Kamehameha I. von Hawaii. Er besteht aus Tausenden leuchtend roten und gelben Federn des Iiwi oder Iiwikleidervogels (*Drepanis coccinea*) sowie der beiden mittlerweile ausgestorbenen Arten Prachtmoho (*Moho nobilis*) und Mamo oder Mamokleidervogel (*D. pacifica*). Solche wertvollen Umhänge waren Statussymbole und wurden nur von hochrangigen Persönlichkeiten getragen.

Rote und gelbe Federn sollen bei Kämpfen göttlichen Schutz verleihen.

HAWAIIANISCHES FEDER-CAPE

Madonna und Kind
In diesem Gemälde des italienischen Malers Lorenzo Veneziano von etwa 1360–1365 ist der Stieglitz lebendiges Symbol für das Leiden Christi – sein Gesicht ist rot gefärbt vom Blut des gekreuzigten Christus.

Den Stieglitz auf der Hand der Madonna könnte man als Symbol für die menschliche Seele »in der Hand Gottes« interpretieren.

◄ Eine Schönheit
Der hübsche Goldzeisig (*Spinus tristis*) ist im Winter in Nordamerika ein regelmäßiger Gartenbesucher. Mit seinem konischen Schnabel kann er gut Samen knacken.

Manchmal unternehmen sie groß angelegte nomadische Wanderungen (sog. Irruptionen), bis sie irgendwo reichlich Kiefernsamen finden.

Der Fichtenkreuzschnabel (*Loxia curvirostra*) ist eine von mehreren Vogelarten, deren Gefieder sich der Legende nach rot färbte bei dem Versuch, bei der Kreuzigung die Dornenkrone Christi zu entfernen. Eine weitere ist der Stieglitz oder Distelfink (*Carduelis carduelis*) mit seinem leuchtend roten Gesicht. Entsprechend erscheint er in rund 500 religiösen Kunstwerken aus der Renaissance, wobei das vielleicht berühmteste Carel Fabritius' Porträt *Der Distelfink* von 1654 ist. Der 2013 erschienene gleichnamige Roman von Donna Tartt handelt von einem Kind, das dieses Gemälde nach einem terroristischen Bombenanschlag auf das Museum, in dem es ausgestellt ist, an sich nimmt. Stieglitze sind auch als Ziervögel beliebt, als solche aber zahlenmäßig dem im 17. Jh. domestizierten Kanarengirlitz (*Serinus canaria*) weit unterlegen. Heute gibt es mehr als 200 Rassen von Kanarienvögeln. Einige sind wegen ihrer komplexen Gesänge als Gesangskanarien geschätzt, andere wurden selektiv auf ungewöhnliche Gefiederfarben (Farbenkanarien) und -strukturen oder Körperformen (Positurkanarien) gezüchtet. In Großbritannien setzten Bergleute Kanarienvögel von 1911–1986 in Kohleminen als Warnvögel vor Sauerstoffmangel ein. Wenn die Vögel in ihrem Käfig wegen zu

»Die jungen Gimpel
in ihrem festlichen
Gewand ... balancieren
wie Seiltänzer
oder Akrobaten.«

DOROTHY WORDSWORTH,
The Grasmere Journals, 1802

hohem Kohlenmonoxidgehalt zu singen aufhörten, war es Zeit, das Bergwerk zu evakuieren.

Zu den weniger bekannten Finken gehören die farbenprächtigen Organisten und Grünorganisten (*Euphonia* bzw. *Chlorophonia* spp.) Mittel- und Südamerikas, die meist im dichten Regenwald leben, sowie die Schneegimpel (*Leucosticte* spp.), Hochlandbewohner aus Asien und Nordamerika. Der Goldbrauenorganist (*C. callophrys*), in Costa Rica als »Rualdo« bekannt, opferte der Legende nach seine Gesangsstimme einem Vulkan im Tausch für das Leben eines jungen Mädchens.

▲ Lebensatem
Einen solchen Vogelkäfig verwendeten Bergleute. Per Sauerstoffzufuhr konnte ein durch Kohlenmonoxid betäubter Kanarienvogel in letzter Minute gerettet werden.

Inselbewohner

Der Europäern sehr vertraute Buchfink (*Fringilla coelebs*) hat zahlreiche nahe Verwandte, die nur auf einzelnen Atlantikinseln vorkommen. Kennzeichnend für den Teidefink (*F. teydea*) von Teneriffa ist sein apartes, rauchblaues Gefieder. Andere endemische Inselarten stehen vor dem Aussterben, z. B. der Einfarbgirlitz oder -gimpel (*Crithagra concolor*) von São Tomé, ebenso nicht weniger als 11 der Finken-Arten Hawaiis (fünf davon sind womöglich bereits ausgestorben). Zu den Gefahren für diese und andere heimische Vögel Hawaiis zählen die Ausbreitung der Vogelmalaria, Lebensraumverlust sowie eingeführte Räuber wie Ratten, Katzen und Goldstaubmungos. Anderenorts breiten sich nicht-heimische Finken invasiv aus. In Neuseeland gilt dies für den Grünfink (*Chloris chloris*) und den Birkenzeisig (*Acanthis flammea*), die nach Ankunft der Europäer 1769 eingeführt wurden und sich zum Nachteil einheimischer Arten vermehrt haben.

◄ Hübsches Paar
Diese Illustration von John Gould aus der Mitte des 19. Jh. zeigt ein Pärchen Gimpel oder Dompfaffen (*Pyrrhula pyrrhula*). Sie können pro Saison bis zu drei Bruten aufziehen.

► Juwel der Berge
Der Goldbrauenorganist hat einen kräftigen gelben Überaugenstreif und eine leuchtend violettblaue Kappe. Seine Nahrung findet er in Bäumen: Früchte wie Feigen und Mistelbeeren.

KANARENGIRLITZ
Serinus canaria
Diese auf den kanarischen Inseln heimische Art ist der Vorfahre aller als Heimtiere gehaltenen Kanarienvögel. Seine natürliche Gefiederfarbe ist grün, Zuchtformen können weiß, grau, braun, gescheckt oder gelb sein.

MASKENKERNBEISSER
Eophona personata
Mit einem Gewicht von knapp 100 g ist dieser hübsche, aber recht scheue Vogel einer der weltweit größten Finken. Er ist in kleinen Schwärmen in bewaldeten Gegenden im fernen Osten Asiens anzutreffen.

KERNBEISSER
Coccothraustes coccothraustes
Mit der Beißkraft seines mächtigen Schnabels kann der Kernbeißer fast jegliche Samen knacken. Hilfreich ist hierfür auch die beeindruckende Muskulatur am großen Kopf und Hals dieses Vogels.

◄ Ungewöhnliche Farben
Dieser Stich von John Gould aus dem Jahr 1837 veranschaulicht die aschblaue und ziegelrote Färbung des südeuropäischen Grauortolans (*E. caesia*).

Ordnung Passeriformes

Familien 1

Arten Mehr als 40

Länge
12–19 cm

Verbreitung Europa, Asien, Afrika

▲ Asiatischer Zugvogel
Die farbenprächtige, zentralasiatische Braunkopfammer (*E. bruniceps*) ist ein Langstreckenzieher und überwintert auf dem indischen Subkontinent.

Ammern

Emberizidae

Diese kleinen, finkenähnlichen Singvögel sind Samenfresser und bevorzugen offene, oft schroffe Landschaften. Ihre nächsten Verwandten sind die Neuweltammern (Fam. Passerellidae). Manche haben ein prägnant gemustertes Gefieder.

In weiten Teilen Eurasiens und Afrikas sind die Ammern in einer Vielzahl von Lebensräumen präsent, von Feuchtgebieten bis ins Gebirge. Die Männchen singen ihren oftmals recht monotonen, unmelodischen Gesang – das Lied der Grauammer (*Emberiza calandra*) klingt wie das Schütteln eines Schlüsselbunds – zumeist von gut sichtbaren, erhöhten Ansitzen aus. Weil sie ihrem Lieblingsplatz lange treu bleiben, sind sie leicht zu beobachten.

Bei den meisten Arten sind die Männchen farbiger und kontrastreicher gemustert, mit markanten Gesichtszeichnungen sowie Gefiederpartien in Gelb, Grün und Rostrot. Die Weibchen sind mit ihrer unauffälligen Färbung beim Brutgeschäft ausgezeichnet getarnt. Das sorgfältig gebaute Nest befindet sich meist gut versteckt am Boden oder in Bodennähe. Die Eier mancher Arten sind äußerst komplex gemustert – die der Goldammer (*E. citrinella*) bestechen durch ihr dekoratives Muster aus feinen Schnörkeln und Kritzeln.

Nach Ende der Brutzeit bilden einige Ammern große Schwärme. In nördlicheren Gebieten lebende ziehen zum Überwintern nach Süden. Eine Art, der auch als Gartenammer bekannte Ortolan (*E. hortulana*), wurde im Mittelmeerraum lange Zeit auf seinem Durchzug gefangen.

Während der **Jungenaufzucht** stellen Ammern ihre **Ernährung von Samen** weitgehend auf **Insekten** um.

Besonders in Frankreich gilt er als große Delikatesse. Beim Essen bedecken die Gäste ihren Kopf mit einer Serviette – teils, um die Aromen einzufangen, teils um ihre Identität vor Gott zu verbergen. Da die Bestände des Ortolans in ganz Europa stark zurückgingen (seit 1980 um 88 Prozent), sind der Fang und das Anbieten in Restaurants mittlerweile verboten. Ein ähnliches Schicksal ereilte in Ostasien die Weidenammer (*E. aureola*), die aufgrund der starken Bejagung heute vom Aussterben bedroht ist. Besser erging es der Zaunammer (*E. cirlus*) in Großbritannien: Nach heftigen Bestandseinbrüchen im 20. Jh. wurde sie seither in Teilen ihres früheren Verbreitungsgebiets wieder erfolgreich angesiedelt.

Glücksbringer

Wie ihr Name andeutet, ist die in Südeuropa und Nordafrika heimische Hausammer (*E. sahari*) häufig in der Nähe von Wohnhäusern anzutreffen. In vielen Städten und Dörfern Marokkos gilt ihre Anwesenheit als glücksbringend. Weil die beliebten Vögel so viel Zuspruch erfahren, verlieren sie oft ihre Scheu und betteln z.B. Restaurantgäste im Freien um Futter an. Manche Ammern leben allerdings in so abgelegenen Regionen, dass sie nur selten Menschen begegnen. Die Tibetammer (*E. koslowi*) kommt nur im östlichen Teil des Hochlands von Tibet vor.

HYBRIDISIERUNG

Kreuzungen zwischen wilden Singvögeln sind recht selten. Zwischen den nah verwandten Fichten- und Goldammern kommen sie aber regelmäßig dort vor, wo sich ihre Verbreitungsgebiete im Nordwesten Asiens überlappen. Die Kopfzeichnung der Hybrid-Männchen (*E. citrinella* x *leucocephalos*) gleicht der der Fichtenammer, die helle Gefiederfarbe der der Goldammer.

HYBRID-MÄNNCHEN

Als einzige Art der Familie baut sie kein offenes Nest, sondern ein überdachtes – vermutlich ein zusätzlicher Schutz in ihrem kalten Lebensraum. Die Rohrammer (*E. schoeniclus*) bevorzugt Feuchtgebiete und nistet in dichten Röhrichten. Im Winter wandert sie aber oft ins benachbartes Ackerland oder sogar in Gärten ab.

Der Name »Ammer« wird auch auf Vogelgruppen angewandt, die nicht der Familie Emberizidae angehören, sondern nur oberflächliche Ähnlichkeiten aufweisen. Dazu zählt die Schneeammer (*Plectrophenax nivalis*), eine widerstandsfähige arktische Art aus der Familie Calcariidae (Tundraammern). Die früher zu den Ammern gerechneten Neuweltammern wurden aufgrund genetischer Befunde inzwischen als eigenständige Familie Passarellidae ausgegliedert.

GOLDAMMER
Emberiza citrinella

Die Goldammmer ist die häufigste Ammer Europas. Anfang des 19. Jh. wurde sie zusammen mit mehreren anderen Singvogel-Arten nach Neuseeland eingeführt.

HAUBENAMMER
Emberiza lathami

Die große, ungewöhnlich gefärbte Ammer mit lerchenähnlicher Haube bewohnt bewachsene Hügel im tropischen und subtropischen Südostasien.

Der Unterschnabel des zweifarbigen Schnabels ist hellrosa.

Die leuchtend gelbe Gefiederfarbe kommt durch Pflanzenpigmente aus der Nahrung zustande.

» Im Garten sang der Goldammer; heute früh hatte er gesungen: ›Wie, wie hab ich dich lieb!‹«

HERMANN LÖNS, *Dahinten in der Heide*, 1909

◄ **Balzgesang**
Zum Anlocken eines Weibchens singt das Weidenammer-Männchen von einem erhöhten Ansitz aus seine klare, melodische Strophe. Der kräftige, konische Schnabel ist perfekt zum Knacken von Samen.

Ordnung Passeriformes

Familien 1

Arten 3

Länge
15–20 cm

Verbreitung Europa, Asien, Nordamerika

➤ **Im Fressrausch**
Ein Schwarm hungriger Seidenschwänze fällt über die Früchte eines Vogelbeerbaums her – in diesem Fall handelt es sich um eine gern als Ziergehölz angepflanzte Sorte mit gelborangen Früchten.

Seidenschwänze

Bombycillidae

Diese unverkennbare Familie umfasst nur drei Arten wunderschöner, charismatischer Singvögel mit nomadischer Lebensweise und seidenweichem Schmuckgefieder.

Alle drei Arten brüten in lockeren Kolonien in borealen Nadelwäldern. Im Winter bilden sie auf der Suche nach Bäumen und Sträuchern, die reichlich Früchte tragen, Schwärme aus z.T. mehreren Tausend Individuen. In manchen Jahren wandern sie dabei Tausende Kilometer von ihrem eigentlichen Areal südwärts. Hat ein Schwarm eine Nahrungsquelle gefunden, ernten die Vögel die Früchte im Nu ab und ziehen dann weiter. Ihre Verdauung funktioniert ebenso effizient: Von der Aufnahme bis zum Ausscheiden der unverdaulichen Teile vergehen nur 16 Minuten.

Der römische Autor Plinius der Ältere behauptete, Seidenschwänze würden im Dunkeln leuchten. Das stimmt zwar nicht, aber die tröpfchenförmigen roten Anhängsel an der Spitze der Armschwingen von Seidenschwanz (*Bombycilla garrulus*) und Zedernseidenschwanz (*B. cedrorum*) glänzen wie lackiert. Sie bestehen aus stark pigmentierten, wachsartigen Sekreten. Ihre Größe und Anzahl nehmen mit dem Alter des Vogels zu und sind Anzeichen für dessen Fitness und Status. Wie ihre nächsten Verwandten, die Seidenschnäpper (Fam. Ptiliogonatidae), haben auch Seidenschwänze ein ungewöhnlich weiches Gefieder. Statt eines echten Gesangs erzeugen sie sehr eindrucksvolle, trillernde Flugrufe, die an den Klang von Schlittenglocken erinnern.

▲ **Federpracht und Blütenpracht**
Auf diesem Gemälde von Imao Keinan aus dem Jahr 1891 fliegt ein Blutseidenschwanz (*B. japonica*) über Gräser und filigrane Wildblumen.

➤ **Demonstration der Dominanz**
Eine erwachsene Dachsammer versucht einen jugendlichen Vogel von seinem Platz zu vertreiben. Viele Neuweltammern leben im Winter in Schwärmen mit einer hierarchischen Rangordnung.

SCHWARZRING-BUSCHAMMER
Arremon taciturnus
Während die meisten Neuweltammern braun sind und im Busch- und Grasland leben, findet man diese attraktiv gefärbte südamerikanische Art im Unterholz feuchter, tropischer Wälder.

FLECKENGRUNDAMMER
Pipilo maculatus
Bei der Nahrungssuche am Boden scharrt diese Grundammer mit beiden Füßen zugleich Laub oder auch Schnee weg. Im Winter nutzt sich ihr Schnabel durch Samen und Streusand ab und wird kürzer.

Neuweltammern

Passerellidae

Ordnung Passeriformes	
Familien 1	
Arten Mehr als 130	
Länge 12–24 cm	
Verbreitung Nord-, Mittel- und Südamerika	

Viele Arten dieser samenfressenden Vögel haben ein mattes, gestricheltes Gefieder und einen oft unverwechselbaren Gesang. Bei Vogelbeobachtern in Nordamerika sind sie sehr beliebt.

Früher zu den Ammern gestellt, werden die Neuweltammern heute als eigene Familie klassifiziert. Ihr gemeinsames Merkmal ist der gleichmäßige, konische Schnabel zum Schälen von Samen. Die meisten nordamerikanischen Arten haben ein eintönig braunes Gefieder, kommen in Busch- und Grasland vor und bilden im Winter Schwärme. In Mittel- und Südamerika sind viele Arten kräftiger gefärbt und Waldbewohner. Typisch für Grundammern (*Pipilo* spp.) ist die Art und Weise, wie sie in der Laubstreu nach Nahrung wie Samen und Insekten scharren: durch kräftige Tritte nach hinten mit beiden Füßen zugleich. Bei Nahrungsknappheit im Winter kommen Neuweltammern in den USA regelmäßig zu Futterstellen in Gärten.

Neuweltammern sind territorial und singen charakteristische Lieder. Männliche Dachsammern (*Zonotrichia leucophrys*) lernen die Lieder von erwachsenen Vögeln – so entwickelt sich ein eigener Dialekt. Die meisten Arten sind monogam, aber die Männchen der Spitzschwanzammer (*Ammospiza caudacuta*) patrouillieren häufig in einem unverteidigten Bereich und paaren sich mit jedem Weibchen, das sie dort antreffen. Die Nester sind gewöhnlich napfförmig, bei einigen, wie der Kiefernammer (*Peucaea aestivalis*), aber zum Schutz vor Räubern teilweise überdacht.

Beim Weibchen ist das Weiß am Bauch nicht so deutlich abgesetzt wie beim Männchen.

Das ungewöhnlich dunkle Gefieder des Männchens bildet einen starken Kontrast zum Weiß des Bauchs und der seitlichen Schwanzfedern.

▲ Wintergäste
Winterammern (*Junco hyemalis*), häufige winterliche Gäste in nordamerikanischen Gärten, in einer Illustration von Robert Havell (um 1822).

»… es gibt nicht einen Menschen in der Union, der die kleine Winterammer nicht kennt.«

JOHN JAMES AUDUBON, *Ornithological Biography*, 1831

Stärlinge

Icteridae

Die lautstarken Stärlinge sind eine der erfolgreichsten und anpassungsfähigsten Singvogelfamilien. In ihren Reihen finden sich einige der weltweit individuenreichsten Vogelarten.

Ordnung Passeriformes

Familien 1

Arten Mehr als 100

Länge
16–53 cm

Verbreitung Nord- und Südamerika

Einige Vertreter der Stärlinge zählen zu Amerikas bekanntesten Vögeln, weil sie allgegenwärtig sind. Besser als viele andere Vögel haben sie sich an menschengemachte Lebensräume angepasst und sind in Schwärmen am Straßenrand, in Stadtparks, auf Weiden und Feldern anzutreffen. Die Individuenzahl von Arten wie Rotflügelstärling (*Agelaius phoeniceus*), Purpur- und Großschwanzgrackel (*Quiscalus quiscula* und *Q. mexicanus*) sowie Braunkopf- und Seidenkuhstärling (*Molothrus ater* und *M. bonariensis*) geht weit in die Millionen. Ihren Erfolg verdanken diese Vögel u. a. ihrer ungewöhnlichen Schnabelstruktur und Kiefermuskulatur. Der lange, spitze Schnabel lässt sich durch den modifizierten Schädel äußerst kraftvoll öffnen. Auf diese Weise können sie Löcher in lockere Böden graben, in der Laubstreu Lücken schaffen und die Schale von Früchten aufbrechen, um an den Inhalt zu gelangen. Die meisten Arten ernähren sich als Allesfresser von wirbello-

▼ Nachbarschaftsstreit
Zwei männliche Baltimoretrupiale (*I. galbula*) streiten sich um Individualabstand und Revieranspruch.

Braunkopf-Kuhstärlinge legen ihre Eier als Brutparasiten in die Nester von mehr als **220 Arten von Wirten.**

Die prägnante Schnabel ist lang, spitz und im vorderen Bereich orange gefärbt.

Die Schwanzfedern sind mit Ausnahme der beiden zentralen schwarzen leuchtend gelb gefärbt.

➤ Schwanz in Signalfarbe
Der Montezumastirnvogel (*Psarocolius montezuma*) kommt in Teilen Mittelamerikas vor. Beide Geschlechter sind sehr ähnlich gefärbt, die Männchen aber deutlich größer.

sen Tieren, Samen und Früchten. Trupiale (*Icterus* spp.) sammeln auch Nektar, Grackeln (*Quisqualus* spp.) fangen gelegentlich kleine Fische.

Fortpflanzung und Zugverhalten

Keine andere Singvogelfamilie weist so vielfältige Fortpflanzungsstrategien auf. Einige Vertreter sind monogam, wie die Trupiale. Bei anderen, wie dem Rotflügelstärling, besetzt jedes Männchen ein Revier und paart sich mit allen dort anwesenden Weibchen. Männliche Großschwanzgrackeln verteidigen eine Gruppe von Weibchen gegen Rivalen. Gelbbürzelstärlinge (*Pseudoleistes guirahuro*) kooperieren beim Brutgeschäft mit erwachsenden Artgenossen als Helfern. Dreifarbenstärlinge (*Agelaius tricolor*) brüten in Kolonien mit bis zu 100 000 Nestern. Manche Kuhstärlings-Arten, speziell der Braunkopf-Kuhstärling, legen ihre Eier als Brutparasiten in die Nester anderer Arten. Die Küken werden dann unwissentlich von den Wirtseltern aufgezogen – häufig auf Kosten von deren eigenem Gelege.

Von mehreren Arten versammeln sich außerhalb der Brutzeit an Schlafplätzen teilweise mehr als 1 Mio. Vögel. Die meisten Arten sind Standvögel, doch der Reisstärling (*Dolichonyx oryzivorus*) zieht zum Überwintern vom Norden Nordamerikas in die Ebenen Argentiniens, Boliviens und Paraguays (mit längerem Zwischenstopp in Venezuela oder Kolumbien) – eine Rundreise von etwa 20 000 km.

ROTFLÜGELSTÄRLING
Agelaius phoeniceus
Die Männchen des Rotflügelstärlings mit den größten roten Flügelflecken haben die besten Chancen bei den Weibchen. Man hat beobachtet, dass sich ein Männchen zur Brutzeit mit bis zu 15 Weibchen gepaart hat.

◄ Bodenbrüter
Lerchenstärlinge (*Sturnella magna*) bauen ihr gewöhnlich überdachtes Nest aus trockenen Gräsern und Pflanzenstängeln. Wie diese Illustration von 1888 zeigt, sehen beide Geschlechter sehr ähnlich aus.

Kardinäle und Tangaren

Cardinalidae, Thraupidae

Diese beiden neuweltlichen Familien finkenähnlicher Vögel umfassen einige äußerst farbenprächtig Arten. Der Name »Tangare« leitet sich von *tangara* ab, der Bezeichnung der Tupi-Völker Brasiliens für diese Vögel.

Kardinäle und Tangaren entstanden vor etwa 12 Mio. Jahren und gehören damit zu den entwicklungsgeschichtlich jüngsten aller Vogelgruppen. Basierend auf neueren DNA-Analysen wurden zahlreiche Arten von Sperlingsvögeln in andere Familien verschoben. Dabei landeten überproportional viele (rund 400) in der Familie Thraupidae – von den farbenprächtigen Tangaren der Baumkronen über viele samenfressende Arten der Hochanden bis zu den ausgesprochen schlichten Darwinfinken. Abgesehen vom finkenähnlichen Schnabel und der relativ geringen Größe ist es fast unmöglich, die kennzeichnenden Merkmale der Familie einzugrenzen. Fast alle Arten sind monogam und bauen Napfnester.

Von brillant bis bizarr

Unter den waldbewohnenden Tangaren finden sich einige der weltweit prachtvollsten Vögel – in erstaunlich leuchtenden, teils schillernden Farben und plakativen Mustern. Sie suchen meist hoch oben in Bäumen nach Früchten und treten gewöhnlich paarweise oder in Familiengruppen auf. In tropischen Regenwäldern bilden sie auch oft den Kern gemischter Schwärme aus zehn oder mehr Arten. Fast alle Arten fangen zudem Insekten, andere Waldtangaren, z.B. die lebhaften Naschvögel (*Cyanerpes* spp.), fressen auch Nektar.

Zu den eher schlicht gefärbten Arten gehören die Darwinfinken der Galapagosinseln. Beobachtungen an diesen Finken und an dort heimischen Spottdrosseln (*Mimus* spp.) gaben Charles Darwin 1835 den Anstoß zu seiner Theorie der Evolution durch natürliche Auslese. Die verschiedenen Schnabelformen der Finken sind Anpassungen an ihre jeweils abweichende Ernährung – manche fressen Insekten, andere Samen unterschiedlicher Größe. Auch Nahrungsspezialisten sind darunter: Der Spechtdarwinfink (*Camarhynchus pallidus*) bricht Kaktusdornen oder Zweige ab und pult damit aufgespießte Larven unter Baumrinde hervor. Der Vampirgrundfink (*Geospiza septentrionalis*) pickt Seevögel an und trinkt deren Blut.

Körnerknacker

Die viel kleinere Familie der Kardinäle umfasst überwiegend kleine bis mittelgroße Vögel mit kräftigem Schnabel. Die meisten Arten sind Samenfresser, verschmähen aber auch Insekten und Früchte nicht. Selbst härteste Samen können sie knacken. Der gekrümmte Schnabel des Schmalschnabelkardinals (*Cardinalis sinuatus*) ähnelt dem von Papageien. Viele Arten schmücken leuchtende Farben, v.a. blau und rot, etwa den Rotkardinal (*C. cardinalis*). Dessen Männchen hat einen der schönsten Gesänge aller Vögel Nordamerikas, auch das Weibchen singt häufig.

SIEBENFARBEN-TANGARE
Tangara chilensis
Diese besonders farbenfrohe Tangare ist in den Regenwäldern des Amazonasbeckens in Südamerika recht häufig.

INDIGOFINK
Passerina cyanea
Das temperamentvolle Lied der Männchen dieses in Nordamerika beliebten Vogels erklingt in naturnahen Feldern und Gebüschen im Sommer den ganzen Tag über.

▼ Goldgelber Gast
Die farbenprächtige Goldtangare (*Tangara arthus*) lebt in Gebirgswäldern Südamerikas, ist aber auch häufig in Gärten zu Gast.

➤ Heiß geliebt
Der Rotkardinal ist einer der beliebtesten Vögel Nordamerikas und kommt häufig zu Futterstellen. Wegen des leuchtend roten Gefieders der Männchen wird er landläufig liebevoll »Redbird« genannt. Sieben US-Bundesstaaten haben ihn zum Nationalvogel erkoren.

Ordnung	Passeriformes
Familien	2
Arten	Mehr als 440
Länge	9–26 cm
Verbreitung	Nord- und Südamerika

Rotkardinäle erlangen ihre **rote Gefiederfarbe** aus ihrer **Nahrung.**

Mehrfarbige Männchen
Die attraktiven gefiederten Bewohner des Nationalparks bei Morretes (Brasilien) stehen auf der Wunschliste vieler Vogelbeobachter. In ihrem natürlichen Lebensraum im Atlantischen Regenwald posieren hier vor der Kamera zwei männliche Tangaren – ein Blaukopfpitpit (*Dacnis cayana*, links) und eine Blaukappentangare (*Tangara cyanocephala*, rechts oben) – sowie ein Finken-Männchen – ein Veilchenorganist (*Euphonia violacea*, unten).

Im **Central Park** in New York wurden während des **Frühlingszugs mehr als 35 Arten** von Waldsängern gesichtet.

Waldsänger

Parulidae

Die Vertreter der artenreichen Familie der Waldsänger sind kleine, in fast ganz Amerika verbreitete Singvögel. Viele von ihnen sind Baumbewohner und ernähren sich von Insekten.

Die meisten Waldsänger-Arten bewohnen die Wipfel von Bäumen, einige auch mittlere Lagen. Manche bleiben stets in Stammnähe, nur wenige leben am Boden. Aber nicht alle Vertreter der Familie sind auf Wälder beschränkt, es gibt auch Arten in Wüsten und Feuchtgebieten.

Die Waldsänger sind Teil einer umfangreichen Gruppe von neuweltlichen Vögeln, die alle neun sichtbare Handschwingen haben. Die verwandtschaftlichen Beziehungen zwischen den sechs Familien dieser Gruppe sind noch immer umstritten. Die Familie Parulidae selbst hat sich rasch entwickelt und in zahlreiche ähnlich aussehende Arten aufgespalten. Diese Ähnlichkeit macht die Artbestimmung schwierig und wirft Fragen auf, inwieweit physische Merkmale die evolutionären Beziehungen zwischen Arten widerspiegeln. Fortlaufende DNA-Analysen haben ältere Klassifizierungen widerlegt und führen nach wie vor häufig zu Umgruppierungen nah verwandter Arten. So wurde z. B. der Komplex Goldwaldsänger verschiedentlich als nur eine oder auch mehrere Arten mit bis zu 43 Unterarten mit teils nur geringen Unterschieden im Brutgefieder angesehen. Derzeit gilt er als eine einzige Art, *Setophaga aestiva*, mit neun Unterarten.

Trotz des Namensbestandteils »-sänger« sind viele Arten der Familie nicht für ihre Gesangskünste bekannt, vielmehr werden ihre Gesänge eher als insektenähnlich beschrieben.

Farbenfrohe Zugvögel

Tendenziell haben die Waldsänger ein recht buntes Gefieder, aber zahlreiche tropische Vertreter sind eher trist gefärbt, meist grünlich, und beide Geschlechter haben ein ähnliches Federkleid. Dagegen haben die Männchen mancher Arten,

▲ **Weite Verbreitung**
Der Larvenwaldsänger (*Myioborus miniatus*) kommt von Mexiko bis in den Nordwesten Argentiniens vor und hat damit das größte Verbreitungsgebiet aller Arten seiner Gattung.

Ordnung	Passeriformes
Familien	1
Arten	120
Länge	11–19 cm
Verbreitung	Nord- und Südamerika

◄ Vermutlich ausgestorben

Dieser Stich von Robert Havell aus Audubons *The Birds of America* (1834) zeigt eine heute höchstwahrscheinlich ausgestorbene Art, den Gelbstirn-Waldsänger (*Vermivora bachmanii*). Die letzten bestätigten Sichtungen aus den Jahren 1958–1961 stammen alle aus der Nähe von Charleston in South Carolina (USA).

DROSSELWALDSÄNGER
Parkesia noveboracensis

Der Drosselwaldsänger ist Brutvogel im nördlichen Nordamerika und überwintert in Mittel- und Südamerika. Zum Brüten kehrt er Jahr für Jahr wieder an denselben Ort zurück.

STREIFENWALDSÄNGER
Setophaga striata

Diese Art legt die längste Zugstrecke aller Waldsänger zurück: von Alaska bis nach Brasilien. Im Herbst führt ihre Zugroute 3000 km über das offene Meer.

die zum Brüten in die nördlichen gemäßigten Regionen ziehen, ein leuchtend buntes Brutgefieder. Die eindrucksvollsten, zur Beobachtung mit am attraktivsten Arten sind die der Gattung *Setophaga* (Baumwaldsänger). Ihre unübersehbare Ankunft in den Brutgebieten im Nordosten Nordamerikas im Frühling ist eines der von Vogelbeobachtern am sehnlichsten erwarteten jährlichen Ereignisse. Selbst in Städten halten Vogelliebhaber in Gärten und Parks Ausschau nach ihnen. Auf dem Höhepunkt des Vogelzugs im Osten der USA lassen sich in einigen Stadtparks – der berühmteste ist der Central Park in New York – manchmal mehr als 30 Arten an einem Tag beobachten. Die Uferregion am Eriesee im Nordwesten von Ohio (USA) ist ein weiterer beliebter Ort zur Vogelbeobachtung. Der Frühjahrszug der Waldsänger zieht viele Menschen aus der ganzen Welt dorthin. Daraus entstand ein zehntägiges Festival namens »The Biggest Week in American Birding«.

Strategien des Nahrungserwerbs

Die meisten Waldsänger haben eine recht ähnliche Gestalt und einen ziemlich kurzen, schlanken Schnabel, mit dem sie Insekten vom Laub picken können. In dieser Hinsicht besetzen sie ähnliche Nischen wie die Grasmückenartigen der Alten Welt. Der Rotschwanz-Waldsänger (*Setophaga ruticilla*) ist von allen Waldsänger-Arten in Körperbau und Verhalten den Fliegenschnäppern der Alten Welt am ähnlichsten. Tatsächlich beschrieb ihn Carl von Linné im Jahr 1766 als Fliegenschnäpper namens *Muscicapa ruticilla*. Der lange, abgeflachte Schnabel, die Schnabelborsten

◄ Nachschub an Nistmaterial
Das Nest des Goldwaldsängers ist tief napfförmig und wird vom Weibchen gebaut. Hier sammelt ein Weibchen Material von einem Rohrkolben zum Auspolstern des Nestes.

Beim Goldwaldsänger tragen sowohl das Männchen wie auch das Weibchen ein goldgelbes Federkleid.

und die großen Tragflächen seiner Flügel und des Schwanzes sind hervorragende Anpassungen an seine Jagdmethode – den Fang fliegender Insekten von einem Ansitz aus.

Die tropischen Verwandten des Rotschwanz-Waldsängers, die Arten der Gattung *Myioborus*, wenden ebenfalls diese Fangtechnik an, wenn auch nicht im selben Ausmaß. Sie spreizen ihre leuchtend weißen Schwanzfedern und scheuchen damit Insekten auf, die sie dann geschickt fangen. Eine völlig andere Methode nutzen die beiden Arten der Gattung *Parkesia* zum Nahrungserwerb: Mit ihren kräftigen, an das Laufen angepassten Beinen suchen sie in der Laubstreu am Boden nach Wirbellosen wie Insekten, Spinnen und Schnecken. Die meisten Waldsänger sind monogam. Der Bau des offenen Napfnests obliegt dem Weibchen, aber die Jungen ziehen beide Eltern gemeinsam auf. Der Neststandort kann fast überall sein, vom Boden bis in die Baumwipfel.

➤ Unterschiedliche»Wangen«
Der Purpurwaldsänger (*Cardellina rubra*) kommt nur in gemäßigten Wäldern dreier nicht miteinander verbundener Gebirgsketten in Mexiko vor. Die einzelnen Populationen unterscheiden sich durch die Farbe ihrer Ohrdeckfedern.

Der Schwanz ist nicht so leuchtend gefärbt wie der Körper.

Rückläufige Bestände

Zahlreiche Waldsänger leiden unter dem Verlust ihres Lebensraums. Die Bestände von mindestens einem Fünftel der Arten sind derzeit in irgendeiner Weise davon betroffen, 12 Arten wurden bereits als gefährdet eingestuft. Zwei Arten – der Gelbstirn-Waldsänger (*Vermivora bachmanii*) und der Blassfuß-Waldsänger (*Leucopeza semperi*) – gelten als vom Aussterben bedroht, sind aber wohl schon endgültig verschwunden. Letzterer war auf der Insel St. Lucia endemisch und wurde zuletzt 1961 gesichtet.

Das Ruhekleid ist bei beiden Geschlechtern hellbraun.

Der auffallend gelbe Bürzel ist sowohl im Flug als auch im Sitzen sichtbar.

Die Steinfrüchte der nordamerikanischen Yaupon-Stechpalme sichern das Überleben im Winter.

◄ Stechpalmen-Festmahl
Wie viele Waldsänger ernährt sich auch der Kronenwaldsänger (*S. coronata*) zur Brutzeit von Insekten, im Herbst und Winter von Beeren und anderen Früchten.

Vor dem **Herbstzug** verdoppeln **Streifenwaldsänger** ihr **Körpergewicht** nahezu.

Glossar

Für kursiv gedruckte Begriffe gibt es einen eigenen Eintrag im Glossar.

ADULTKLEID Das Gefieder erwachsener, geschlechtsreifer Vögel.

ALTE WELT Europa, Asien, Afrika und *Australasien*. Siehe auch *Neue Welt*.

ANSITZJÄGER Vögel, die ihre Beute von einem festen Ansitz aus erbeuten. Sie harren auf diesem reglos aus, bis sie eine Beute erspähen. Fliegenschnäpper und Bienenfresser jagen von einem Ansitz aus Insekten im Flug, Eisvögel Fische.

AQUATISCH Im oder am Wasser lebend.

AREAL Das Verbreitungsgebiet einer Tiergruppe, Art oder Population einer Art.

ARMSCHWINGEN Eine Reihe langer, steifer Federn entlang der Hinterkante am Arm eines Vogelflügels (zwischen Körper und Handschwingen). Sie bilden die Tragfläche des Flügels. Siehe auch *Handschwingen*.

AUSTRALASIEN Biogeografische Region, die Australien, Neuguinea und Neuseeland sowie die angrenzenden Inseln in Ostindien und Polynesien umfasst.

BALZ Ritualisiertes, sehr augenfälliges Verhalten zur Partnerfindung, meist vom Männchen, manchmal aber auch vom Weibchen gezeigt.

BALZARENA siehe *Lek*.

BINOKULARES SEHEN Form des Sehens, bei der beide Augen nach vorn gerichtet sind. Dadurch überlappen sich die Sichtfelder und Entfernungen lassen sich sehr gut abschätzen – deshalb v.a. bei Raubvögeln vorhanden.

BRÜTEN Das Warmhalten der Eier, damit sich diese entwickeln können. Häufig, aber nicht immer, erledigen die Weibchen das Brutgeschäft.

BRUTHELFER siehe *kooperatives Brüten*.

BRUTKLEID Auch Prachtkleid. Begriff für das Gefieder, das erwachsene Vögel bei der Balz und Bildung von Brutpaaren tragen. Dies ist gewöhnlich im Frühjahr und Sommer der Fall, es gibt aber Ausnahmen. Siehe auch *Ruhekleid*.

BRUTKOLONIE Gruppe von Artgenossen, die gemeinsam im selben Gebiet nisten. In Kolonien brüten häufig Seevögel, Reiher und deren Verwandte, Segler, Bienenfresser und Webervögel.

BRUTPARASIT Brutschmarotzer. Vogel, der seine Küken von anderen Vögeln (Wirtseltern) aufziehen lässt. Einige Brutparasiten legen ihre Eier ausschließlich in die Nester verschiedener anderer Arten. Manche betreiben Brutparasitismus nur fakultativ: Gewöhnlich ziehen sie ihre Jungen selbst auf, legen ihre Eier aber gelegentlich auch in andere Nester.

DAUNEN Weiche, flauschige Federn, die eine gute Isolierung bieten. Jungvögel sind vor der ersten *Mauser* ins Jugendgefieder mit Daunenfedern bedeckt. Einige Vögel, etwa *Wasservögel*, haben auch als Adulte unter ihren *Konturfedern* eine Schicht Daunenfedern.

DECKFEDERN Kleine Federn, die dachziegelartig in mehreren Reihen die Basis der Schwanz- und *Schwungfedern* abdecken. Sie bilden eine dicht geschlossene Fläche.

DIMORPHISMUS siehe *Geschlechtsdimorphismus*.

ENDEMISCH Bezeichnung für eine Art, die ausschließlich in einem bestimmten geografischen Gebiet – einer Insel, einem Wald, Gebirge oder Land – beheimatet ist und nirgendwo sonst vorkommt.

FÄNGE Die scharfen Krallen von *Raubvögeln*.

FARBMORPHE Das Vorkommen von zwei oder mehreren klar definierten Gefiedervarianten. Eine Variante oder Phase kann auf einen bestimmten Bereich des Verbreitungsgebiets beschränkt sein oder mit anderen Farbmorphen im gesamten *Areal* vorkommen. Adulte Tiere verschiedener Farbmorphen können sich kreuzen und diese gemischten Paare können Nachkommen beider Formen hervorbringen.

FLÜGELSPANNWEITE Der Abstand zwischen den beiden Flügelspitzen bei ausgebreiteten Flügeln.

FLÜGGEWERDEN Bei Jungvögeln das Verlassen des Nests oder die Bildung des ersten vollständigen Satzes Flugfedern. Die flüggen Jungvögel sind z.T. auch nach dem Ausfliegen noch eine Zeitlang von ihren Eltern abhängig.

GEFIEDERPFLEGE Essenzielles Routineverhalten, mit dem Vögel ihr Gefieder in gutem Zustand halten. Zum Reinigen und Glätten des Gefieders greifen sie nacheinander jede einzelne Feder an der Basis mit dem Schnabel und »knabbern« sich nach oben zur Spitze hin. Oft wird dabei auch das ölige Sekret aus ihrer Bürzeldrüse auf den Federn verteilt. Gegenseitiges Putzen zweier Individuen dient dem Aggressionsabbau bei engem Kontakt. In der Brutzeit festigt es die Paarbindung.

GEFLÜGELPEST siehe *Vogelgrippe*.

GELEGE Die gewöhnlich von einem einzigen Weibchen stammenden Eier in einem Nest. Die Gelegegröße variiert artspezifisch von 1–28 Eiern.

GESANG Kräftige, teils komplexe stimmliche Lautäußerung eines Vogels, gewöhnlich des erwachsenen Männchens. Dient dazu, eine potenziellen Partnerin anzulocken und zu beeindrucken, den Anspruch auf ein Revier zu verkünden und Rivalen zu vertreiben. Meist sind die Gesänge arttypisch und können beim Auffinden und Identifizieren von Vögeln in der Natur hilfreich sein. Siehe auch *Ruf*.

GESCHLECHTSDIMORPHISMUS Unterschiedliches Aussehen der beiden Geschlechter einer Art. Bei Vögeln sind es meist Unterschiede im Gefieder, aber auch in Körpergröße und Schnabellänge.

GRÜNDELN Nahrungssuche am Grund flacher Gewässer mit untergetauchtem Kopf und Hals. Dabei wird die Nahrung durch *Lamellen* am Schnabel aus dem Wasser gefiltert. Typisches Verhalten der Schwimmenten, daher auch »Gründelenten« genannt.

GUANO Der angesammelte Kot von Seevögeln in ihrer Brutkolonie. Wird manchmal als Düngemittel abgebaut.

HABITAT Der Lebensraum, der einer Gruppe von Lebewesen alles zum Leben Notwendige bietet.

HANDSCHWINGEN Die großen äußeren *Schwungfedern*, die am Flügel an Mittelhand- und Fingerknochen wachsen. Siehe auch *Armschwingen*.

HASSEN Verteidigungsverhalten. Eine Gruppe von Vögeln schließt sich zusammen, um einen Räuber, z.B. einen Greifvogel, zu bedrängen und zu vertreiben.

IMMATUR Bezeichnung für Stadien des Gefieders von Vögeln zwischen *Jugend-* und *Adultkleid*. Manche Vögel, z.B. Möwen, durchlaufen über einen Zeitraum von mehreren Jahren eine Reihe immaturer Stadien, bevor sie ihr Erwachsenengefieder ausbilden.

IMITATION Bei Vögeln das Nachahmen der *Gesänge* oder *Rufe* anderer Arten. Oft fügt der Nachahmer diese Gesangsfragmente in seinen eigenen Gesang ein. Manche Vögel wie Papageien und Beos können auch mechanische Geräusche wie das Klingeln von Telefonen, Maschinen, Alarmanlagen von Autos und sogar die menschliche Sprache imitieren.

INVASIVE ART Vom Menschen versehentlich oder absichtlich in ein Gebiet außerhalb ihres natürlichen Verbreitungsgebiets gebrachte Art, die sich dort stark ausbreitet und heimische Arten verdrängt.

IRISIERENDES GEFIEDER Brillant schillerndes Federkleid, dessen Färbung je nach Betrachtungswinkel anders aussieht. Der Effekt entsteht nicht durch Pigmente, sondern durch Lichtbrechung.

JUGENDKLEID Gefieder eines Jungvogels vom Zeitpunkt des Ausfliegens bis zum Beginn der ersten *Mauser*. Siehe auch *immatur*, *Adultkleid*.

KEHLLAPPEN Unterhalb des Schnabels lose herabhängender, nackter Hautlappen mancher Vögel. Er ist oft auffallend gefärbt und spielt vermutlich eine Rolle bei der Balz.

KLEPTOPARASIT Vogel, der seine Nahrung zum Großteil anderen Vögeln stiehlt.

KLOAKE Bei beiden Geschlechtern von Vögeln vorhandene, gemeinsame Ausführöffnung des Fortpflanzungs- und Verdauungstrakts am Hinterende des Körper.

KONTURFEDERN Allgemeiner Begriff für alle Federn des äußerlich sichtbaren Federkleids eines Vogels, die ihn stromlinienförmig machen. Man unterscheidet Körperfedern (am Rumpf), *Schwungfedern* (am Flügel), Steuerfedern (am Schwanz) und *Deckfedern*.

KOOPERATIVES BRÜTEN Fortpflanzungssystem, bei dem ein Elternpaar von mehreren anderen – meist verwandten – Vögeln bei der Aufzucht der Küken unterstützt wird. Oft sind die Bruthelfer Jungvögel früherer Bruten. Einige Hundert Vogelarten weltweit brüten kooperativ.

KROPF Bei Vögeln eine muskulöse Aussackung der Speiseröhre unterhalb des Rachens zur Speicherung von unverdauter Nahrung. Dadurch kann der Vogel schnell fressen und die Mahlzeit später in sicherer Umgebung verdauen.

LAMELLEN Feine, kammartige Strukturen im Innern des *Schnabels* einiger Vögel wie Flamingos, Enten und Gänse. Sie dienen dazu, winzige Nahrungspartikel aus dem Wasser zu filtern.

LEK Balzarena. Gemeinschaftlich genutzter Balzplatz männlicher Vögel. Oft wird derselbe Ort viele Jahre lang immer wieder aufgesucht. Zu den Arten mit einer Arenabalz gehören einige Hühner- und Watvögel sowie eine Vielzahl tropischer Waldvögel, z. B. Schnurrvögel.

LIMIKOLEN Watvögel. Die Vertreter der Ordnung Charadriiformes (Regenpfeiferartige) mit oft langem Schnabel und langen Beinen. Viele kommen im Uferbereichen von Feuchtgebieten oder an der Küste vor. Nicht alle Watvögel waten tatsächlich in seichtem Wasser, manche leben auch in trockenen Gebieten.

LUFTSACK Dünnwandige, mit der Lunge eines Vogels verbundene Struktur, die an der Atmung beteiligt ist. Sturztauchende Vögel wie Tölpel besitzen unter der Haut modifizierte Luftsäcke, die den Aufprall auf die Wasserfläche dämpfen.

MAUSER Das Abstoßen alter Federn und Ersetzen durch neue. Durch die Mauser halten die Vögel ihr Gefieder in gutem Zustand. Es kann auch ein Farbwechsel erfolgen zwischen *Brut-* und *Ruhekleid* bzw. Sommer- und Winterkleid. Zudem kann durch Mausern die Isolationswirkung des Gefieders verändert werden.

MONOGAMIE Verpaarung nur mit einem einzigen Partner. Diese Paarbindung kann nur für eine Brutsaison oder ein Leben lang halten. Siehe auch *Polygamie*.

MORPHE siehe *Farbmorphe*.

MUSKELMAGEN Muskulöse Aussackung im vorderen Teil des Verdauungstrakts eines Vogels. Er spielt eine wichtige Rolle bei der Zerkleinerung der Nahrung, v. a. bei Arten, die Samen und Nüsse fressen, wie Hühnervögel, Tauben und Papageien.

NESTFLÜCHTER Schon beim Schlüpfen weit entwickelte Jungvögel mit Daunenfedern und geöffneten, funktionsfähigen Augen. Viele Nestflüchter können bald laufen oder schwimmen und suchen selbst Nahrung. Siehe auch *Nesthocker*

NESTHOCKER Zum Zeitpunkt des Schlüpfens nackte oder ungleichmäßig mit Daunen befiederte, meist noch blinde Jungvögel. Sie sind hilflos und von ihren Eltern abhängig. Siehe auch *Nestflüchter*.

NESTMULDE Einfaches Nest, das lediglich aus einer flachen Vertiefung im Boden besteht. Wird teils mit weichem Material wie Federn und Gras ausgepolstert (aber nicht von allen Arten).

NEUE WELT Der ganze amerikanische Kontinent, einschließlich der Karibik und der vorgelagerten Inseln im Pazifik und Atlantik. Siehe auch *Alte Welt*.

PHASE siehe *Farbmorphe*.

POLYGAMIE Verpaarung mit zwei oder mehr Partnern während einer Fortpflanzungssaison. Siehe auch *Monogamie*.

RAUBVÖGEL Bezeichnung für alle räuberischen Vögel der Ordnungen Accipitriformes (Greifvogel wie Adler, Milane, Habichte, Bussarde, Fischadler und Geier), Falconiformes (Falkenartige) und Strigiformes (Eulen). Kennzeichnend sind das scharfe Sehvermögen, die kräftigen Beine, der stark gekrümmte Schnabel und scharfe Krallen.

REVIER Siehe *Territorium*.

RÖHRENNASEN Allgemeiner Begriff für Vertreter der Ordnung Procellariiformes, zu denen Albatrosse, Sturmvögel und Sturmtaucher gehören. Der Name bezieht sich auf die beiden auffälligen röhrenförmigen Nasenlöcher auf dem Schnabel, einem Exklusivmerkmal dieser Ordnung.

RUDIMENTÄR Bezeichnet ein Organ oder eine biologische Struktur, die zwar noch vorhanden ist, aber ihre ursprüngliche Funktion verloren hat.

RUF Lautäußerung von Vögeln zur Übermittlung vielfältiger Botschaften. Oft sind die Rufe arttypisch und sehr hilfreich beim Auffinden und Identifizieren von Vögeln in der Natur. Die meisten Vogelrufe sind kürzer und einfacher als *Gesänge*.

RUHEKLEID Auch Schlichtkleid. Unscheinbareres Gefieder außerhalb der Brutzeit. Siehe auch *Brutkleid*.

SCHLAFPLATZ Ort, an dem sich Vögel – oft in großen Schwärmen – zum Schlafen versammeln, z. B. in Röhricht.

SCHLICHTKLEID Siehe *Ruhekleid*.

SCHNABEL Mundwerkzeug der Vögel aus den Kieferknochen, bedeckt von hornartigen Keratin-Scheiden.

SCHNABELAUFSATZ Knöcherner Fortsatz am Kopf eines Tieres. Bei Kasuaren und Nashornvögeln ist dieser beim Männchen meist größer.

SCHWUNGFEDERN Die größten Federn an der Außenseite der Flügel (*Hand-* und *Armschwingen*), welche die Tragfläche des Flügels bilden.

STANDVÖGEL bleiben im Gegensatz zu *Zugvögeln* ganzjährig in einem Gebiet.

STIMMKOPF Siehe *Syrinx*.

SYRINX Stimmkopf. Modifizierter Abschnitt der Luftröhre. Entspricht dem menschlichen Kehlkopf und ermöglicht es Vögeln, zu rufen und zu singen.

TARNFÄRBUNG Farbgebung und Musterung des Gefieders, die den Vogel optisch mit dem Hintergrund verschmelzen lassen.

TERRITORIUM Revier. Bereich, der von einem Tier oder einer Gruppe von Tieren gegen Artgenossen verteidigt wird. Territorien beinhalten oft wichtige Ressourcen wie gute Nistplätze oder Nahrungsquellen, weshalb Männchen damit auch potenzielle Partnerinnen anlocken können. Reviere von Vögeln können sehr unterschiedlich groß sein, von wenigen Quadratzentimetern bei Koloniebrütern bis zu mehreren Quadratkilometern bei großen Adlern.

VOGELGRIPPE Auch Geflügelpest oder aviäre Influenza. Hochansteckende Krankheit, die von Vögeln übertragen wird, v. a. von wilden Wasservögeln sowie Haus- und Truthühnern. Erreger sind den menschlichen Grippeviren ähnliche Viren (Influenza-A-Viren).

VOGELZUG Regelmäßige Wanderungen von Vögeln in eine andere Region entlang genau festgelegter Zugrouten. Der Zug erfolgt jahreszeitlich gekoppelt: So machen sich die Vögel die guten Brut- bzw. Überwinterungsbedingungen an den jeweiligen Orten zunutze.

WILDGEFLÜGEL Frei lebende Vögel, die für den menschlichen Verzehr gejagt werden, z. B. Hühnervögel wie Fasane und Wachteln oder Gänsevögel wie Enten.

WASSERVÖGEL Sammelbegriff für die Vertreter der Ordnung Anseriformes (Gänsevögel), wie Enten, Gänse und Schwäne.

WATVÖGEL Siehe *Limikolen*.

ZUGVÖGEL Vögel, die im Gegensatz zu *Standvögeln* verschiedene Jahreszeiten in unterschiedlichen Regionen verbringen. Siehe auch *Vogelzug*.

ZYGODAKTYLER FUSS Fuß mit spezieller Anordnung der Zehen: Die erste und vierte Zehe sind nach hinten gerichtet, die zweite und dritte nach vorn. Ermöglicht besseres Klettern und Festhalten an Baumstämmen und Ähnlichem.

Register

Fett gedruckte Ziffern verweisen auf Haupteinträge.

A

B

E

F

P

UVW

XYZ

Dank und Bildnachweis

Der DK Verlag dankt folgenden Personen für ihre Mitwirkung an diesem Buch:

Korrekturlesen: Salima Hirani

Registererstellung: Helen Peters

Fachberatung: Angela Modany, Michelle Rae Harris

Illustrationen: Phil Gamble

Designassistenz: Francis Wong

Herstellungsassistenz: Sonia Charbonnier, Tommy Callan

Bildrecherche: Kate Sayer, Amy English, Martin Copeland, Romaine Werblow

Farbkorrektur: Steve Crozier

Freisteller: Pankaj Sharma, Jagtar Singh

Für **Smithsonian Enterprises:**

Koordination Lizenzvergabe: Avery Naughton

Redaktionsleitung: Paige Towler

Leitender Direktor, Verlag: Jill Corcoran

Stellvertretende Verlagsleitung, Lizenzvergabe: Brigid Ferraro

Leitung: Carol LeBlanc

Der Verlag dankt folgenden Personen und Organisationen für die freundliche Genehmigung zum Abdruck von Fotos:

(Abkürzungen: o-oben, u-unten, m-Mitte, g-ganz, l-links, r-rechts, Hg-Hintergrund)

1 Dorling Kindersley: Richard Leeney/Maidstone Museum und Bentliff Art Gallery. **2-3 Dorling Kindersley:** Peter Chadwick/Natural History Museum, London (m). **Dreamstime.com:** Evgeniya Moroz (um); Picstudio (mo/Eisvogelfeder). **Getty Images/iStock:** DrPAS (mu); E+/Gregory_DUBUS (mo). **2 123RF.com:** mycteria (mro/graue Feder 2x). **Dorling Kindersley:** Peter Chadwick/Natural History Museum, London (gor). **Getty Images/iStock:** mycteria (mr); nadytok (mru). **3 Dorling Kindersley:** (mru/Habichtfeder); Philip Dowell/Natural History Museum, London (um/rote Feder); Barnabas Kindersley (gor); Peter Chadwick/Natural History Museum, London (ul, um/gelbe Federn, mro/Nymphensittichfeder, mro/Möwenfeder, mro/Arafeder, gom, mlo, gol/Arafeder, mlo/Eulenfeder). **Dreamstime.com:** Olga Bobrovskaya (um, mro, gom/gelbe Federn); Wollertz (mru); Natallia Yaumenenka (gor/grüne Feder); Smileus (mo). **Getty Images/iStock:** DrPAS (mru/orange Feder); mycteria (ur, mr). **Shutterstock.com:** Gallinago_media (gol). **4-5 Alamy Stock Photo:** Cynthia Lee (go). **6-7 Dreamstime.com:** Irina Iarovaia. **7 Deepak Kumar:** (ur). **8-9 Photo Scala, Florence:** The Metropolitan Museum of Art/Art Resource. **10-11 naturepl.com:** Richard Flack. **Shutterstock.com:** Dn Br (Hg). **13 Getty Images/iStock:** igorkov (gor); KenCanning (gol). **14 Alamy Stock Photo:** Pictorial Press Ltd (ul); Ivan Vdovin (ml). **© The Trustees of the British Museum. Alle Rechte vorbehalten:** (mlo). **Dorling Kindersley:** Andy Crawford/Senckenberg Naturmuseum (ur). **15 Alamy Stock Photo:** All Canada Photos/Wayne Lynch (ur); GRANGER – Historical Picture Archive (mu); Classic Image (mlu). **Illustration nach einen Foto von Professor Daniel J. Field, Universität Cambridge:** (mro) **Dorling Kindersley:** Jon Hughes (mru). **Ksepka, D., L. Grande, und G. Mayr. 2019. Oldest finch-beaked birds reveal parallel ecological radiations in the earliest evolution of passerines. Current Biology 29 (4): 657-663:** (mlo). **16 123RF.com:** Lynn Bystrom/critterbiz (ur). **Dreamstime.com:** Sue Feldberg/Suefeldberg (m); Randall Runtsch (m/Rotkehlchen). **Getty Images/iStock:** PrinPrince (mr). **17 Dreamstime.com:** K Quinn Ferris (m/Blauhäher); Ondrej Prosicky (m); Jan Martin Will (ur). **19 Alamy Stock Photo:** All Canada Photos/Glenn Bartley (go). **Dorling Kindersley:** Frank Greenaway (u). **21 Alamy Stock Photo:** James Crooke (go). **Getty Images/iStock:** Serhii Luzhevskyi (ur). **22 Getty Images/iStock:** E+/Andyworks (mr); MriyaWildlife (m). **Getty Images:** Stockbyte/Andrew Howe (ml). **Harprit Singh:** (ur). **23 Getty Images/iStock:** Marc Andreu (ml); Mark Kostich (m); ozflash (mr); Sander Meertins (ur). **24 Alamy Stock Photo:** Everett Collection Historical (ml); IanDagnall Computing (mu); JJs (ul); Shawshots (um). **Dreamstime.com:** Daniel Prudek (mro). **Getty Images:** David Lefranc/Gamma-Rapho (mru). **25 Alamy Stock Photo:** Penta Springs Limited (mru); World History Archive/Desmond Morris Collection (mlo); The Picture Art Collection (mr). **Dreamstime.com:** Stig Alenas (mro). **Getty Images:** Hulton Archive/Heritage Images (ml). **naturepl.com:** David Tipling (gol). **26 Alamy Stock Photo:** Mint Images Limited (ul). **Dreamstime.com:** Wkruck (gor). **27 Alamy Stock Photo:** William Graham (mro); Historic Illustrations/PhotoStock-Israel (gom); Tammy Wolfe (ur). **Dreamstime.com:** Bernard Breton (um); Eng101 (ul). **28 Biodiversity Heritage Library:** flickr/n516_w1150 (ur). **29 Getty Images/iStock:** GlobalP (gor). **30-31 Getty Images:** De Agostini Picture Library. **Getty Images/iStock:** E+/tracielouise (Kakadu). **32 Alamy Stock Photo:** Johan Swanepoel. **32-33 Getty Images/iStock:** Hein Nouwens (Hg). **33 Bridgeman Images:** © NPL - DeA Picture Library/S.Vannini (gor). **© The Trustees of the British Museum. Alle Rechte vorbehalten:** (mru). **34 123RF.com:** Eric Isselee (go). **Getty Images/iStock:** DigitalVision Vectors/ilbusca. **35 Getty Images/iStock:** Cormorant (mr); Hein Nouwens; Ken Griffiths (ul). **36-37 Shutterstock.com:** Intellegent Design (Hg). **Unsplash:** Zdenk Machek. **37 Bridgeman Images:** Alinari (gor). **Dorling Kindersley:** Gary Ombler/University of Aberdeen (ur). **38 Dreamstime.com:** Wirestock (ul). **38-39 Alamy Stock Photo:** Corine van Kapel (go). **Shutterstock.com:** Intellegent Design (Hg). **39 Dreamstime.com:** Isselee (mru); Alexander Potapov (mro). **40-41 Shutterstock.com:** Intellegent Design (Hg). **40 Getty Images/iStock:** mirceax (ur). **41 Alamy Stock Photo:** Corine van Kapel (go). **Bridgeman Images:** Granger (ur). **42-43 Terje Kolaas. 44 Alamy Stock Photo:** Art Collection 3 (gol). **44-45 Alamy Stock Photo:** Quagga Media. **Getty Images:** 500px Asia/Zhu Dianhua (go). **46 Alamy Stock Photo:** VTR (l). **46-47 Alamy Stock Photo:** Quagga Media. **47 Dreamstime.com:** Jeffrey Banke (ur); Isselee (mr). **naturepl.com:** Gerrit Vyn (gol). **48 Alamy Stock Photo:** Fabrice Bettex Photography (mr); Florilegius (ul). **48-49 Getty Images/iStock:** OLHA POTYSIEVA (Hg). **49 Dorling Kindersley:** E. J. Peiker (mr); Andy and Gill Swash (mru). **Getty Images:** imageBROKER/Marko König (mu). **50 The Metropolitan Museum of Art:** Geschenk von Helen Miller Gould, 1910 (gol). **50-51 Alamy Stock Photo:** Nature Picture Library/Claudio Contreras (u). **Dreamstime.com:** Evgeny Turaev. **52-53 Alamy Stock Photo:** Wirestock, Inc.. **54 Alamy Stock Photo:** AGAMI Photo Agency/Daniele Occhiato (go); The Natural History Museum (ul). **Dorling Kindersley:** George Lin (mru). **55 Alamy Stock Photo:** DBI Studio (ul). **Dreamstime.com:** Markusmayer1. **Shutterstock.com:** Holger Kirk (ur). **56 Getty Images:** Moment Open/Picture by Tambako the Jaguar. **56-57 Alamy Stock Photo:** GRANGER – Historical Picture Archive. **57 Brooklyn Museum:** Geschenk von Mary Babbott Ladd, Lydia Babbott Stokes und Frank L. Babbott, Jr. zum Andenken an ihren Vater Frank L. Babbott (gor). **58 Alamy Stock Photo:** GRANGER – Historical Picture Archive; North Wind Picture Archives (ul). **Dreamstime.com:** Dennis Jacobsen (mro). **Getty Images/iStock:** Gerald Corsi (mru/Taube); E+/Whiteway (mru). **Brad Imhoff:** (gom). **59 The New York Public Library:** Rare Book Division, The New York Public Library. "*Syrrhaptes paradoxus*. Pallas's Sand-Grouse." The New York Public Library Digital Collections. 1862–1873. https://digitalcollections.nypl.org/items/510d47d9-7101-a3d9-e040-e00a18064a99 (u). **Jugal Tiwari:** (mr). **60 Shutterstock.com:** Rudmer Zwerver. **61 Bridgeman Images:** Aus dem Archiv der British Library (gor). **Dorling Kindersley:** Ian Montgomery/Birdway.com.au (um). **Dreamstime.com:** Paul Mckinnon (ul). **Getty Images/iStock:** Marc Guyt (ur). **62 Dorling Kindersley:** Cotswold Wildlife Park & Gardens, Oxfordshire, UK (ml). **Dreamstime.com:** Steve Allen (mlu). **Getty Images/iStock:** tane-mahuta (r). **62-63 Shutterstock.com:** AlinArt (Hg). **63 Alamy Stock Photo:** Florilegius (um). **The Art Institute of Chicago:** Gekauft mit Geldern von Mrs. James W. Alsdorf (go). **64 Alamy Stock Photo:** Franka Slothouber/NIS/Minden Pictures (go). **naturepl.com:** Jack Dykinga (mru). **64-65 Dreamstime.com:** Markusmayer1 (Hg). **65 Alamy Stock Photo:** The Picture Art Collection (l). **Dreamstime.com:** Carol Hancock (mru); Prin Pattawaro (mro). **66-67 Alamy Stock Photo:** Authentic-Originals. **66 Shutterstock.com:** imagevixen (u). **67 Alamy Stock Photo:** The Picture Art Collection (gor). **Getty Images:** Sylvain Cordier/Gamma-Rapho (ur). **68 Alamy Stock Photo:** Agami/Helge Sorensen (ur); blickwinkel/M. Woike (mo). **Dreamstime.com:** Agami Photo Agency (gor). **68-69 Getty Images/iStock:** Brandy Kubig. **69 Bridgeman Images:** © Look and Learn (ur). **Alfred Yan:** (go). **70 Bridgeman Images:** Prismatic Pictures. **70-71 Alamy Stock Photo:** arxichtu4ki (Hg). **71 Alamy Stock Photo:** William Leaman (ur). **Getty Images:** Foto von David G Hemmings (mo). **72 Alamy Stock Photo:** blickwinkel/M. Woike (gol). **Lynn Griffiths:** (ml). **William J Pohley:** PohleyPhoto.com (ul). **72-73 Alamy Stock Photo:** arxichtu4ki (Hg); Glenn Bartley/All Canada Photos (mo). **73 Alamy Stock Photo:** Erik Schlogl (mru). **74-75 Getty Images/iStock:** Christine Kohler (Hg). **74 Rijksmuseum, Amsterdam. 75 Shutterstock.com:** Sourav Makhal (go). **76-77 Getty Images/iStock:** Christine Kohler (Hg). **76 Alamy Stock Photo:** blickwinkel (gol). **Dreamstime.com:** Feathercollector (ur); Glenn Price (um). **77 Sammlung der Christchurch Art Gallery Te Puna o Waiwhet. Gekauft 2014:** John Gould and Henry Richter/Notornis Mantelli [Takahe] (u). **Getty Images/iStock:** MikeLane45 (gor). **78-79 Shutterstock.com:** Vladimir Kogan Michael. **University of Nebraska-Lincoln:** Copyright Paul A. Johnsgard; mit freundlicher Genehmigung von Zea Books (Hg). **79 Alamy Stock Photo:** The Picture Art Collection (ur). **80 Getty Images:** Future Publishing (go). **Abdruck mit Genehmigung der RSPB, © 2024 Alle Rechte vorbehalten:** (ur). **80-81 Alamy Stock Photo:** Markus Mayer (Hg). **81 Dreamstime.com:** Myscamper (mr); Martin Pelanek (gor). **Getty Images:** Dejan Zakic/500px (m). **82 Alamy Stock Photo:** Natural History Museum, London (go). **82-83 Getty Images/iStock:** DigitalVision Vectors/NNehring. **83 Alamy Stock Photo:** Nature Picture Library/Gerrit Vyn (gol); Nature Picture Library/Mark Hamblin/2020VISION (ur). **Dorling Kindersley:** David Cottridge (mro). **84-85 Alamy Stock Photo:** Arterra Picture Library/Arndt Sven-Erik. **Getty Images/iStock:** DigitalVision Vectors/GeorgePeters (Hg). **85 Alamy Stock Photo:** Nature Picture Library/Roger Powell (gor). **86 Alamy Stock Photo:** David Tipling Photo Library (gol); Nature Photographers Ltd/Paul R. Sterry (mru). **Dorling Kindersley:** Mike Lane (mru/Graubrust-Strandläufer). **Getty Images/iStock:** DigitalVision Vectors/GeorgePeters. **Rijksmuseum, Amsterdam:** Geschenk von J. Perre, Eindhoven (ul). **87 Biodiversity Heritage Library:** Flickr/n396_w1150 (ur). **Getty Images/iStock:** Andy_Mayes_Africa (gor). **88 Dorling Kindersley:** Windrush Photos/David Tipling (mlu). **Dreamstime.com:** Wirestock (ul). **88-89 Alamy Stock Photo:** All Canada Photos/Wayne Lynch. **Dreamstime.com:** Patrick Guenette (Hg). **89 Alamy Stock Photo:** Library Book Collection (gor). **Shutterstock.com:** Simon C Stobart (mru). **90 Shutterstock.com:** tryton2011 (gol). **90-91 Dreamstime.com:** Evgeny Turaev (Hg). **91 Getty Images:** Scott Suriano. **92 Dorling Kindersley:** E. J. Peiker (mlo). **Dreamstime.com:** Tarpan (ml, ul). **Getty Images:** Kevin Schafer (r). **92-93 Dreamstime.com:** Evgeny Turaev (Hg). **93 Alamy Stock Photo:** Hugh Harrop/AGAMI Photo

Agency (m). **Biodiversity Heritage Library:** (gor). **94 Getty Images:** Moment/Pone Pluck. **94-97 Getty Images/iStock:** Stefan_Alfonso (Hg). **95 Shutterstock.com:** Uzzal Kumar Kundu (mo). **96 Alamy Stock Photo:** Old Images (gol). **Dreamstime.com:** Rachel Hopper (mlu); Isselee (ml). **Shutterstock.com:** Hansie Oosthuizen (ul). **97 ©The Trustees of the British Museum. Alle Rechte vorbehalten:** (mo). **Getty Images:** Nick Dale/Design Pics (u). **98 Dreamstime.com:** Jiri Fejkl (u). **99 Alamy Stock Photo:** Addictive Stock (mru); Album (gor); All Canada Photos/Glenn Bartley (ur). **Dreamstime.com:** Tarpan (mro). **Science Photo Library:** Nature Picture Library/John Shaw (ul). **100 Shutterstock.com:** Roger ARPS BPE1 CPAGB. **100-103 Getty Images/iStock:** DigitalVision Vectors/Stefan_Alfonso (Hg). **101 Alex Correia:** (go). **Science Photo Library:** Natural History Museum, London (mru). **102 naturepl.com:** Doug Gimesy (u). **103 Alamy Stock Photo:** SuperStock/Ralph Lee Hopkins (gol). **Dorling Kindersley:** Cotswold Wildlife Park/Gary Ombler (mr); Richard Leeney/Whipsnade Zoo (mru). **104-105 Tim Flach. 106-107 Alamy Stock Photo:** Markus Mayer. **106 Getty Images/iStock:** E+/Byronsdad (m). **107 Alamy Stock Photo:** Michel & Gabrielle Therin-Weise (mu). **Bridgeman Images:** Granger (gor). **Getty Images/iStock:** mantaphoto (mru/Galapagosalbatros); mauinow1 (mru). **108 Biodiversity Heritage Library:** Flickr/Ornithologicalm2_0150 (mr). **Getty Images/iStock:** Wirestock (ul). **108-109 Getty Images/iStock:** MorePics (u). **109 Alamy Stock Photo:** Minden Pictures/Jan Vermeer (l). **Dreamstime.com:** Agami Photo Agency (mr, mru); Frank Günther (mro). **110-111 Dreamstime.com:** Stu Porter (go). **Getty Images/iStock:** MorePics (Hg). **111 Alamy Stock Photo:** Chronicle (mru). **Getty Images/iStock:** DigitalVision Vectors/Grafissimo (gor). **112 123RF.com:** Ondrej Prosicky (ur). **Dreamstime.com:** Mohamad Khairi Raimi (um); Wrangel (ul). **Getty Images:** imageBROKER/Justus de Cuveland (gol). **112-113 Getty Images/iStock:** MorePics. **113 Getty Images/iStock:** SoumenNath (r). **114 Alamy Stock Photo:** Nature Picture Library/David Tipling (gor). **Michael Poliza Photography:** (ur). **114-115 Dreamstime.com:** Markusmayer1. **115 Getty Images:** Stone/Ignacio Palacios (ur). **116 Alamy Stock Photo:** Nature Picture Library/SCOTLAND: The Big Picture (go). **116-117 Shutterstock.com:** Morphart Creation. **117 Alamy Stock Photo:** Chronicle (gor). **Dorling Kindersley:** Jens und Hanne Eriksen (mru). **Dreamstime.com:** Zhbampton (mro). **Shutterstock.com:** Michael Nolan/Splashdown (ul). **118-119 Getty Images:** Silver Stone/500px. **119 123RF.com:** wmarissen (mru). **Alamy Stock Photo:** BTEU/RKMLGE (gor). **Dreamstime.com:** Chris Kruger (mro). **120-121 Alamy Stock Photo:** Inge Johnsson. **122-123 Getty Images/iStock:** John_Wijsman. **122 Tracey Lund. 123 Alamy Stock Photo:** imageBROKER.com GmbH & Co. KG/David & Micha Sheldon (mro). **Bridgeman Images:** Prismatic Pictures (u). **Getty Images/iStock:** 3dotsad (mru). **124 The Metropolitan Museum of Art:** The Jefferson R. Burdick Collection, Geschenk von Jefferson R. Burdick (mr). **naturepl.com:** Cyril Ruoso (gor). **125 Alamy Stock Photo:** imageBROKER.com GmbH & Co. KG/Nigel Dennis (gor); robertharding/James Hager (ul). **Getty Images/iStock:** DigitalVision Vectors/GeorgePeters. **126-129 Shutterstock.com:** Artinblackink. **126 Alamy Stock Photo:** WorldFoto (go). **127 Dreamstime.com:** Ildiko Laskay. **128 Alamy Stock Photo:** All Canada Photos/Glenn Bartley (u). **The Cleveland Museum of Art:** (gor). **129 Callie de Wet:** (um). **Dorling Kindersley:** George McCarthy (mr). **Dreamstime.com:** Steve Byland (ur); Martin Maritz (gor). **Library of Congress, Washington, D.C.:** LC-DIG-ppmsca-27739 (go). **130-131 Rawpixel. 132-133 Getty Images/iStock:** rraya (u). **Shutterstock.com:** HuanPhoto (go). **133 Alamy Stock Photo:** Mathias Putze (ur). **134 Dreamstime.com:** Agami Photo Agency (um); Riaanvdb (ul); FlorianAndronache (ur); Johncarnemolla (mlo). **134-135 Getty Images/iStock:** JackVandenHeuvel; rraya (Hg). **136 Alamy Stock Photo:** Chronicle (ul); Image Professionals GmbH/Konrad Wothe (ur). **Getty Images/iStock:** Val_Iva. **137 Dreamstime.com:** Anna C. Nagel (ul). **Getty Images/iStock:** barbaraaaa (mru); Andrii-Oliinyk. **138-139 Dreamstime.com:** Volodymyr Byrdyak. **138 Getty Images:** Luis Robayo/AFP (go). **139 Alamy Stock Photo:** ZSSD/Minden Pictures (gor). **Dreamstime.com:** Edurivero (mru/Rabengeier); Victor Zherebtsov (mro); Peter Erik Millenaar (mru); Miroslav Liska (ul). **140 Shutterstock.com:** Wang LiQiang. **140-141 Getty Images/iStock:** DigitalVision Vectors/sam_ding. **141 Dorling Kindersley:** Gary Ombler/University of Pennsylvania Museum of Archaeology and Anthropology (um). **Getty Images:** DEA/G. DAGLI ORTI/De Agostini (gor). **142-143 Getty Images/iStock:** DigitalVision Vectors/sam_ding. **142 Science Photo Library:** Pascal Goetgheluck (um). **Shutterstock.com:** Hilton Chen/Solent News (go). **143 Alamy Stock Photo:** Penta Springs Limited/Artokoloro (gor). **Getty Images/iStock:** Andyworks (u). **144-145 Getty Images/iStock:** DigitalVision Vectors/sam_ding. **Shutterstock.com:** Marvelous Art (go). **144 Alamy Stock Photo:** Edwin Remsberg (ur). **Dreamstime.com:** Dennis Jacobsen (um). **Shutterstock.com:** Imogen Warren (ul). **145 Alamy Stock Photo:** Antiquarian Images (gor). **Getty Images:** Avalon/Universal Images Group (u). **146-147 Terje Kolaas. 148 akg-images:** Francis Dzikowski. **148-151 ArtydoveDesigns (via Etsy). 149 Getty Images/iStock:** GlobalP (ur). **150-151 Getty Images:** Daniel Parent (go). **150 Alamy Stock Photo:** Douglas Lander (ur). **151 Alamy Stock Photo:** maheshbhai vala (ur). **Dorling Kindersley:** Frank Greenaway/Natural History Museum, London (gol). **Dreamstime.com:** Stephen Mcsweeny (gom). **152 Getty Images:** Florilegius/Universal Images Group (ul); Moment/© Juan Carlos Vindas (r). **Getty Images/iStock:** Val_Iva. **153 Alamy Stock Photo:** ART Collection (mru); imageBROKER.com GmbH & Co. KG/Thomas Hinsche (gol). **154-155 Getty Images:** Philippe Clement/Arterra/Universal Images Group (m). **154 Alamy Stock Photo:** Doug McCutcheon (um). **Horniman Museum and Gardens:** (gor). **155 123RF.com:** carinablofield (mru); feathercollector (mr). **156 Dreamstime.com:** Kajornyot (u). **156-157 Getty Images/iStock:** Grafissimo/DigitalVision Vectors (Hg). **157 Dorling Kindersley:** Richard Leeney/Maidstone Museum und Bentliff Art Gallery (ur). **Getty Images:** Michael Kalika/500px (mo). **158 Dreamstime.com:** Henkbogaard (ul); Martin Pelanek (um). **naturepl.com:** Donald M. Jones (mlo). **Shutterstock.com:** Ken Griffiths (ur). **158-159 Getty Images/iStock:** Grafissimo/DigitalVision Vectors (Hg). **159 Alamy Stock Photo:** Heritage Image Partnership Ltd (mr). **160-161 Getty Images/iStock:** mauribo. **162-163 Alamy Stock Photo:** Les Archives Digitales (Hg). **Getty Images:** 500Px Plus/Marco Redaelli. **162 Dreamstime.com:** Andrey Gudkov (gol). **164 Alamy Stock Photo:** Kit Day (gol); Nature Picture Library/Anup Shah (um). **164-165 Alamy Stock Photo:** Les Archives Digitales. **165 Alamy Stock Photo:** imageBROKER.com GmbH & Co. KG/Christian Hütter (mr); Nate Chappell/BIA/Minden Pictures (gor). **Bridgeman Images:** (um). **Dreamstime.com:** Gopause (mru). **166 Alamy Stock Photo:** Alf Jacob Nilsen (gor). **Getty Images/iStock:** billberryphotography (mlu). **167 Alamy Stock Photo:** Florilegius (ur). **Edward Selfe:** (go). **Shutterstock.com:** Babich Alexander. **168-169 Getty Images/iStock:** duncan1890. **168 Alamy Stock Photo:** Debapratim Saha/BIA/Minden Pictures (mu). **169 Biodiversity Heritage Library:** Flickr/n434_w1150 (gol). **Dreamstime.com:** Henkbogaard (gor); Kaido Rummel (mr); Yadvendra Kumar (ur). **Shutterstock.com:** Agami Photo Agency (mru). **170-171 Getty Images/iStock:** Val_Iva (Hg). **170 Rick Dunlap. 171 Alamy Stock Photo:** All Canada Photos/Glenn Bartley (mru); Vitalli (mu). **SuperStock:** Andrew McLachlan/All Canada Photos (mro); Photoshot (gor). **172 Dreamstime.com:** Shubhrojyoti Datta (gol). **Getty Images:** Werner Forman/Universal Images Group (ur). **173 Alamy Stock Photo:** bilwissedition Ltd. & Co. KG. **174 Dreamstime.com:** Suerob (um). **Getty Images/iStock:** Irving A Gaffney (gor). **Shutterstock.com:** Don Mammoser (ul); Sacharewicz Patryk (ur). **175 Getty Images:** Moment Open/Alice Cahill (r). **176 Biodiversity Heritage Library:** Flickr/n118_w1150 (gor). **naturepl.com:** Richard Du Toit (gol). **177 Dreamstime.com:** Markusmayer1. **Getty Images/iStock:** GlobalP (ur). **naturepl.com:** Pete Oxford (ul). **178-179 Getty Images/iStock:** DigitalVision Vectors/Nastasic. **178 Getty Images:** Boris Droutman/500px (m). **179 SuperStock:** Iberfoto Archivo (go). **180-181 Getty Images/iStock:** DigitalVision Vectors/Nastasic. **180 Bridgeman Images:** (gol). **Dreamstime.com:** Assoonas (um); Donyanedomam (ul). **Shutterstock.com:** Jonathan Chancasana (ur). **181 Alamy Stock Photo:** Blue Planet Archive SKO (ul). **182-183 Getty Images/iStock:** Parrotstarr (m); Val_Iva. **182 Bridgeman Images:** (ul). **184 Dorling Kindersley:** Coppola Studios. **185 Alamy Stock Photo:** Robert Wyatt (um). **Getty Images/iStock:** Bkamprath (mru); Prin-Prince (mr). **Shutterstock.com:** Agami Photo Agency (gom). **186-187 Dr. K. M. Anand. 188-189 Getty Images/iStock:** DigitalVision Vectors/ilbusca. **188 Dreamstime.com:** Thawats (ul, um). **naturepl.com:** Steven David Miller (ur). **Shutterstock.com:** Panu Ruangjan (mlu). **189 Getty Images:** De Agostini/DEA/A. DE GREGORIO. **190-191 Getty Images/iStock:** Yuliia Khvyshchuk. **190 Alamy Stock Photo:** Tom Friedel/AGAMI Photo Agency (um). **191 Alamy Stock Photo:** Glenn Bartley/All Canada Photos (gor); Luiz Claudio Marigo/Nature Picture Library (um). **Dreamstime.com:** Gabriel Rojo (ul). **Shutterstock.com:** Rob Jansen (ur). **192 Alamy Stock Photo:** robertharding/G&M Therin-Weise (go). **Biodiversity Heritage Library:** Flickr/n598_w1150 (mru). **Shutterstock.com:** Morphart Creation. **193 Alamy Stock Photo:** David Tipling Photo Library (ur); Octavio Campos Salles (gor). **194 Alamy Stock Photo:** The History Collection (ul). **194-195 Shutterstock.com:** AlinArt. **195 Alamy Stock Photo:** AGAMI Photo Agency/Dubi Shapiro (mro); Kit Day (mr); Gabbro (um); BIOSPHOTO/Óscar Díez Martínez (ur). **Dreamstime.com:** Agami Photo Agency (gom). **196 Alamy Stock Photo:** Alan Murphy/BIA/Minden Pictures. **197 Alamy Stock Photo:** Authentic-Originals. **Biodiversity Heritage Library:** Flickr/n211_w1150 (gor). **198-199 Alamy Stock Photo:** Authentic-Originals. **Getty Images:** Moment/Carlos Carreno (u). **SuperStock:** Claudio Gonzales Rodriguez/BIA/Minden Pictures (gom). **199 Dreamstime.com:** Bouke Atema (mro); Ricardo De Paula Ferreira (mr). **Getty Images/iStock:** Chase D'animulls (ur). **200 Biodiversity Heritage Library:** Flickr/n63_w1150_300_RT2. **200-201 Depositphotos Inc:** Morphart. **201 Jono Dashper:** (gor). **NPWS-Logo, Abdruck mit freundlicher Genehmigung des NSW National Parks and Wildlife Service:** (u). **202-203 Shutterstock.com:** Bodor Tivadar. **202 naturepl.com:** Etienne Littlefair (u). **203 Alamy Stock Photo:** Natural History Museum, London (gor). **Shutterstock.com:** Wright Out There (mru). **SuperStock:** Animals Animals (mr). **204 Biodiversity Heritage Library:** Flickr/n99_w1150 (gol). **204-205 Shutterstock.com:** AlinArt. **205 Alamy Stock Photo:** Gabbro (mru); Georgie Greene (gor). **Getty Images/iStock:** Andrew Haysom (u). **naturepl.com:** Martin Willis (mr). **206 Alamy Stock Photo:** Agami/Georgina Steytler (mo). **naturepl.com:** Neil Fitzgerald/BIA (ur). **206-207 Alamy Stock Photo:** Authentic-Originals. **207 Alamy Stock Photo:** blickwinkel/AGAMI/D. Shapiro (mr). **Biodiversity Heritage Library:** Flickr/n62_w1150 (mo). **Dreamstime.com:** Isonphoto (ur). **208-209 Shutterstock.com:** DuyMy (go). **208-211 Getty Images/iStock:** imenachi. **209 naturepl.com:** Martin Willis (u). **210 Alamy Stock Photo:** AGAMI Photo Agency/Dubi Shapiro. **211 Biodiversity Heritage Library:** Flickr/n19_w1150 (gol). **Dreamstime.com:** Imogen Warren (ur). **Getty Images/iStock:** Eric Middelkoop (gor). **212 Bridgeman Images:** Aus dem Archiv der British Library (gor). **Michael Riffel:** via Macaulay Library (ul). **212-213 Alamy Stock Photo:** Nature Picture Library/Dave Watts. **213 Dreamstime.com:** Steve Byland (ur); Panuruangjan (mru). **214-215 Alamy Stock Photo:** Authentic-Originals. **214 Deepak Kumar:** (u). **215 Alamy Stock Photo:** Agami/James Eaton (gor); SB Stock (mro); RooM the Agency/kristianbell (ur). **216 Alamy Stock Photo:** Media Drum World/Liu Chia-Pin (gol). **Getty Images/iStock:** ilbusca. **naturepl.com:** Staffan Widstrand/Wild Wonders of China (r). **217 Alamy Stock Photo:** Rick & Nora Bowers (go). **Dreamstime.com:** Imogen Warren (mlu). **Getty Images/iStock:** Darya Alekseyuk. **Shutterstock.com:** Wright Out There (ml). **218-219 Getty Images/iStock:** Hein Nouwens. **218 Alamy Stock Photo:** Heritage Image Partnership Ltd (l); Zoonar/Siegmar Tylla (ur). **219 Alamy Stock Photo:** Nature Picture Library/Roger Powell (gol). **Shutterstock.com:** feathercollector (mr); ZakiFF (mru). **220 Alamy Stock Photo:** Science Photo Library/PHOTOSTOCK-ISRAEL (gom). **220-223 Getty**

Images/iStock: invincible_bulldog (Hg). 220-221 Alamy Stock Photo: Media Drum World/Dustin Chen. 222 Dreamstime.com: Chansom Pantip (ul). naturepl.com: Tim Laman (mlu). 223 Alamy Stock Photo: Nature Picture Library/David Tipling (gor); Nature Picture Library/Tim Laman (ur). naturepl.com: Tim Laman (um); Shane P. White (ul). 224 Shutterstock.com: Swarnendu Chatterjee/Solent News (go). 224-225 Alamy Stock Photo: Authentic-Originals. 225 Dreamstime.com: Agami Photo Agency (mr, ur); Martingraf (gom); Prin Pattawaro (ul); Wirestock (gor). 226 Getty Images: Moment/K. D. Kirchmeier. 227 Getty Images: Moment/Beata Whitehead (gor). 227-231 Dreamstime.com: Bazuzza (Hg). 228-229 Getty Images/iStock: DrPAS (Nebelkrähen x5, Krähen x3). 228 Alamy Stock Photo: The Picture Art Collection (ul). 229 Dorling Kindersley: Gary Ombler/University of Aberdeen (ul). Dreamstime.com: Steve Byland (mro); Kingmaphotos (mr). 230 Alamy Stock Photo: Mc Photo (gol); ZSSD/Minden Pictures (um). 231 Alamy Stock Photo: LMA/AW (gor). Bridgeman Images: © Russell-Cotes Art Gallery (u). 232-235 Getty Images/iStock: DigitalVision Vectors/GeorgePeters (Hg). 232 naturepl.com: Marie Read (go). 233 naturepl.com: Andres M. Dominguez (ur). 234 Alamy Stock Photo: Agami/Saverio Gatto (ul); The Natural History Museum (gol). Dorling Kindersley: E. J. Peiker (ur). Dreamstime.com: Agami Photo Agency (um). 235 naturepl.com: Guy Edwardes (go); Markus Varesvuo (u). 236-237 Alamy Stock Photo: Iconographic Archive (Hg). 236 123RF.com: Michael Lane (gor). Bridgeman Images: Look and Learn. Shutterstock.com: Eco-Print (mr). 237 Alamy Stock Photo: blickwinkel/AGAMI/D. Occhiato (ur). 238-239 Dreamstime.com: Markusmayer1. 238 Dreamstime.com: Ndp (mlo). SuperStock: © Michael S. Nolan/age fotostock (ul). 239 Bridgeman Images: Photo © Brooklyn Museum/Geschenk von Mr. und Mrs. Peter P. Pessutti (r). Shutterstock.com: Manu M Nair (gol). 240 Getty Images/iStock: DigitalVision Vectors/clu. 240-242 Getty Images/iStock: DigitalVision Vectors/GeorgePeters (Hg). 241 The Metropolitan Museum of Art: Geschenk aus dem Nachlass von Samuel Isham, 1914 (ur). Shutterstock.com: gergosz (gor). 242 Dorling Kindersley: Mike Lane (ur). Dreamstime.com: Martin Pelanek (um). naturepl.com: Jussi Murtosaari (gol). Shutterstock.com: Agami Photo Agency (ul). 243 Alamy Stock Photo: Jess Findlay/BIA/Minden Pictures (gor). Getty Images/iStock: DigitalVision Vectors/ilbusca. naturepl.com: Markus Varesvuo (mru). 244 Dreamstime.com: Jozef Sedmak (gol). 244-245 Getty Images/iStock: Milan Krasula (gor). Shutterstock.com: AlinArt (Hg). 245 Dorling Kindersley: Chris Gomersall (ur). Dreamstime.com: Agami Photo Agency (um); Caglar Gungor (ul). 246 Alamy Stock Photo: FLPA (ul). Dreamstime.com: Mircea Bezergheanu (mlu); Feathercollector (ml). Shutterstock.com: AlinArt; SarahLou Photography (gom). 247 Alamy Stock Photo: ARTGEN. 248-249 Dreamstime.com: Artinblackink. 248 Alamy Stock Photo: Natalia Kuzmina. 249 Alamy Stock Photo: steeve-x-art (ur). Getty Images: De Agostini/DEA/A. DAGLI ORTI (mro). 250 Alamy Stock Photo: Reading Room 2020 (gol). Dreamstime.com: Artinblackink; Benjaminboeckle (ul); Volodymyr Kucherenko (ur). Getty Images/iStock: aaprophoto (um). naturepl.com: Alan Murphy (mru). 251 Alamy Stock Photo: All Canada Photos/Tim Zurowski (gol). Getty Images: Hulton Archive/Heritage Art/Heritage Images (gor). 252-253 Keith Williams. 254 Alamy Stock Photo: Anup Shah/Minden Pictures (ul). Dreamstime.com: Mikelane45 (gol); Amit Rane (ml). Getty Images: Costfoto/Future Publishing (r). 254-255 Shutterstock.com: Morphart Creation. 255 Alamy Stock Photo: DBI Studio (ur); J. Forbes (gom). 256 Alamy Stock Photo: CPA Media Pte Ltd/Pictures From History (gor). 256-257 Alamy Stock Photo: Danita Delimont (u). Getty Images/iStock: serkanmutan. 257 Dreamstime.com: Glenn Nagel (mr); Thawats (mru). 258-259 James Crombie. 260 The Cleveland Museum of Art: Geschenk von Mrs. Henry Chisholm 1937.696. 260-265 Getty Images/iStock: DigitalVision Vectors/duncan1890 (Hg). 261 naturepl.com: Donald M. Jones (gom). 262 Alamy Stock Photo: AGAMI Photo Agency/Brian E. Small (ul); David Tipling Photo Library (gom). 263 Alamy Stock Photo: Wim Weenink/NiS/Minden Pictures. 264 Alamy Stock Photo: Hira Punjabi (gor); Dave Watts (ur). naturepl.com: Rob Drummond/BIA (gol); Ashish & Shanthi Chandola (gom). Shutterstock.com: Sergey Kohl (mro). 265 Alamy Stock Photo: The Natural History Museum (gol). 266-267 The Metropolitan Museum of Art: Purchase, Friends of Islamic Art Gifts, 2012. 268 Alamy Stock Photo: phototrip (mo). 268-269 Getty Images/iStock: benoitb. 269 Alamy Stock Photo: Natural History Museum, London (mo). 270-271 Getty Images/iStock: benoitb. 270 Photo © The Maas Gallery, London/Bridgeman Images: Fitzgerald, John Anster (mo). 271 Dorling Kindersley: Chris Gomersall (mr). Dreamstime.com: Xuying1975 (gor). Shutterstock.com: Independent birds (mu). 272 Dreamstime.com: Stef De Rijk (ul); Jinfeng Zhang (ml). Getty Images: Sepia Times/Universal Images Group. 272-273 Alamy Stock Photo: Quagga Media (Hg). 273 Getty Images/iStock: AlbyDeTweede (ur). Nicholas Kanakis: (gor). 274-275 Terje Kolaas. 276-277 Getty Images/iStock: Alisa Pravotorova. 276 Getty Images: De Agostini/DEA/G. DAGLI ORTI. 277 Alamy Stock Photo: AGAMI Photo Agency/Alex Vargas (mro). Dreamstime.com: Imogen Warren (mr). naturepl.com: Ch'ien Lee (gor). 278-279 Getty Images/iStock: Hein Nouwens. 278 naturepl.com: Richard Du Toit (u). 279 Dreamstime.com: Assoonas (ul); Forest71 (gor); Bhalchandra Pujari (um); Supaluk Payungwong (ur). 280-281 Shutterstock.com: Dn Br. 280 Getty Images: Photodisc/Manoj Shah. 281 Alamy Stock Photo: Francois Loubser (ur). Bridgeman Images: Photo © NPL – DeA Picture Library (gom). Dreamstime.com: Artushfoto (gor); Mikelane45 (mro). 282-283 Getty Images/iStock: Hein Nouwens (Hg). Shutterstock.com: COULANGES (mo). 283 Alamy Stock Photo: Florilegius (um). Dreamstime.com: Bespaliy (ur); Kevin Gillot (gor); Gene Zhang (mr). 284-285 Dreamstime.com: Ecophoto (u). 284 The Metropolitan Museum of Art: Rogers Fund, 1913 (gor). 285 Alamy Stock Photo: AGAMI Photo Agency/Ralph Martin (ur); World History Archive (gor). Dreamstime.com: Pascal Halder (mro); Wirestock (mr). 286-287 Alamy Stock Photo: Authentic-Originals. 286 Alamy Stock Photo: Scott Leslie/Minden Pictures (mr). Yale University Art Gallery: Geschenk von Harrison F. Bassett im Andenken an seine Frau Elizabeth Ives Bassett und ihren Bruder Arthur Noble Brown (um). 287 Alamy Stock Photo: MET/BOT (mo). 288-289 Alamy Stock Photo: Authentic-Originals. 288 Alamy Stock Photo: The Natural History Museum. 289 Dreamstime.com: Agami Photo Agency (mr); Mikelane45 (gor); Menno67 (ur). Science Museum Group: Museum of Science & Industry (gom). Shutterstock.com: Martin Pelanek (mu). 290 Getty Images: Smith Collection/Gado. 290-291 Shutterstock.com: AlinArt (Hg). 291 Alamy Stock Photo: Ralph Martin/AGAMI Photo Agency (go). 292 Alamy Stock Photo: Ralph Martin/AGAMI Photo Agency (gom, ul). naturepl.com: Andy Sands (mro). Shutterstock.com: AlinArt (Hg); Dr Ajay Kumar Singh (mru). 293 Alamy Stock Photo: imageBROKER/Gianpiero Ferrari (go). © The Trustees of the British Museum. Alle Rechte vorbehalten: (mru). 294 Alamy Stock Photo: Bill Gorum (r). Dreamstime.com: Kerry Hargrove (mlu). Shutterstock.com: Geraldo Morais (ml). 295 Alamy Stock Photo: The Natural History Museum (r). Shutterstock.com: AlinArt. 296 naturepl.com: Alan Murphy/BIA (u). 296-297 Shutterstock.com: AlinArt (Hg). 297 Alamy Stock Photo: Florilegius (mu); Bill Gozansky (gom). Dreamstime.com: NatmacStock (mr). 298-299 Dreamstime.com: Patrick Guenette (Hg). 298 Alamy Stock Photo: Glenn Bartley/All Canada Photos (gor); Gabbro (ur). SuperStock: Urbach, James (mro). 299 Getty Images: Jeff R Clow. 300-301 Itamar Campos. 302-303 Shutterstock.com: Olga Korneeva (Hg). 302 Alamy Stock Photo: Ignacio Yufera/Biosphoto (mro). 303 Alamy Stock Photo: Glenn Bartley/BIA/Minden Pictures (mru); Jacob S. Spendelow/BIA/Minden Pictures (ur). Getty Images: Sepia Times/Universal Images Group Editorial (l). 304-305 Shutterstock.com: Olga Korneeva (Hg). 304 naturepl.com: Phil Savoie (l). 305 Alamy Stock Photo: Rolf Nussbaumer (mlu). Dreamstime.com: Agami Photo Agency (gor)

Cover: Meg Tannehill Justice/Bee Spring Studio

Alle anderen Abbildungen © Dorling Kindersley Limited

Zitatnachweis

Der DK Verlag hat sich bemüht, alle Rechteinhaber ausfindig zu machen. Eventuelle Auslassungen werden wir bei entsprechendem Hinweis gern zu einer späteren Auflage korrigieren.

15 Aristoteles, Historia Animalium, Buch VI, 4. Jh. v. Chr. Frei übersetzt.
25 Geoffrey Chaucer, Parlement of Foules, um 1380. Frei übersetzt.
40 Heinrich Heine, Buch der Lieder LIX, 5. Aufl. 1844. https://www.projekt-gutenberg.org/heine/buchlied/chap115.html
47 Die Bibel, 4. Buch Mose (nach Martin Luther). https://www.projekt-gutenberg.org/luther/bibel/chap004.html
50 William Dampier, A New Voyage Around the World, 1697. Frei übersetzt.
67 Aristoteles, Historia Animalium, um 350 v. Chr. Frei übersetzt.
69 Wilfred Owen, The Swift, 1917. Frei übersetzt.
79 Japanisches Sprichwort. https://de.wikiquote.org/wiki/Kranich
101 John Ruskin, Brief an den amerikanischen Gelehrten Charles Eliot Norton, 1860. Frei übersetzt.
112 Plinius der Ältere, Naturalis Historia, 77 n. Chr. Frei übersetzt.
114 Walt Whitman, To the Man-of-War-Bird, 1876. Frei übersetzt.
123 William Shakespeare, Hamlet (4. Akt), um 1600. https://www.projekt-gutenberg.org/shakespr/hamlet-s/chap04.html (übersetzt von August Wilhelm von Schlegel).
124 John Gould, Proceedings of the Zoological Society of London, 1851. Frei übersetzt.
125 Robert Godfrey, Bird Lore of the Eastern Cape, 1941. Frei übersetzt.
128 Geoffrey Chaucer, Die Erzählung des Weibes von Bath, um 1400. https://www.projekt-gutenberg.org/chaucer/canterbu/chap009.html (aus Chaucers Canterbury Geschichten, übersetzt von Wilhelm Hertzberg, Verlag des Bibliographischen Instituts Leipzig).
134 Alfred Russel Wallace, A Narrative of Travels on the Amazon and Rio Negro, 1853. Frei übersetzt.
145 Sprichwort aus dem Sudan. https://denkschatz.de/sprichwoerter/Sudan/Wenn-der-Habicht-ein-Kuken-fangt-wirft-man-ihm-nicht-ein-Ei-nach-um
149 William Shakespeare, Ein Sommernachtstraum, um 1595/1596. https://www.projekt-gutenberg.org/shakespr/sommer/chap003.html (übersetzt von August Wilhelm von Schlegel).
166 Francisco Hernández, Historia de las Aves de Nueva España, 1651. Frei übersetzt.
181 Johann Wolfgang von Goethe, West-östlicher Divan, 1819 (erweitert 1827). https://www.projekt-gutenberg.org/goethe/divan/divan061.html
185 Letzte Worte von Graupapagei Alex, 6. September 2007.
203 John Gould, Handbook to the Birds of Australia. 1865. Frei übersetzt.
212 Thomas Bewick, A History of British Birds, 1797. Frei übersetzt.
219 Chinesisches Sprichwort. Frei übersetzt.
230 Edgar Allan Poe, Der Rabe, 1834. https://www.gedichte7.de/der-rabe.pdf (übersetzt von Carl Theodor Eben 1869).
234 Wilhelm Busch, Die Meise, 1904 (aus: Zu guter Letzt, 1904). https://www.projekt-gutenberg.org/wbusch/zuguterl/chap049.html
237 Johann Gottfried Herder, Die Lerche, 1787 (aus: Auswahl deutscher Gedichte für höhere Schulen, von Theodor Echtermeyer, 1926). https://www.projekt-gutenberg.org/antholog/schulged/chap134.html
245 Gilbert White, Tagebuch, 19. Mai 1770. Frei übersetzt.
257 Wolfgang Amadeus Mozart, Gedicht für seinen toten Star, 4. Juni 1787. http://www.zeno.org/Musik/M/Nottebohm,+Gustav/Mozartiana/1.+Mittheilungen+der+Wittwe+Mozart%27s/%5BHier+ruht+ein+lieber+Narr%5D#google_vignette (aus: Gustav Nottebohm, Mozartiana, 1880).
285 Die Bibel, Matthäus 10:29 (nach Martin Luther). https://www.projekt-gutenberg.org/luther/bibel/chap040.html
288 Dorothy Wordsworth, The Grasmere Journals, 1802. Frei übersetzt.
292 Hermann Löns, Dahinten in der Heide, 1909 (Kap. Der Goldammer). https://www.projekt-gutenberg.org/loens/heide/heide02.html
295 John James Audubon, Ornithological Biography, 1831. Frei übersetzt.

Noch mehr Spaß und Lesefreude

ISBN 978-3-8310-4848-9

ISBN 978-3-8310-4277-7

ISBN 978-3-8310-4541-9

ISBN 978-3-8310-4847-2

DK

www.dk-verlag.de